城市总体规划环境评价模式

——从"分离"走向"互动"

欧阳丽　著

同济大学 出版社
TONGJI UNIVERSITY PRESS

内 容 提 要

本书针对国内"分离式"规划环评模式的弊端、成因和目前城市总规实践在程序与技术方法上存在的问题,系统提出了互动式城市总规环评模式的理论和操作方法。

20世纪90年代以来,"分离式"(与规划过程脱节)、"事后式"(规划成果基本定稿后才启动规划环评)规划环评模式在国内占主导,成为管理部门和环评机构沿袭的"正规"模式,未能真正实现推行规划环评制度的初衷。作者通过对国内已完成的数十个城市总规环评案例的深入剖析和国内外文献的广泛查阅,在城市规划和环境领域进行了大量有代表性的访谈分析。以管理学中流程管理理论为工具,提出了互动式城市总体规划环境评价模式,建构了一套互动式规划环评的理论、方法和操作流程,对促进提高规划环评的效率和效力具有重要意义。规划环评和城市总规互动是发展趋势和必然要求,本书聚焦于这一热点问题进行了深入探讨,具有较强的现实意义。

图书在版编目(CIP)数据

城市总体规划环境评价模式/欧阳丽著.--上海:
同济大学出版社,2014.6
ISBN 978-7-5608-5505-9

Ⅰ.①城…　Ⅱ.①欧…　Ⅲ.①城市规划—总体规划—评价—研究—中国　Ⅳ.①TU984.2

中国版本图书馆 CIP 数据核字(2014)第 099082 号

城市总体规划环境评价模式——从"分离"走向"互动"

欧阳丽　著

责任编辑　姚烨铭　　责任校对　张德胜　　封面设计　陈益平

出版发行　同济大学出版社　　www.tongjipress.com.cn
　　　　　(地址:上海市四平路1239号　邮编:200092　电话:021－65985622)

经　　销　全国各地新华书店
印　　刷　常熟市大宏印刷有限公司
开　　本　787mm×1092mm　1/16
印　　张　14.75
字　　数　368000
版　　次　2014年6月第1版　　2014年6月第1次印刷
书　　号　ISBN 978-7-5608-5505-9

定　　价　42.00元

序

我国《环境影响评价法》于 2003 年 9 月颁布实施,特别是《规划环境影响评价条例》2009 年施行以来,愈来愈多的城市规划和规划环评的学者、管理与执业人员意识到:为了使城市总体规划在理念上体现和内容中贯穿环境和可持续发展的考量,在城市总体规划的全过程及其决策中实现规划与环评的"互动"应该是顺理成章、普遍运用的模式。

实施互动模式需要理论论证以及体制、机制的协同和工作流程的契合,这方面的初步条件是具备的。难点是在操作层面上,包括在宏观发展战略、城市总体空间格局、交通用地和综合交通体系、居住用地与住宅发展布局、工业用地和产业发展布局、公用和公共设施用地与相关规划等等方面如何具体开展。本书的创新在于提出城市总规及其环评之间的内容关联、方法共用、信息同享的操作层互动模式,实现操作层面的节点互动和融合互动。

作者通过大量的文献调研,广范围的访谈和典型案例研判,提出全面分析关键规划要素、规划过程及规划方法,设计两者互动的节点,建立其互为输入和输出的关系,使得规划编制和环境评价两方面的机构和人员具有共同的抓手、能将城市可持续发展落实在城市总体规划之中。

本书内容的特点是基于丰富的实际材料进行理论陈述和阐明操作的程序与方法。这些材料包括:面广量大的文献资料;对规划与环境部门的行政管理人员,规划和环境学者、专家与一般从业人员,和公众的广范围访谈意见;以及能够收集到的各种案例。相信阅读本书后读者除能获取需要的知识,也许更能产生运用互动模式于实际的城市总规和总规环评工作的行动。

推行"互动"模式仍是一项较新的、需要不断探索的事业,书中内容及提出的理论和实际操作方法难免存在疏漏或不当之处,敬请读者提出意见,共同完善"互动模式"。

识于同济大学环境科学与工程学院

前　言

　　2003 年 9 月 1 日颁布实施的《中华人民共和国环境影响评价法》首次赋予国内规划环境评价(以下简称"规划环评")以法律地位,2009 年 10 月 1 日起《规划环境影响评价条例》正式施行,进一步对规划环评制度予以明确和细化。然而,回顾"环评法"实施以来已完成的城市总体规划环评(以下简称"总规环评")实例表明,几乎 100% 的总规环评工作在规划后期或基本定稿后才开展环评工作,规划环评过程中环评人员与规划人员缺少交流,环评工作难以介入规划方案的酝酿、比选和确定过程,即采用"事后式"和"分离式"的评价模式,导致规划环评成效差、社会资源浪费,不能实现规划环评的立法目标。从国际范围看,规划过程与规划环评缺少全过程交流、互动,导致环评效率和效力低下,这不仅是国内规划环评的重大缺陷,也是欧盟、北美、亚洲等许多国家、地区战略环境评价(以下简称"战略环评")实践中正在探索解决的问题。

　　制定并实施一项操作性强、有效性高和可持续性的城市规划,必须使所有利害相关方之间实现良性互动,共同作用于规划决策过程。已完成的城市总体规划环评实例表明,总规环评在规划过程、内容和方法乃至决策和实施方面缺少与城市总规有效衔接和互动。据此,本书提出了互动式城市总体规划环境评价模式,该模式包含体制性互动与操作性互动两个层次。体制性互动是规划和规划环评在制度层面进行衔接、协调,将互动原则体现在具体的法律法规、技术规范等制度条款中;操作性互动是在规划和规划环评工作中就具体"过程、内容、方法、信息"等产生的互动。体制性互动是操作性互动得以有效实施的前提和保障。规划的组织编制机关依法组织并实施城市规划与规划环评的互动是互动模式得以实现的关键因素。互动要素包括:互动主体、互动组织者、互动驱动力;按照互动的频度,分为节点互动和融合互动。互动在带来效益的同时,也须付出必要的成本。

　　本书重点探讨了在操作层面上城市总体规划过程中如何实现节点互动和融合互动,提出了城市总规与环评之间内容关联、方法共用、信息共享的操作层互动模式。该模式基于对现阶段常规城市总规编制流程的梳理,从实现环境可持续性目标出发,识别规划编制缺陷所引发的相关问题,对总规流程进行优化。通过对总规关键规划要素、规划过程及规划方法的全面分析,设计环评互动节点,建立环评和规划的互为输入和输出的接口关系。"只有正确的输入,才有正确的输出",把环评工作整合、融入经过优化的总规编制流程中,以产出有效性高、操作性强,促进城市可持续发展的规划成果。规划的组织编制机关首先要搭建规划和环评的互动平台,规划编制机构和环评机构共同遵循经过优化后的总规编制技术流程和进度计划,充分互动、有效沟通,以保障城市可持续性目标落实在城市总规成果之中。

　　本书在撰写过程中得到了同济大学环境科学与工程学院陆雍森教授、包存宽教授的悉心指导,陆雍森老师多次对书稿提出宝贵的书面修改意见,包存宽老师提供大量城市总体规划环境影响评价案例和国外战略环评动态信息。现就职于上海同济城市规划设计研究院的汪劲柏、刘婷婷,就职于浙江大学区域与城市规划系的郑卫等在围绕"城市总体规划环境评价模式"开展的博士论文研究期间,提供了大量真知灼见,促进了本人研究思路逐步清晰。在开展城市总体规划环境影响评价研究工作中,对各地环境科学研究院、城市规划设计院、规划局、环保局工作人员做了大量访谈调研,均得到大力支持,得到诸多有益见解;王晓明同学对本书的成稿给予大力的支持,并加工了书稿中所有的流程图;同济大学环境科学与工程学院、嘉兴同济环境研究院院长赵建夫教授提供了博士后研究工作机会,使我能从容地将博士期间的研究成果梳理、完善成书稿得以出版,在此一并表示感谢!

　　本书得到以下国家自然基金资助:国家自然科学基金项目(编号:41271508).协作型战略环境评价理论与模式——基于利益相关者分析和协作机制的研究。

欧阳丽

2014 年 3 月 9 日

目　　录

第1章
国内外环境评价进展

1969 年,美国经参议院和众议院协商通过,由尼克松总统签署了《国家环境政策法》(*The National Environmental Policy Act*,NEPA),这部法律在国际范围内率先提出了环境影响评价(Environmental impact assessment,EIA)制度。这项制度目前已被美国超过 25 个州采纳、全球超过 80 个国家效仿,也为世界银行、亚洲发展银行以及其他国际机构所采用。

环境影响评价(EIA),简称**环境评价**,是人们在采取对环境有重大影响的行动之前,在充分调查研究的基础上,识别、预测和评价该行动可能带来的影响,按照社会经济发展与环境保护相协调的原则进行决策,并在行动之前制定出消除或减轻负面影响的措施❶。EIA 是反映、检验、预防与缓解各类拟议开发行动环境影响的系统过程。这里的"拟议开发行动(Proposed action)",上指政策(policy)、规划(plan)、计划(programme),下联项目(project)、产品(product)。其中,针对政策、规划、计划开展的环境评价称为**战略环境评价**(Strategic Environmental Assessment,SEA)。

规划环境评价(Plan Environmental Assessment,PEA)属于战略环境评价(SEA)的一个层次,PEA 意图将环境考量纳入规划决策全过程,PEA 与许多环境保护机制不同之处在于更强调对于环境影响的预防,是具有先发性、预防性功能的环境管理工具。与项目环评相比,规划环评是在决策源头就将环境因素考虑进去,是从源头防治资源浪费、环境污染和生态破坏,实施可持续发展战略的有效手段。

环评实施状况与政治体制、经济发展程度等宏观背景密切相关。本章简要回顾了国际、国内环境评价发展历程,侧重于介绍美国及加州、欧盟及英国等国家或区域范围内城市总体规划环评相关制度建设和实践进展;并对国内环境评价从项目环评、区域环评到规划环评、战略环评的发展历程进行简要回顾。

1.1   国外制度建设和实践特点

1.1.1   美国及加州

1.1.1.1   制度建设

1. 国家层面:《国家环境政策法》(*The National Environmental Policy Act*,NEPA)

1)出台背景

由于二战后国会针对单个的环境问题颁布的一系列法律并没有阻止环境质量继续恶化,美国国会意识到采用单纯的头痛医头、脚痛医脚的片面、局部调整的方法不足以应对环境与经济、政治、社会等问题之间错综复杂的关系。在这种形势下,1969 年通过的《国家环境政策法》,成为缓和经济建设和环境问题矛盾的手段。其立法目的是将环境保护思想纳入到行政机关的行政活动中,通过强迫行政机关考虑除经济因素以外的环境或社会因素来提高行政决策的质量。尼克松当时曾指出:(20 世纪)70 年代必将是美国人为过去开垦纯净的空气、水,以及

---

❶   坎特(L W Canter)定义的环境影响评价是系统识别和评估拟议的项目、规划、计划或立法行动对总体环境的物理-化学、生物、文化和社会经济等要素的潜能影响。"潜能影响"指通过人类行动将会变为现实的影响。参见:陆雍森.环境评价[M].上海:同济大学出版社,1999.

我们的生活环境还债的年代❶。

从美国《国家环境政策法》的实施经验看,该法出台后,也曾经历了"遭遇坚决抵触"、"部分程度接受"、"全面积极参与"三个阶段。目前,美国所有的政府部门都已对战略环评积极支持。他们已认识到,通过战略环评可以完善本部门的政策或规划,既符合本部门利益,也符合国家整体利益❷。

美国《国家环境政策法》(NEPA)第 102 条(2)(C)款规定:"在联邦政府的一切行政机关的立法提案或其他对人类环境质量有重大影响的重大的联邦行动的提议或报告中,必须由负有责任的官员准备一份关于下列各项内容的详细说明:①拟议行动的环境影响;②实施该行动将引起的任何不可避免的对环境不利的影响;③拟议行动的替代方案;④地方上对人类环境的短期利用与维护和提高生产力之间的关系;⑤实施该拟议行动可能引起的任何对资源的不可逆转和不可复原的损耗❸。"

2)基本特征

赵绘宇总结美国环境影响评价制度之所以具有广泛而持久的影响力和魅力,主要在于其具有 4 个基本特征❹:

(1)环评审查对象直指政府行为

《国家环境政策法》是门政治科学。目前世界各国 EIA 制度的发展,由项目环评到战略环评(包含规划环评),拓展与深化 EIA 制度的结果是将环评的审查对象由公众关注的企业污染者转向政府。而在 40 年前,美国已经将 EIA 的审查范围指向了立法机关的立法行为、政府的抽象与具体的决策行为。

(2)诉讼推动其发展和完善

《国家环境政策法》起初提出时,虽然在理念上是一个具有重要意义的环境法宪章,但只是一个模糊的政策性概念,公众以及联邦部门对它的具体内涵并不清楚。后来,通过大量诉讼和成文法(statutory law)的修订促使其不断发展完善。美国是判例法(case law)国家,诉讼对法案内容的清晰化、明确化的作用极为重要。通过大量诉讼案例的既判力和规范力,令《国家环境政策法》模糊的语言逐渐变得清晰,使美国 EIA 制度逐步由先进的环保理念变为强大的环境制度。在 1978 年,美国环境质量委员会(Council on Environmental Quality,CEQ)颁布了《国家环境政策法实施条例》(*Regulations for Implementing the Procedural Provisions of the NPEA*)(简称 CEQ 条例),作为《国家环境政策法》的实施细则,该条例 1502.1-1502.25 节将 EIA 制度的施行具体落实在环境影响报告书(Environmental Impact Report,EIR)的编制和审批程序之中。

---

❶ 赵绘宇,姜琴琴. 美国环境影响评价制度 40 年纵览及评介[J]. 当代法学,2010(1):133-143.

❷ 章轲. 规划环评条例三年破茧[J]. 环境保护,2009(18):31-32.

❸ 该段话的原文是:(i) the environmental impact of the proposed action,(ii) any adverse environmental effects which cannot be avoided should the proposal be implemented,(iii) alternatives to the proposed action,(iv) the relationship between local short-term uses of man's environment and the maintenance and enhancement of long-term productivity,and (ⅴ) any irreversible and irretrievable commitments of resources which would be involved in the proposed action should it be implemented. The National Environmental Policy Act of 1969,as amended.

❹ 赵绘宇,姜琴琴. 美国环境影响评价制度 40 年纵览及评介[J]. 当代法学,2010(1):133-143.

（3）公众参与贯穿始终

由于 EIA 制度，联邦计划必须接受公众审查。40 年前美国的行政决策就已经伴随充分而深入的公众参与机制，强化了联邦政府的责任和透明度。

（4）替代方案为重心

美国环境质量委员会称替代方案的讨论是"EIA 的心脏"。EIA 中的替代方案的提出情况将会决定随后的决策程序。如果没有替代方案用来做比较的基础，决策者就无法就拟议活动的优劣、对环境影响的大小程度、方案的可行性以及是否存在比拟议活动方案更好的方案进行比较、选择，也就无法就审核的方案作出合理的判断和决定。替代方案为主管部门的决策提供了一个参考框架，而不仅仅是为开发活动提供辩解。

2. 州层面：《加州环境质量条例》（CEQA）和《加州总规指南》（CGPG，2003）

1）《加州环境质量条例》

《加州环境质量条例及实施指南》（*California Environmental Quality Act*（CEQA）*Statute and Guidelines*）由加州非赢利性组织"环境专业协会（Association of Environmental Professionals，AEP）"受加州自然资源署（California Natural Resources Agency）委托每年定期更新发布，更新内容包括上一年有关 CEQA 诉讼案例的汇总，即最新的判例法❶，以及最近一年关于 CEQA 成文法的增补、修改内容。

在 CEQA 及指南中体现了包括城市总体规划环评在内的全面的环境影响评价制度，涵盖环评报告的准备程序和具体的内容要求、环评报告的审批程序等❷。目前，加州已完成的环评报告基本是遵循 CEQA 及其指南的要求编制。

其中，在 CEQA 及指南"第 11 款环评报告的形式"中，专门就什么情形下允许"将环评成果整合作为总规成果的一部分"（15166. EIR AS PART OF A GENERAL PLAN）作了交代，类似于目前中国国内的环评篇章。由于将环评成果和总规成果合二为一存在诸多问题❸，目前加州总规实际编制环评篇章的案例较少，仍以单独的环评报告形式居多。

2）《加州总规指南》（CGPG，2003）

《加州总规指南》（*STATE OF CALIFORNIA General Plan Guidelines*，CGPG）由加州规划研究办公室（Governor's Office of Planning and Reasearch，OPR）于 1973 年首次发布。它是加州政府阐释对总体规划的法定要求的官方文件。

---

❶　CEQA 在 1970 年首次发布。自 1972 年以来至今的所有与执行 CEQA 相关的诉讼案例的判例法均可在加州自然环境署建立的加州环境资源评估系统（the California Environmental Resources Evaluation System，CERES）)网站上 http://www.ceres.ca.gov/ceqa/cases/在线查询。

❷　目前中国国内开展城市总规环评主要依据 3 个层次的制度文件：1 部法律《中华人民共和国环境影响评价法》；1 部行政法规《规划环境影响评价条例》，1 个环保行业标准《规划环境影响评价技术导则（试行）》（HJ/T 130-2003）。就具体内容而言，国内这 3 个文件涵盖内容在《加州环境质量条例》（CEQA）中都有体现。相比之下，CEQA 对城市总规环评的指导更加全面、周密、细致、可操作性强。其指南的"第 9 款. 环评报告的内容要求（Article 9. Contents of Environmental Impact Reports）"几乎涵盖了国内《规划环境影响评价技术导则（试行）》（HJ/T 130-2003）涉及的相关内容。

❸　加州的规划研究办公室（Governor's Office of Planning and Reasearch，OPR）并不推荐将环评成果和规划成果合二为一的做法，主要认为其将过多的信息整合在一个文件中，太庞杂，使规划修订很费事。

在《加州总规指南》第 7 章(Chapter7:CEQA and the General Plan)专章叙述了总体规划与《加州环境质量条例》(The California Environmental Quality Act ,CEQA)如何衔接的问题,其着重叙述了应如何对总规实施环境影响评价❶。这与国内目前已有的城乡规划制度文件丝毫不提与规划环评的衔接形成鲜明对比❷。

《加州总规指南》在谈到总规与规划环境影响评价的关系中反复强调总规从基础数据分析至规划实施均应与环评同步、互动,整合相关工作内容。如在第 7 章中明确指出:规划和环境评价应同时进行,共享相同的信息❸;总规必须将环评报告识别出来并经相关部门确认的环境影响减缓措施写进规划政策和规划方案中❹;环评介入时机必须与总规的整个过程完全同步,以免产生不必要的时间延误和重复工作❺。

在《加州总规指南》第 3 章谈如何开展总规工作时指出:环境评价是规划工作开展的基础,因此与规划过程同步开展环评工作比规划快要审批时再开始环评更为有效。设计规划编制流程时要考虑环境评估介入的时机,要对环评报告提出的环评建议适时加以应对❻。其中:

收集和分析数据阶段——总规的数据收集、数据分析和专题研究工作要与规划环评工作相衔接,所收集并加以分析的数据信息要同时满足规划环评和总规编制的需要。如:为土地使用规划和交通规划而进行的交通分析数据要同时能支持规划环评对替代方案的比选工作❼。

规划多方案比选阶段——要考虑备选方案的经济、社会和环境的短期和长期影响。而其中的环境影响可按照 CEQA 对替代方案比选的要求进行,环评报告必须要分析"零方案"的环

---

❶　除了第 7 章专门讨论总规与 CEQA 的关系,在其他章节中也共有近 30 处引述 CEQA 的相关要求,CEQA 是《加州总规指南》引用最多的法规文件,足见环境法规对总规编制的引领作用。

❷　沈清基曾在 2003 年《中华人民共和国环境影响评价法》正式施行之初撰文谈及"城市规划对规划环境影响评价的应对"时,认为"原有的《城市规划法》并无规划环境影响评价的相关内容,现正在修订中的《城乡规划法》应适当注意与《环评法》的协调,在《城乡规划法》中适当体现规划环境影响评价的内容"。事实上,2007 年公布的《城乡规划法》对规划环评只字未提。沈清基在该文中还指出:"在城市规划编制程序上,城市规划编制单位应与环境评价技术服务机构紧密合作,使环境评价机构适当参与到规划编制程序中……"显然,城市规划环评在国内的实际发展历程与城市规划专家学者的预期有很大的差距,没有按照应有的理性逻辑发展。参见:沈清基.规划环境影响评价及城市规划的应对[J].城市规划,2004,28(2):52-56.

❸　原文为:the planning process and the environmental analysis should proceed concurrently,sharing the same information. P136.

❹　原文为:the general plan must incorporate the approved mitigation measures identified in the EIR into its policies and plan proposals. P137.

❺　原文为:Time:The CEQA process runs concurrently with the development,review,and approval of the general plan,element,or general plan revision. These parallel processes should be carefully synchronized so that neither time nor work will be wasted through unnecessary delay or duplication. P137.

❻　原文为:Environmental review is fundamental to the planning process,so undertaking a concurrent CEQA document is usually more efficient than waiting until the plan is ready for adoption to begin the EIR. The work program should schedule sufficient time for the consultation and review periods mandated under CEQA. In addition,the program should block out sufficient time to respond to comments on the EIR. P33.

❼　原文为:Data collection,data analysis,and special studies should be coordinated with the needs of the CEQA document being written for the plan. In the interest of efficiency,data collection and analysis should be comprehensive enough to satisfy the needs of both the CEQA document and the general plan. For instance,the traffic analysis prepared for the land use and circulation elements must be complete enough to allow the evaluation of alternative plans,the final plan,and the project alternatives discussed in the general plan's final EIR. P42.

境影响。即把规划方案的比选与 CEQA 要求环评对替代方案比选工作整合❶。

规划实施监督阶段——环境影响减缓措施的监测和报告程序要作为规划实施监督行动的组成部分，且一并在规划实施年度报告中反映❷。

目前，国内涉及城市总体规划法律地位、编制内容要求的法律、法规主要有：《中华人民共和国城乡规划法》、《城市规划编制办法》和尚待调整的《城市规划编制办法实施细则》3 个层次的文件。与专门指导总体规划如何编制的加州 2003 版《加州总规指南》(State of California General Plan Guidelines，CGPG，2003)相比，国内用于指导城市总规制定、实施的上述 3 个法律、法规文件在对环保要素考量、与环境法规衔接等方面存在严重不足。

1.1.1.2　实践特点

以下结合 2008 年完成的林肯市(City of Lincoln)总规环评案例和 2009 年前后完成的萨克拉门托(Sacramento County)总规环评案例，通过环评报告书等相关资料的解读，归纳美国总规环评实践的特点。

1. 环评结论更直接作用于规划成果的调整

如表 1.1 所示❸，加州城市总规环评的工作程序、评价内容和评价深度及环评报告的编写严格遵循《加州环境质量条例及实施指南》。解读加州总规环评报告案例，其共有的最大特点是，其环评结论包括了如何对规划草案的各个具体条款修改、调整的建议。除了篇首的执行摘要(Executive Summary)、评价对象概述(Project Description)，篇末的报告准备(Report Preparation)中交代报告编制机构成员清单(List of Preparers)等内容，环评报告的主体部分的章节与规划成果的章节是一一对应的，直接针对每一项规划要素具体内容(包括具体规划条款和图件)进行评价，评价的直接针对性较强。环评报告中较多地直接阐述规划制定的具体政策、措施的环境影响。评价的结论之一是规划草案成果中的各个具体条款应该如何调整。如：林肯总规环评报告中"土地利用"一章，在谈到环境影响减缓措施(Required Mitigation Measures)时，建议新增 4 项土地利用政策(LU-7.2；LU-7.3；LU-4.5；LU-13.9)；萨克拉门托郡总规环评报告的"土地利用(land use)"一章在谈到减缓措施时，建议对条款"Policy LU-121"增加或删除若干字词。

笔者以为，中国应吸取美国规划环评实践的优点，客观、务实、切中要害，紧扣关键规划要素进行评价，其评价结论将更具体和有效。

---

❶　原文为：CEQA Guidelines §15126 specifically requires that an EIR, including a general plan EIR, address feasible alternatives that will reduce or avoid one or more of the significant effects associated with the proposed plan. The EIR must also analyze the "no project" alternative. The level of detail in the analysis of the alternatives should correspond to the specificity of the planning document. The EIR's analysis should help local legislators select the most appropriate general plan alternative to adopt. P43.

❷　原文为：Under CEQA, a local government must establish a mitigation monitoring or reporting program for its general plan whenever approving the plan involves either the adoption of a mitigated negative declaration or specified EIR-related CEQA findings. Logically, the program should be part of plan monitoring activities, such as the annual planning report. P47.

❸　ESA. EXECUTIVE SUMMARY. City of Lincoln General Plan Update Draft Environmental Impact Report[R]. October 2006：ES-9.

表 1.1　　　　　　　　林肯市总规环评报告目录结构与 CEQA 要求的对应关系

环评报告中的章节(Location In EIR)	CEQA 对应的条款(Requirement(CEQA Section))
目录(Table of contents)	目录(第 15122 款)(Table of contents (Section 15122))
执行摘要(Executive Summary)	摘要(第 15123 款)(Summary (Section 15123))
第 2 章 评价规划概述 (Charpter 2 Project Description)	评价对象概述(第 15124 款) (Project Description(Section 15124))
第 3 章 经济发展 (Chapter 3 Economic Development)	重大环境影响(第 15126[a]款)(Significant Environmental Effects of the Project(Section 15126[a]))
第 4 章 土地使用(Chapter 4 Land Use)	不可避免的重大环境影响(第 15126[b]款)(Unavoidable Significant Environmental Effects (Section 15126[b]))
第 5 章 交通(Chapter 5 Transportation)	削减措施(第 15126[e]款)(Mitigation Measures (Section 15126[e]))
第 6 章 公用服务设施 (Chapter 6 Public Facilities and Services)	累计影响(第 15130 款)(Cumulative Impacts (Section 15130))
第 7 章 开敞空间和保护 (Chapter 7 Open Space and Conservation)	增长诱导的影响(第 15126[d]款)(Growth-Inducing Impacts(Section 15126[d]))
第 8 章 健康和安全 (Chapter 8 Health and Safety)	非重大的影响(第 15128 款)(Effects Found not to be Significant(Section 15128))
第 9 章 住宅(Chapter 9 Housing)	
第 10 章 备选方案(Chapter 10 Alternatives)	备选方案(第 15126[f]款)(Alternatives to the Project (Section 15126[f]))
第 11 章 其他法定要求(Chapter 11 Additional Statutory Considerations)	公众参与征询的机构和个人(第 15129 款)(Organization and Persons Consulted (Section 15129))
第 12 章 报告的准备(Chapter 12 Report Preparation)	环评报告编制成员清单(第 15129 款)(List of Prepares (Section 15129))
第 13 章 缩略语(Chapter 13 Acronyms)	
第 14 章 参考文献(Chapter 14 Bibliography)	

[案例:加州林肯市总规环评报告中建议新增的土地使用政策]

需要采取的削减措施

除了上述提到的政策和实施措施,规划环评建议增加下述 4 项新的政策条款,即:LU-7.2 市/郡统一的土地使用政策;LU-7.3 区域规划;LU-4.6 相邻用地的使用;LU-13.9 文化和历史资源保护,以使规划的环境影响削减为"非重大影响"级。

LU-7.2 市/郡统一的土地使用政策。(林肯)市应与 Placer 郡合作,建立一套程序以协调林肯市未来发展影响范围内的土地使用。

LU-7.3 区域规划。林肯市需要继续参与萨克拉门托区域委员会的区域规划事务,使林肯市规划和项目计划与相关区域规划协调。

LU-4.6 相邻用地的使用。林肯市应阻止居住用地附近发展工业以避免土地使用冲突。

LU-13.9 文化和历史资源保护。林肯市需要颁布强制性的法规条例以保护有文化和历史价值的地段或建筑群，条例实施细则应对忽略、不适当地修复和保存、缺乏维护等有损历史文化遗产的行为做出约束。

林肯市总规环评报告中建议新增的土地使用政策❶原文为：

Required Mitigation Measures

In addition to the above mentioned policies and implementation measures, the following new policies LU-7.2 "City/County Uniform Land Use Ploicy," "LU-7.3 "Regional Planning", LU-4.6 "Adjacent Uses and Access," and LU-13.9 "Cultural and Historic Resources Protection," are required to ensure that this impact is reduced to a less-than-significant level：

- **LU-7.2 City/County Uniform Land Use Policy.** The City shall work with Placer County to develop a process for coordination of land uses for areas within the City's future sphere of influence. [*New Policy-Draft EIR*]

- **LU-7.3 Regional Planning.** The City shall continue to participate in the Sacramento Area Council of Governments' regional planning programs and shall coordinate City plans and programs with those of the Council of Governments. [*New Policy-Draft EIR*].

- **LU-4.5 Adjacent Uses and Access.** The City shall discourage industrial development in loactions where access conflicts with residential land uses. [*New Policy-Draft EIR*].

- **LU-13.9 Cultural and Historic Resources Protection.** The City shall provide code enforcement that protects the cultural and historic value of existing places and buildings. Code enforcement guidelines should address demolition by neglect, inappropriate renovations, lack of maintenance, overgrown landscaping, and inappropriate storage. [*New Policy-Draft EIR*].

［案例：加州萨克拉门托郡总规环评报告对土地使用政策条款的调整建议］

LU-3.修改土地使用政策 LU-121 如下（加删除线表示"删除"的字词，**黑体加下划线**表示"增加"的字词）：城市开发范围是提供未来 25 年的发展用地以供项目开发。城市开发范围要包括相应的**保护**用地，确保**开敞空间**的用地需求。至少每 5 年要对城市开发范围进行扩增**评估，决定扩增用地的需求是否必要**，以满足持续增长的**适度的**用地需求。

萨克拉门托郡总规环评报告对土地使用政策条款的调整建议❷原文为：

LU-3. Modify Policy LU-121 as follows (delete ~~strikethrough~~, add **bold, underlined**)：The Urban Policy Area is intended to provide a 25-year supply of developable land sufficient to accommodate projected growth. The UPA shall also include additional **preserve** lands to ensure an appropriate supply **of open space**. It is the policy and intent of the County to ~~expad~~ **evaluate** the UPA at a minimum of five year intervals，**to determine if an expansion is needed** to maintain a constant adequate supply of land.

---

❶　City of Lincoln General Plan Update Draft Environmental Impact Report . October 2006；4-20.

❷　Ch3. land use . Draft EIR of Sacramento County General Plan Update. May 2009；3-43.

2. 注重多方案比选

多方案比选在美国规划环评报告中占有很大的篇幅,而且方案比选过程必须引入公众参与程序。规划机构会根据相关部门或环评机构的反馈意见增加新的备选方案,如林肯市总规用地布局方案 6(Alternative 6:California Fish and Game)就是首次发布公告(Notice of Preparation of a EIR,NOP)阶段,在渔业部门(the Department of Fish and Game,DFG)反馈意见的基础上,结合环评咨询人员建议而提出的,充分体现了规划和规划环评过程中利害相关方之间积极互动、共同参与规划决策的原则。林肯市总规环评和萨克拉门托郡总规环评工作中所比选的方案均是不同的土地使用和用地布局方案,即城市总规的核心工作内容❶。

3. 全过程公众参与、信息全公开透明

以林肯市总规环评为例,其采用了全过程公众参与、信息全公开透明的工作模式。主要在4 个阶段对外发布信息、吸收公众意见:①总规环评工作开展前,由地方政府(Lead Agency)发布公告(Notice of Preparation of a EIR)(征询时间:30 日),告知普通公众、地方、州和联邦各政府机构及所有关注者拟开展的规划环评工作,主要收集对环评工作范围和内容的建议;②召开规划环评前期咨询会议(Scoping Meetings),确定评价工作范围,征询相关部门和公众对规划环评工作如何开展的建议;③环评报告初稿(Draft EIR)完成后,对外发布公告(Notice of Completion),征询公众对 Draft EIR 的意见(征询时间:30 日),期间召开对 Draft EIR 的听证会;④在最终的环评报告(Final EIR)正式报批前,再次公告、发布拟报批的环评报告,并征询意见(Recirculation of a draft EIR prior to certification)。这 4 个阶段均会公开所有的环评工作信息和成果,包括相关专题研究报告、各阶段环评报告全文、附件全文以及相关部门意见原件扫描件等原始资料,信息完全公开。而且是将城市总规和规划环评的阶段成果及最终成果信息在同一个网络主页上对外发布。比较而言,目前国内的公众参与,仅是一种信息"告知",谈不上体现公众参与政府决策的权利。

4. 大尺度空间定量化预测评价技术已较为成熟

解读上述林肯市(City of Lincoln)和萨克拉门托(Sacramento County)的总规环评报告可知,美国各城市历年的基础数据积累较为完善,如:不同尺度的地域空间都有各环境要素的监测和统计数据,各条道路的交通统计数据全面,为定量化分析提供了客观条件。同时,其已研发出多种适合于大尺度空间预测的数学模型,因此能对不同的规划用地方案进行定量化分析比较。而且,其环评咨询团队由多学科背景的机构和成员组成。两个案例均是以一家机构为主,结合评价工作的技术要求,联合了其他专业特长的咨询公司,咨询团队由多学科背景的成员组成,充分发挥各个机构的专业特长,使不同的评价专题都能深入、到位地开展预测分析。如:对于总规中的交通规划部分的环评,两个案例均委托了一家专业的交通咨询公司 DKS Associates 完成,确保了评价工作的深度和质量。

目前在国内,一方面缺乏全面、系统的各类基础数据的日常积累,而且相关数据信息公开程度不足;另一方面缺少适合城市规划环评工作的大尺度数学模型。这两个方面均制约了规

---

❶　笔者认为,在用地布局方案基本明确的前提下,各个专业工程系统仍存在不同的系统选择方案,如:集中式排水系统或分散式排水系统;串联供水系统或并联供水系统等。不同的专业系统结构也会造成不同的环境影响。因此,总规环评的多方案比选不应仅局限于用地布局方案的比选。

划环评定量预测评价技术的运用。如果预测模型尚能通过引进、消化国外技术,并逐步被国内环评人员掌握,但各城市各项基础数据的日常监测、统计和积累,则非"一日之功"。

1.1.2 欧盟及英国

1.1.2.1 制度建设

1. 原欧共体"EIA 指令(1985)"和英国"城乡规划环境影响评价条例(1988)"

1)原欧共体"EIA 指令(1985)"

1985 年 6 月 27 日原欧共体推出"确定的公、私项目环评指令"(European Directive 85/337/EEC on assessment of the effects of certain public and private projects on the environment (the 'EIA Directive'))(简称:"EIA 指令(1985)")。

"EIA 指令(1985)"要求不论公共部门还是私人开发商都应实施环境影响评价,并列出了需要进行环境影响评价的具体项目清单,在清单中将需要进行环境影响评价的项目分为两类,一类是法律强制执行的(附件 I),一类是自愿执行的(附件 II)。1997 年通过了指令的修正案(97/11/EC),对于原指令实施中存在的评价对象不全面、咨询和公众参与不足、缺少替代方案以及缺少监管等问题进行了修正和补充。"EIA 指令(1985)"及其修正案的制定和通过,加快了 80 年代后期欧洲各国环境影响评价体系的建立。欧盟通过制定环境影响评价指令,指导成员国根据本国的实际情况适当选择具体的政策实施工具来落实指令中的目标要求。此后 20 余年的发展过程中,欧盟通过对原指令的修订和阶段性审查,逐渐形成了一套较为系统和完备的环境影响评价体系❶。

2)英国"城乡规划环境影响评价条例(1988)"

原欧共体"EIA 指令(1985)"出台后,英国经过最初一段时间的消极抵制、观望之后,最终接受了该指令,并于 1988 年 7 月 15 日在英格兰和威尔士正式施行"城乡规划环境影响评价条例(Town and Country Planning(Assessment of Environmental Effects) Regulations, 1988)"❷,英国规划体系是否需要引入环评的争论就此暂时停息。当时,英国尚存一些突出的环境问题,包括酸雨、郊区城市化导致的环境退化、核泄漏的风险;同时面临着绿带(Green Belt)保护、岛屿生物多样性的维持与刺激经济复苏的矛盾,现代农业发展对环境敏感区(Environmentally Sensitive Areas)的破坏等问题❸。这些政治、经济和环境冲突的复杂背景使环境影响评价的引入既显迫切,又有些不合时宜❹。英国的"城乡规划环境影响评价条例已历"经 1999 年、2000 年、2006 年、2008 年数次修订,目前使用的是 2008 年 9 月 1 日生效的"城乡规划环境影响评价条例(英格兰)(Town and Country Planning (Environmental Impact Assessment)

---

❶ 刘秋妹等.欧盟环境影响评价法律体系初探——兼论我国环境影响评价法律体系的完善[J].未来与发展,2010 (3):83-88.

❷ http://www. legislation. gov. uk/uksi/1988/1199/introduction/made.

❸ MICHAEL CLARK and JOHN HERINGTON. The Role of Environmental Impact Assessment in the Planning Process. London and New York. MANSELL PUBLISHING LIMITED,1988.

❹ 中国自 2003 年始正式制度化地启动规划环评后的情境与其类似。虽然目前在英国城乡空间规划体系的各个层次已经全面开展战略环评和可持续性评价,但在 20 世纪 80 年代,与中国当前一样,争论的焦点集中在"规划是否需要环评"、"到底哪些规划需要筛选出来进行环评(Screening)"等问题。

(Amendment) (England) Regulations 2008)"。与美国一样,英国也是判例法系,不断积累的有关规划环评的判决案例为成文法规条例的持续修订、日臻完善提供了翔实的依据。英国在城乡规划环评方面持续改进的法律制度建设是规划环评得以有效推进的坚实基础。

2. 欧盟"战略环评指令(2001)"和"英格兰土地使用和空间规划战略环评指南(2003)"

1) 欧盟"战略环评指令(2001)"(SEA Directive(2001/42/EC))

2001 年 7 月 21 日通过、2004 年 7 月 21 日开始实施的欧盟《关于特定规划和计划的环境影响评价指令》(*Directive 2001/42/EC on the assessment of the effects of certain plans and programmes on the environment*,又称"SEA 指令")是欧盟环境影响评价法律体系中的另一个重要法律文件,为欧盟开展战略环境评价提供了有力的法律保障。

2)"英格兰土地使用和空间规划战略环评指令(2003)"

2003 年 10 月 Levett-Therivel 可持续性咨询公司(Sustainability Consultants)受英国副首相办公室(Office of Deputy Prime Minister,ODPM)委托,编写出版了《英格兰土地使用和空间规划战略环评指令》(*The Strategic Environmental Assessment Directive*: *Guidance for Planning Authorities Practical guidance on applying European Directive 2001/42/EC' on the assessment of the effects of certain plans' and programmes on the environment' to land use and spatial plans in England*),用以指导规划主管部门遵循欧盟"战略环评指令(2001)"的要求。

该指南规定英国现有和修订后的土地使用和空间规划体系中的所有规划文件均必须开展战略环评,并且均需要撰写环评报告❶。指南将战略环评工作分为 5 个阶段。

阶段 A:设定背景和建立基线(*Stage* A: *Setting the context and establishing the baseline*)。对相关政策规划进行分析(分析与相关政策、规划、计划和目标的衔接关系);建立评价目标和指标体系;收集基线数据/环境状况分析;识别环境和可持续性问题。

阶段 B:确定 *SEA* 范围和研发替代方案(*Stage* B: *Deciding the scope of SEA and developing alternatives*)。包括确定评价范围、内容、深度,编制环评大纲;提出备选方案,并推荐优化方案;向相关环境主管部门(*Consulting authorities with environmental responsibilities*)征询意见❷。指南特地指出:阶段 A 可以在规划编制前进行,但阶段 B 一定要与规划编制过程结合,阶段 B 中的方案比选,如果脱离规划过程形成的方案,将失去意义。

阶段 C:评价规划的环境影响(*Stage* C:*Assessing the effects of the plan*)。

阶段 D:对规划草案和环评报告征询公众意见(*Stage* D: *Consultation on the draft plan and Environmental Report*)。

---

❶　具体要求编制战略环评报告的规划文件包括:Local Plans,Unitary Development Plans,Structure Plans,Minerals Local Plans,Waste Local Plans,Regional Planning Guidance,The Spatial Development Strategy for London,Local Development Documents,Regional Spatial Strategies。国内原国家环境保护总局文件"环发[2004]98 号"《关于印发〈编制环境影响报告书的规划的具体范围(试行)〉和〈编制环境影响篇章或说明的规划的具体范围(试行)〉的通知》仅要求直辖市及设区的市级城市总体规划(暂行)编制环评篇章或说明、设区的市级以上城镇体系规划编制环评篇章或说明,城乡规划体系中的控制性详细规划等是否需要进行规划环评没有明确。

❷　此处的相关环境主管部门,被称为战略环评的法定征询方(Satatutory Consultees),在英国主要指 4 个政府部门,即环境署(Environment Agency)、乡村署(Countryside Agency)、英国自然署(Natural England)、英国遗产署(English Heritage)。

阶段 E：监测规划的实施(*Stage* E：*Monitoring implementation of the plan*)。

3.英国"规划和强制性收购法(2004)"、"规划法(2008)"和"区域空间战略和地方发展文件可持续性评价指南(2005)"

1) 英国"规划和强制性收购法(2004)"

2004 年 5 月 13 日英国涉及空间发展、城乡规划、强制收购和申请用地的法律《规划和强制性收购法(2004)》(*Planning and Compulsory Purchase Act* 2004 (PCPA))施行。该法规首次正式要求区域规划主管部门(*Regional Planning Bodies*, RPB)必须对"区域空间战略(Regional Spatial Strategies, RSSs)"草案中所提规划方案进行可持续性评价(an appraisal of the sustainability),提交可持续评价(Sustainability Appraisal, SA)报告,并需要将其正式公布,同时呈交至国务秘书(Secretary of State);同样,地方规划主管部门(local planning authority)也必须对"地方发展规划文件(Local Development Documents, LDDs)"进行可持续性评价,并提交评价报告。

2) "规划法(2008)"

2008 年 11 月 26 日生效的《规划法 2008》(*Planning Act* 2008)中正式要求"国家政策申明(National policy statements)"也必须由国务秘书(Secretary of State)主持进行可持续性评价❶。由此,目前英国 3 个规划层面(国家、区域、地方)的规划文件均必须同时进行可持续性评价(Sustuinability Appraisal, SA)和战略环境(Strategic Environmental Assessment, SEA)评价。目前的实际作法是将这两类评价合二为一,在一个评价报告中满足两项法规的要求。

3) "区域空间战略和地方发展文件可持续性评价指南(2005)"

2005 年,英国 ODPM 为指导区域规划主管部门和地方规划主管部门开展可持续性评价工作,出台了《区域空间战略和地方发展文件可持续性评价:区域规划部门和地方规划当局的指南》(*Sustainability Appraisal of Regional Spatial Strategies and Local Development Documents：Guidance for Regional Planning Bodies and Local Planning Authorities*)(以下简称"SA 指南 2005"),"SA 指南 2005"要求在进行 SA 时同时满足欧盟对 SEA 的要求。SA 的程序、步骤和评价内容基本沿袭了 SEA 相关技术导则的框架,只是将评价的维度从环境扩展到经济、社会、环境 3 个方面。"SA 指南 2005"在阐述"规划过程和 SA 过程的关系"、"公众介入和信息公开程序"等方面值得国内借鉴。

(1) 规划过程和 SA 过程的关系。"SA 指南 2005"详细交代了 SA 工作如何与已有的规划制定和实施的法定程序和内容要求相衔接。以区域空间战略(RSS)的 SA 为例,指南规定了 SA 的程序步骤和每一步骤的具体要求,并将 SA 所有步骤链接到 RSS 的法定程序中(图 1.1)❷。目前,国内规划环评相关法规、技术规范与城市规划相关法规、技术规范之间互不衔接,尚无交代规划和规划环评程序和内容之间相互关联的条款。

---

❶ 原文为:Before designating a statement as a national policy statement for the purposes of this Act the Secretary of State must carry out an appraisal of the sustainability of the policy set out in the statement. Planning Act 2008 (c. 29)Part 2 - National policy statements.

❷ Office of the Deputy Prime Minister. Sustainability Appraisal of Regional Spatial Strategies and Local Development Documents：Guidance for Regional Planning Bodies and Local Planning Authorities[S]. November 2005；18.

　　尽管"SA 指南 2005"建立了规划和 SA 在大的工作节点和法定程序之间的关联,在实际工作中,英国 SA 实践者仍感到缺乏针对各类具体规划类型和规划内容本身,更深入到规划编制过程中的 SA 技术指南,以有效指导 SA/SEA 如何与规划编制的各个核心规划内容结合❶。

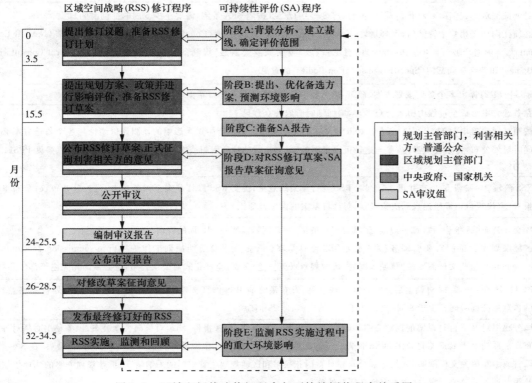

图 1.1　区域空间战略修订程序与可持续评价程序关系图

　　(2) 公众介入和信息公开程序。"SA 指南 2005"把可持续评价报告定位为面向所有人完全开放的公众咨询文件。可能的查阅者包括:规划决策者;其他规划/计划制定主管部门;法定征询方;非政府组织;普通公众等。环评报告要求必须包括非技术性总结(*non-technical summary*)也是为了便于公众快速知悉环评信息。以区域空间战略(RSS)的可持续性评价(SA)为例,其将《城乡规划(区域规划)(英格兰)条例》❷要求的规划过程自身的公众参与程序和信息公开流程与 SA 的公众参与与信息公开程序进行了衔接和整合。表 1.2 是 RSS 各阶段的区域空间战略规划和可持续性评价的公众介入和信息公开的具体要求❸。从中可以看出,所有与规划和评价相关的过程文件和最终正式成果文件,包括利害相关方的意见及意见处理情况全部及时对外发布,无论是规划还是可持续评价工作对公众全程"透明",便于查询。普通公众和各个政府主管部门自规

　　❶　原文为:Several authorities felt that more detailed guidance was needed to deliver the SA / SEA process. Chelmsford Borough Council said that to truly integrate the SA / SEA process, guidance is required at every key stage of the plan making process. 参见:Towards a more efficient and effective use of Strategic Environmental Assessment and Sustainability Appraisal in spatial planning Final report[R]. Department for Communities and Local Government:London. March 2010:93.

　　❷　指导区域空间战略(RSS)的规划条例主要指《城乡规划(区域规划)(英格兰)条例》,英文全称为 Town and Country Planning (Regional Planning) (England)Regulations ,2004. ,简称为 Regional Planning Regulations .

　　❸　Office of the Deputy Prime Minister. Sustainability Appraisal of Regional Spatial Strategies and Local Development Documents:Guidance for Regional Planning Bodies and Local Planning Authorities. November 2005:21-22.

划和评价启动阶段开始至正式批复完成全过程均有机会发表意见。

表 1.2　　　　　　　　　区域空间战略(RSS)各阶段公众介入和信息公开的具体要求

RSS 阶段 1:提出 RSS 修订议题,准备 RSS 修订工作计划
对外征询对 SA 工作纲要(评价范围、内容、深度等)的意见(按照 SEA 条例,需要至少 5 周的征询时间) 必须征询环境相关主管部门,即环境署(Environment Agency)、乡村署(Countryside Agency)、英国自然署(Natural England)、英国遗产署(English Heritage)的意见;以及"英国城乡规划法"提到的普通征询部门(The General Consultation Bodies)和特殊征询部门(Specific Consultation Bodies)的意见
RSS 阶段 2:提出多个备选规划方案、政策,进行影响评估,准备 RSS 修订草案
在备选方案形成全过程中引入公众参与,确保随时听取公众意见 按照规划政策申明 11(PPS11),SA 针对 RSS 草案的各个备选方案拟产生重大影响的预测评价结论与各个备选方案必须同时对外公布,便于公众参与;参与途径可通过网站、成立正式的社区组织或次区域事务和市民陪审团等(参见 PPS11 附录 D)
RSS 阶段 3～阶段 5:公布并正式征询对 RSS 修订草案的意见;提交 RSS 修订草案至国务秘书,进行公开审议;公布审议报告(审议报告中需概述规划决策过程,对修订草案的调整及原因)
提交并公布 SA 报告(按《城乡规划(区域规划)(英格兰)条例》,需要 6～12 周的咨询时间) 区域规划主管部门需要向国务秘书提交 RSS 修订草案、SA 报告以及前期征询工作陈述(pre-submission consultation statement),这些文件需要按照《城乡规划(区域规划)(英格兰)条例》全部正式对公众公布,也必须向相关主管部门公布
RSS 阶段 6～阶段 8:对调整后修订草案征询意见,发布最终的 RSS 修订文件(按照《城乡规划(区域规划)(英格兰)条例》,意见征询时间不少于 8 周;RSS 修订文件的实施、监测和回顾)
国务秘书对 RSS 修订草案的调整方案和调整说明,以及随之调整的 SA 报告,均须对外向公众公布;国务秘书必须对外公布经汇总的对于 RSS 修订草案和 SA 报告的征询意见及意见处理情况,作为 RSS 再次调整的书面依据;最后,在 SA 报告篇首或编写单独文件阐明 SA 结论和公众意见被国务秘书和区域规划主管部门的采纳情况、推荐规划方案的选择依据以及跟踪评价和监测方案,这些内容均必须对外公布

　　注:按照规划政策声明 11(Planning Policy Statement 11),RSS 修订工作包括 8 阶段。RSS 阶段 1:提出 RSS 修订议题,准备 RSS 修订工作计划;RSS 阶段 2:提出备选方案、政策,进行影响评估,准备 RSS 修订草案;RSS 阶段 3:公布并正式征询对 RSS 修订草案的意见;RSS 阶段 4:公开审议;RSS 阶段 5:公布审议报告,审议报告概述规划决策过程,对修订草案的调整及原因;RSS 阶段 6:对调整后修订草案进行意见征询,SA 报告进行相应调整;RSS 阶段 7:发布最终的 RSS 修订文件;RSS 阶段 8:RSS 修订文件的实施、监测和回顾。

　　虽然英国规划和规划环境评价的法规和技术规范为公众参与提供了全面的制度保障,但 SEA/SA 实践中,仍存在诸多问题:除了能收集到来自环保相关主管部门的意见,普通公众参与度并不高。规划环评从业者认为,这主要是由于普通公众不了解规划过程和评价的价值,可持续性评价/战略环评报告本身过于复杂,难以为普通公众接受等原因造成❶。

1.1.2.2　实践特点

　　环境影响评价在欧盟和英国规划界较早受到关注,针对土地使用和空间规划的战略环评(SEA)和可持续性评价(SA)制度体系不断发展完善,积累了丰富的实践经验和教训。英国公

---

　　❶　Towards a more efficient and effective use of Strategic Environmental Assessment and Sustainability Appraisal in spatial planning Final report. Department for Communities and Local Government:London. March 2010:48.

开发表的 SEA 案例最多,相关出版物也最多❶。其中,牛津布鲁克斯大学规划学院研究者关于城市规划环评的实证研究成果较为突出。国内已有的规划环评技术导则的内容要求和程序设定较多地借鉴了英国等欧盟国家 SEA 导则的规定。

1. 1980 年代,规划环评推行之初的"窘境"

乔·韦斯顿❷曾把 1988 年环境评价工作在英国规划体系正式推行到 1996 年初这段时间实施的情况和所起的作用进行了全面的实证研究。通过实践者的回顾和案例研究,突出了环境评价制度引入英国空间发展和土地使用城镇规划体系后所出现的一些基本问题。其认为,在英国,环境评价面临的关键问题并不在于是否对环境影响有科学的评价,而是在于英国规划中的一些原始政策问题。他指出环境评价在英国曾经受到政府长时间的抵制,并认为造成连续几届英国政府都反对环境评价推行的原因在于:其一,英国政府认为,英国的发展管理体系已经可以很好地承担环境评估的职责;皇家城镇规划协会认为《欧洲经济共同体指示方针》的环评要求不适合英国的规划体系,会使规划体系的过程过度繁杂。其二,环境评价的推行会成为工业发展的障碍等。

乔·韦斯顿分析了利害相关方(Stakeholders),包括:地方政府、开发商、环境顾问、公众等对环境评价的态度及其发挥的作用。在分析环境评价在开发控制决策中所扮演的角色时,乔·韦斯顿指出政治的强势大大削弱了环境评价在决策中的"科学"地位。"自 1970 年代很多问题试图用环境评价来解决,但政治家却认为是否实施环境评价只是经济增长目标的外围问题,因而对此考虑甚少。"英国的土地利用规划体系实际上是一个政治决策的过程,这使得要在英国的环境评价中获得真正的客观性变得难上加难,根本不可能因为规划技术的增加而减弱政治过程的影响❸。政治因素的超强影响力在目前的中国也同样存在,国内研究者指出:在当前我国社会政治权力依然占据主导地位的特殊背景下,政治因素成为影响城市空间发展的一支重要力量❹。

英国等国 1980 年代推行规划环评之初的境况与当前中国比照,有颇多相似之处,欧盟国家规划环评的发展历程对于推进中国规划环评有很好的借鉴作用。

2. 2000 年代以来,全面接受、不断提高效率和效力的阶段

英国规划环评实践者较早意识到只有早期介入规划过程进行评价,才能充分提高规划环评的效率和效力。在具体环评工作中较为注重检讨和衡量规划环评到底给规划决策过程带来哪些有价值的改变。如:由 3 家不同学科背景的咨询公司❺联合完成的"西南英格兰区域空间

---

❶　Thomas B. Fischer and Paola Gazzola. SEA effectiveness criteria-equally valid in all countries? The case of Italy [J]. Environmental Impact Assessment Review,2006(22)4:396-409.

❷　(英)乔·韦斯顿(JoeWeston). 城乡规划环境影响评价实践[M]. 黄瑾,董欣译. 北京:中国建筑工业出版社,2006.

❸　谈到环境影响评价与英国规范体系的融合时,乔·韦斯顿指出:"如何使环境影响评价这个合理、系统的环境管理过程融合进那个有时并不合理、实质却是政治过程的规划体系中:毕竟规划体系考虑的是在这个持久、连续的分割环境土地资源的关键战役中谁输谁赢的问题。之所以出现这样的争斗局面是由英国规划体系本身所具有的对抗性所造成的,在这场争斗中开发商必定会运用他们的权利、影响力、政治与法律判断力,甚至一些炎诈来与环境工作者、居民、相关团体以及政治家们进行周旋。在这样的体系中环境影响评价的所谓预测个体影响的'科学'作用就只能屈居于决策过程中的政治影响之下了。"

❹　李强. 城市空间发展内在机制研究——以常州为例[D]. 上海:同济大学建筑与城市规划学院,2009.

❺　这 3 家咨询公司分别是:Land Use Consultants,Collingwood Environmental Planning,and Levett-Therivel Sustainability Consultants.

战略的可持续评价报告❶中就以专章"6.战略可持续评价如何影响区域空间战略草案(6. How the SSA Influenced the Draft RSS)"系统回顾规划环评在区域空间战略形成全过程中向规划机构提供了哪些数据信息,在不同的规划节点提供了哪些评价建议并得到采纳。如:其在备选方案形成前,提供了技术指南指导规划方案的形成。其提出的很多环评建议并不是等到有了一定的规划方案后再进行事后评价,而是先发性地提出一些可持续性原则,作为指导规划编制的依据。

利物浦大学城市设计学院 Thomas B. Fischer 教授❷带领 18 名研究生在 2008 年 1～2 月对英国空间规划(core strategy)战略环评(在空间规划可持续评价框架下)评价效果进行了一项系统的回顾工作。研究者最初对 240 份 SEA 报告进行了初步分析,从中挑选了 117 份进一步分析。

其调研表明,50％左右的战略环评报告是在范围界定阶段即开始准备。117 份战略环评报告中仅 15 份是在核心战略规划的最后阶段介入,9 份是在初期和中后期阶段介入。其中,范围界定(scoping)阶段,是指确定 SEA 的评价范围,对评价的(政策)背景和目标进行描述,建立基线信息。规划议题和规划方案(issues and options)阶段,是指提出多个备选方案并进行筛选,预测规划方案的环境影响。最后阶段(final stages),包括:初期/中后期阶段,已完成征询程序和公众参与程序;最终阶段,核心战略规划文件已经批准公示。

整体而言,英国规划环评报告较为注重程序和形式上符合法律要求,报告篇幅比较大,易于忽视报告内容是否真正对规划决策发挥作用。比较而言,无论是制度条款还是环评报告的编制,美国规划环评制度更为简明,环评报告更注重实效,更体现客观性和科学性。以"政策、规划、计划和环境保护目标协调性分析"为例,英国的环评报告通常将其作为单独部分在 Scoping report(相当于国内的环评大纲)的附录中论述,其通常按照欧盟 SEA 指令要求分别从国际、欧盟、国家、区域、地方等 5 个层面罗列大量相关文件❸。而美国规划环评报告通常将这部分内容分散在各个具体的规划要素评价中,在"规章背景(Regulatory setting)"中简要叙述与各个规划要素相关的政策、规划或计划文件及与本规划的关系❹。

1.2　国内制度建设和实践特点

1.2.1　项目环评制度及发展历程

1979 年颁布的《中华人民共和国环境保护法(试行)》(简称"《环保法(试行)》"),将环境影

---

❶　Land Use Consultants,Collingwood Environmental Planning,Levett-Therivel Sustainability Consultants. STRATEGIC SUSTAINABILITY ASSESSMENT OF THE DRAFT SOUTH WEST REGIONAL SPATIAL STRATEGY[R]. March 2006.

❷　Thomas B. Fischer . Reviewing the quality of strategic environmental assessment reports for English spatial plan core strategies [J]. Environmental Impact Assessment Review 30 (2010):62-69.

❸　如:Sustainability Appraisal and SEA of North Hertfordshire LDF Scoping Report Appendix 2 Review of Plans, Programmes and Policies(A report by CAG Consultants for North Hertfordshire District Council August 2005)长达 97 页 A4 纸均为表格,引述了将近 90 个相关文件。

❹　如:DRAFT ENVIRONMENTAL IMPACT REPORT Draft EIR Sacramento County General Plan Update May 2009 在交通规划环评章节(9TRANSPORTATION AND CIRCULATION)仅引述了 2 个州层面的交通规划文件,4 个地方层面的交通规划文件。

响评价作为法定制度,标志我国正式建立环境影响评价制度❶。

　　事实上,1979 年出台的《环保法(试行)》"第七条"❷已对城市规划环境影响评价提出了初步要求,但由于该条款没有要求编制规划环评报告书,而且缺乏之后续的法规条例对该条款进一步细化和落实,因此,规划环评未能与项目环评同步推进。仅有项目环评在后续出台的若干制度文件中得到进一步明确落实,并不断完善与细化❸。

　　项目环评从 20 世纪 70 年代末在国内正式制度化推行至今已有近 40 年历程,国内外学者针对项目环评存在问题和发展障碍的剖析,值得规划环评借鉴。

1.2.1.1　介入时机:启动过晚、结束过早

　　宫本宪一❹指出,日本(早期)的项目环境影响评价是在项目计划确定以后,即已经进行预算后进行的,所以很难令项目终止。其认为有必要在最初就项目计划本身进行一次环境影响评价,而后再根据项目的具体进展情况,再进行一次环境影响评价。对于项目环评的介入时机(timing),中国也面临同样的尴尬。张怡❺指出,由于国内建设项目资金大多在可行性研究报告以后到位,而环评需在可行性报告以前完成。建设单位在项目不确定时,不想花钱进行环评,而项目确定后又想加快速度,大多数企业仅视环评为建设项目中的一道手续,只要最终能够通过审查,对于环评质量并不关心,甚至把确保环评报告通过审查作为合同条款,或作为分期付款的一个标识。这样,就把环评单位和业主置身于同一利益立场上,由此给环评工作带来很大的压力和困难。环评单位迫于时间有限和利益的追逐,往往迎合建设单位的意图和需求,使得环评在某种程度上流于形式。将项目的环境可行性与否的结论推给行政审批部门决定,推卸了第三方咨询机构的职责。环评机构完成环评报告编制,就意味着整个评价工作的结束。报告中所列跟踪和监测评价计划,鲜有真正实施。

　　规划环评的介入时机也已暴露同样的问题。规划环评 2003 年正式推行至今(2014 年),仍是规划成果完成后开展的事后、分离式评价模式占主导。规划环评事实上是"追认",丧失其主动和

---

❶　该法"第六条"规定:一切企业、事业单位的选址、设计、建设和生产,都必须充分注意防止对环境的污染和破坏。在进行新建、改建和扩建工程时,必须提出对环境影响的报告书,经环境保护部门和其他有关部门审查批准后才能进行设计。

　　斯德哥尔摩人类环境会议于 1972 年 6 月 5 日至 15 日召开,是联合国主导的第一次以环境议题为中心的全球会议。随后,1973 年 8 月 5 日至 20 日中国召开了第一次全国环境保护会议。1978 年,"国家保护环境和自然资源,防止污染和其他公害"第一次被写入了中国宪法。1979 年,第五届全国人大常委会颁布了《中华人民共和国环境保护法(试行)》。20 世纪 70 年代后期,中国开始探索进行环境质量评价,即对环境现状的评价,可认为是环境评价工作的起步。1983 年,国务院宣布保护环境是中国的一项基本国策,1984 年环保局成为国务院独立的局级单位,2008 年在大部制改革中环保总局升级为环保部。参见:占光.论斯德哥尔摩人类环境会议对中国环境治理的影响[J].当代世界,2010,(1):72-73.

❷　《环保法(试行)》第七条规定:在老城市改造和新城市建设中,应当根据气象、地理、水文、生态等条件,对工业区、居民区、公用设施、绿化地带等作出环境影响评价,全面规划,合理布局,防治污染和其他公害,有计划地建设成为现代化的清洁城市。

❸　1981 年 5 月 11 日,原国家计委、国家建委、国家经委、国务院环境保护领导小组以"(81)国环 12 号"文发布《基本建设项目环境保护管理办法》。该《办法》"附件:大中型基本建设项目环境影响报告书提要"中对"必须编制环境影响报告书的基本建设项目范围"和"环境影响报告书的基本内容"首次正式明确。1986 年 3 月 26 日,原国务院环境保护委员会、国家计委、国家经委联合发布《建设项目环境保护管理办法》,对"(81)国环 12 号"文进行修改替代,再次明确规定凡从事对环境有影响的建设项目都必须执行"环境影响评价制度"和"三同时制度"。1998 年 11 月 18 日,《建设项目环境保护条例》以国务院令第 253 号正式发布施行,进一步明确项目环境影响评价的范围、内容、管理权限和责任。

❹　宫本宪一(日).环境经济学[M].朴玉译.北京:生活·读书·新知三联书店,2004.4.

❺　张怡.建设项目环境影响评价有效性研究[D].上海:同济大学环境科学与工程学院,2007.

预防功能。

1.2.2.2　评价机制缺陷制约环评有效性

宫本宪一❶在谈到日本(早期)的项目环评实践时,认为日本的环境影响评价仅起到工程免罪符的作用。其指出日本大部分的环境影响评价都要发表大量的资料,而结论就是"无导致公害的危险"或"对环境有轻微的影响",所以即使有对施工方法的轻微修改,也绝无对项目基本内容的修改(例如改变选址地点)及终止项目的决定。其认为环境影响评价之所以不成功,其根本原因是优先考虑承建方的利益,而不重视基本人权及对环境的影响。环境影响评价并不是决定是否进行开发的制度,而是为了促进开发而必需的程序。

目前,中国每年编制完成的环评报告书数量,超过了世界主要发达国家历年环评报告书的总和。但是,超过99%的通过率,以及缺乏公开、透明、独立监督和追责惩罚,以及评审专家不承担责任等弊端,降低了这一制度的有效性。尤其是目前不少地方行政主管部门为了更多引进项目,片面简化手续,缩短审批时间,降低有的建设项目的环评级别及要求,不顾国家政策约束,对某些项目"开绿灯"或提供"保护伞",让有些项目享受"超级待遇"。❷

另外,目前国内事业单位性质的环评机构,例如省、市级环境科研院所,由于与行业主管部门存在隶属关系,在环评项目承接及评价过程中会受到垄断性保护(垄断当地的环评市场)和行政干预,制约了环评行业的健康发展。❸

项目环评在体制和操作方面存在的问题是规划环评同样面对的。环保部环境工程评估中心有关负责人指出,《规划环评条例》的执行仅仅依靠环保部门自身的努力是远远不够的。虽然原国家环保总局已经升格为环保部,但职能分割并没有得到解决,很多环境要素的监管还分布在多个部门。这些部门之间的信息沟通渠道远远谈不上畅通。因此,《规划环评条例》提出的"客观、公开、公正"的原则要能真正在实践中体现,需要规划环评制度的进一步完善。

1.2.2　区域环评——城市规划环评的"前奏"

1.2.2.1　区域环评制度背景

自20世纪70年代末开始,在改革开放政策的引导下,中国的实体产业,特别是制造业和采掘业,以乡镇企业和地方工业形式快速、分散地发展,造成环境污染从城市扩散到乡村。20世纪80年代后期,政府开始强调工业要集中布局,并陆续出台相关规定。区域环评是在1990

---

❶　宫本宪一(日).环境经济学[M].朴玉译.北京:生活·读书·新知三联书店,2004.4.
❷　张怡.建设项目环境影响评价有效性研究[D].上海:同济大学环境科学与工程学院,2007.
❸　自1986年起,国内开始实行环评机构的资格审查制度,对从事建设项目环境影响评价技术服务机构的执业条件和执业活动进行审查和监督。在当时计划经济体制下,环评机构开展的建设项目环境影响评价工作属于行政事业性质,取得环评资质的一般是大专院校、环保及相关行业科研院所等事业单位,特别是环保系统科研院所。截至2009年10月,国内科研事业单位性质的环评机构占整个环评机构的比例为57.2%。2008年,全国人大常委会组织开展了《环境影响评价法》执法检查,在执法检查报告中强调要逐步推进环境影响评价机构与审批部门脱钩,建立真正具有独立法律地位的环境影响评价机构。2009年底开始,科研事业单位逐步启动环评体制改革,将环评业务、相关人员、财务管理从事业单位剥离,以形成具有独立法律地位的企业性质的环评机构。参见:关于征求《关于推进科研事业单位环境影响评价体制改革的若干意见(征求意见稿)》意见的函.环办函[2009]1065号。

年代国内开发区❶大量兴起背景下产生的,正式的制度依据始于 1993 年《国家环保局关于进一步做好建设项目环境保护管理工作的几点意见》(环监[1993]015 号),其中提出"开展区域环境影响评价,是积极主动地参与经济开发区综合决策"的要求。

1998 年出台的《建设项目环境保护条例》"第五章 附则"中"第三十一条"进一步明确:"流域开发、开发区建设、城市新区建设和旧区改建等区域性开发,编制建设规划时,应当进行环境影响评价。具体办法由国务院环境保护行政主管部门会同国务院有关部门另行规定。"

由于地方政府对短期政绩的急切渴望,许多开发区仅以一纸"文件"、一项"首长指示"和若干不落实的开发项目为依据,即着手圈地、开发。在 20 世纪 80 年代和 90 年代初设立的许多开发区,并无规划指导,或者是边规划边建设,造成了大片农田被"圈用"、地方生态系统遭破坏。有鉴于此,环境保护总局 2002 年 12 月 9 日发布《关于加强开发区区域环境影响评价有关问题的通知》(环发[2002]174 号),再次强调:"开发区管理委员会(或具有相应职能的机构)应在编制开发区总体规划阶段,向批准设立开发区的同级人民政府环境保护行政主管部门报批开发区区域环境影响报告书。经审批的开发区区域环境影响报告书作为编制、修订和完善开发区总体规划的重要依据。开发区区域环境影响评价工作由取得国家环保总局颁发的建设项目环境影响评价甲级资格证书的单位承担。"2003 年进一步出台了《开发区区域环境影响评价技术导则》(HJ/T131—2003)。

由于环评人员对开发区进行评价的直接依据就是开发区在开发建设前委托城市规划设计单位编制的相关规划文本和图纸等规划成果,因此,可以说区域环评是城市规划环评的"前奏"❷。

1.2.2.2　区域环评与规划环评从"同时并存"到"合二为一"

2003 年《中华人民共和国环境影响评价法》颁布实施,2010 年前,区域环评和规划环评是并行地由决策部门选择其一开展。由于均以针对特定区块的规划成果为评价对象,区域环评属于规划环评的范畴,因此难以对两者作出区别。在 2003 年以后编制了很多冠名"规划环评"的项目,具体采用的评价技术、方法和最终的报告书内容基本沿袭了区域环评的套路,两者并无明显区别。但在实际的审批管理程序方面,两者有巨大差异。区域环评和规划环评遵循不同的法规和部门规章,其中关于审批权限的规定完全不同。现实操作中业界达成的共识是:规划环评更易通过。业内人士认为:从有利于环境保护而言,走区域环评程序;从环评容易被通过的角度来说,则走规划环评程序。因为按《环评法》,规划环评只有审查意见(由规划审批单位组织或委托同级环保局组织评审,即可以不是环保局组织评审),最后的批准机关不是环保

---

❶ 《开发区规划管理办法》1995 年 7 月 1 日起施行,其定义的"开发区"是指:由国务院和省、自治区、直辖市人民政府批准在城市规划区内设立的经济技术开发区、保税区、高新技术产业开发区、国家旅游度假区等实行国家特定优惠政策的各类开发区。2003 年 7 月 18 日,国务院办公厅发布《关于暂停审批各类开发区的紧急通知(国办发明电[2003]30 号)》以应对有些地方出现不顾实际条件,盲目设立和扩建名目繁多的各类开发区,造成大量圈占耕地和违法出让、转让国有土地的现象。

❷ 如:金桥出口加工区(南区)海关封关区区域开发建设的环境影响评价项目就是以 2001 年 10 月上海市城市规划设计研究院编制的闭关区控制性详细规划以及 2008 年 8 月浦东新区规划设计研究院所做的闭关区规划调整为直接评价对象。参见:上海市环境科学研究院.金桥出口加工区(南区)海关封关区区域开发建设环境影响报告书简写本(网络版供公众阅览)[R].2008.12.1.

局,规划环评目前对评价单位资质及评价人员资质无严格要求(目前采用推荐单位名单)。而区域环评基本沿袭项目环评的严格审批流程,区域环评是评审意见,评审组织单位和批准单位都是环保局。

针对区域环评和规划环评内容重合、制度不统一等问题,2007年10月8日环保总局令第41号《关于废止、修改部分规章和规范性文件的决定》中将《建设项目环境保护分类管理目录》(2002年10月13日,环保总局令第14号)进行了修改,删除其中项目类别中的流域开发和区域开发。部分区域环评由规划环评替代。目前,尽管没有明确出台区域环评由规划环评全面取代的制度文件,但2010年以后,多数省市已经将区域环评统一归并到规划环评的管理体系内。

区域环评从1993年起至2010年,前后经历了近20年。对区域环评实施效果进行回顾总结和评估,会为规划环评的健康发展提供有益借鉴。

1.2.3　规划环评制度及发展历程

1.2.3.1　规划环评制度背景

2003年9月1日颁布实施《中华人民共和国环境影响评价法》首次赋予中国规划环评以法律地位。2009年10月1日起,《规划环境影响评价条例》正式施行。迄今,上海、天津、重庆、江苏、浙江、山西、河北、山东、陕西、内蒙古等多个省、市出台了规划环评地方配套制度(表1.3)。原环保总局在2003年8月发布《规划环境影响评价技术导则(试行)》(HJ/T130—2003)的基础上,于2005年启动了包括城市总体规划在内的多个专项规划环境影响评价技术导则❶的编制工作(表1.4❷)。其中的《规划环境影响评价技术导则—城市总体规划》的制订由原国家环境保护总局环境工程评估中心与同济大学承担,2009年11月发布了征求意见稿❸。

表1.3　　　　　　　　　　　　**部分省、市已出台的规划环评配套制度**

省市	发布时间	文件名称
浙江	2007	关于进一步依法推进规划环境影响评价工作的通知(浙环发[2007]10号)
浙江	2008	浙江省人民政府办公厅关于进一步规范完善环境影响评价审批制度的若干意见(浙政办发[2008]59号)
浙江	2010	浙江省人民政府关于全面推进规划环境影响评价工作的意见
江苏	2005	江苏省人民政府关于依法开展规划环境影响评价工作的通知(苏政发[2005]114号)
江苏	2008	(江苏)省政府办公厅关于印发江苏省规划环境影响评价试点工作方案的通知(苏政办发[2008]86号)
江苏	2011	江苏省人民政府办公厅转发省环保厅省发展改革委关于切实加强规划环境影响评价工作意见的通知(苏政办发[2011]69号)
安徽	2010	安徽省环保厅关于进一步加强规划环境影响评价工作的通知(环评[2010]36号)
山东	2005	山东省实施《中华人民共和国环境影响评价法》办法
陕西	2006	陕西省实施《中华人民共和国环境影响评价法》办法

❶　关于下达2005年第三批国家环境标准编制计划的通知.国环办[2005]61号。

❷　包存宽,林健枝,陈永勤等.可持续性导向的规划环境影响评价技术标准体系研究-基于"规划环境影响评价技术导则"实施有效性的分析[J].城市规划学刊,2013(2):23-31.

❸　国家环保总局能适时推出相关技术导则对推动规划环评工作将起到促进作用,但多数导则的制定过程缺乏其他行业主管部门和环境学科背景以外的其他学科背景的机构和成员共同参与和互动。

续表 1.3 部分省、市已出台的规划环评配套制度

省市	发布时间	文件名称
上海	2004	上海市实施《中华人民共和国环境影响评价法》办法
天津	2009	关于做好区县示范工业园区规划环境影响评价工作的函（津环保管函[2009]264号）
天津	2010	关于做好规划环评工作保障天津经济健康快速发展的函（津环保管函[2010]63号）
深圳	2005	深圳市人民政府关于认真贯彻落实《中华人民共和国环境影响评价法》做好规划环评工作的通知
四川	2007	四川省人民政府关于大力推进战略环境影响评价的意见
重庆	2005	重庆市人民政府批转市环保局关于开展规划环境影响评价工作的实施意见的通知
内蒙古	2005	关于做好规划环境影响评价工作的通知
河北	2005	关于进一步做好规划环境影响评价工作的通知
大连	2005	大连市关于做好规划环境影响评价工作的通知
		大连市环境保护局大连市人民政府办公厅关于进一步做好规划环境影响评价的通知
山西	2010	山西省人民政府办公厅关于认真贯彻《中华人民共和国环境影响评价法》的通知
山西	2010	关于认真贯彻实施《规划环境影响评价条例》的意见
新疆	2005	新疆环保局关于进一步加强和规范规划环境影响评价工作的通知
江西	2009	江西省人民政府办公厅转发省环保厅省政府法制办关于加强规划环境影响评价工作意见的通知（赣府厅发[2009]98号）
河南	2009	关于加快推进产业集聚区规划环境影响评价工作的通知

表 1.4 2010 年前中国规划环评技术标准一览表●

类别	名称及编号	编制单位	编制启动时间	征求意见时间	生效时间
正在实施及已经公布	规划环境影响评价技术导则（试行）（HJ/T 130-2003）	国家环境保护总局环境工程评估中心、同济大学、南开大学	2003-01	不详	2003-09-01
	规划环境影响评价技术导则 煤炭工业矿区总体规划（HJ463-2009）	中煤国际工程集团北京华宇工程有限公司、国家环境保护总局环境工程评估中心	2005-06-01	2006-12-18	2009-07-01
	开发区区域环境影响评价技术导则（HJ/T131-2003）	中国环境科学研究院、上海市环境科学研究院	不详	不详	2003-09-01
	省级土地利用总体规划环境影响评价技术指引（国土资发[2005]277号）	国土资源部中国土地勘测规划院	不详	不详	2005-12-21
	市级土地利用总体规划环境影响评价技术规范（试行）（国土资厅发[2009]79号）	国土资源部中国土地勘测规划院	不详	不详	2009-09-30
	江河流域规划环境影响评价规范（SL45-2006）	水利部水利水电规划设计总院、中水淮河工程有限责任公司、新疆水利水电勘测设计研究院、淮河水资源保护科学研究所	不详	不详	2006 年修编

● 包存宽,林健枝,陈永勤等.可持续性导向的规划环境影响评价技术标准体系研究-基于"规划环境影响评价技术导则"实施有效性的分析[J].城市规划学刊,2013(2):23-31.

续表 1.4   2010 年前中国规划环评技术标准一览表

类别	名称及编号	编制单位	编制启动时间	征求意见时间	生效时间
已经完成征求意见尚未发布实施	规划环境影响评价技术导则 总纲	环保总局环境工程评估中心、同济大学	2006-06	2009-11-02	未定
	规划环境影响评价技术导则 城市总体规划	环境保护部环境工程评估中心、同济大学	2005-06-01 2007-02 再次开题	2009-11-09	未定
	规划环境影响评价技术导则 土地利用总体规划	环境保护部环境工程评估中心、南京农业大学、兰州煤矿设计研究院、信息产业部电子第十一设计研究院有限公司和西安地质矿产研究所	2005-06-01 2007-02 再次开题	2009-11-09	未定
	规划环境影响评价技术导则 林业规划	南开大学 国家环境保护总局兴城环境管理研究中心	2006,开题时间 2008-07-25	2009-10-30	未定
	规划环境影响评价技术导则 陆上油气田总体开发规划	环境保护部环境工程评估中心、中国石油集团安全环保技术研究院	2005-06-01	2008-10-10	未定
	规划环境影响评价技术导则 石油化工基地	环保总局环境工程评估中心、上海南域石化环境保护科技有限公司、上海市环境科学研究院、同济大学	2005-06-01	不详	未定
	规划环境影响评价技术导则 城市交通	南开大学 环保总局环境工程评估中心	2005-06-01	不详	未定
	规划环境影响评价技术导则 流域建设开发利用规划	水利部水利电力规划设计总院、环保总局环境工程评估中心	2005-06-01	不详	未定

另外,采取单位自荐和地方(或部门)推荐相结合的方式原国家环保总局已分 4 批公布 317 个推荐规划环境影响评价文件编制单位❶,其中包括 18 家从未开展过环境影响评价业务的城市规划设计研究院。

1.2.3.2 规划环评实施情况

迄今已完成的规划环评报告在编制时主要以 2003 年颁布的《规划环境影响评价技术导则(试行)》(HJ/T 130-2003)为依据。该导则是基于项目环评和有限的国内规划环评经验,以及参考部分国际经验编制的。该导则要求的"规划环境影响评价的基本内容"虽然"面面俱到",但是难以实现从源头防治重大负面影响的目标。遵循导则进行规划环评类似于遵照各类设计规范进行设计,虽然最终的成果能够做到一定的规范和统一,但同时带来的问题是:限制了环评人员对规划所带来的新问题、特殊问题的探索;易流于对一些"无关紧要"和"例行性"影响进行"程序化"的陈述与分析,使规划环评过程失去信息增值效应❷。

---

❶ 编制单位清单见"环保总局关于公布规划环境影响评价推荐单位名单(第一批)的公告",另有第二、三、四批公告。

❷ 引自 Jiri Dusik 主讲的 2009 年云南环评可持续发展能力建设项目战略环评核心培训材料。

　　当前,国内规划环评的制度有效性是其核心问题。涉及:制度安排本身的合理性;规划环评执行的体制、机制、程序在实现目的和目标的保障性;以及在技术操作层面上理论与方法的支撑性。

　　规划环评技术操作层面具体存在以下问题:

1. 把项目环评的一般性方法直接套用于宏观、具有战略和政策属性的规划方案评价

　　环评人员习惯于遵循项目环评框架开展工作,尚不适应规划环评的战略性、宏观性、长期性、不确定性等特点与要求,没有体现规划环评的广域、间接、累积、不确定性等特点。评价重点仍基于环境要素(水、气、噪声等)的污染影响开展,不能融合城市或区域生态文明建设和永续发展的目标、原则、框架与整体性要求。忽略了战略性、间接的、累积的影响,以及不同预测的不确定性。现阶段总规环评在应用的技术方法和手段方面更多地直接沿用区域环评的实践经验,而区域环评又只是"扩大的项目环评"。

2. 规划和规划环评过程的相关方对数据信息缺乏透明性、交流和反馈

　　如在云南试点项目"大理城市总体规划修编环评"中,对于规划期内的人口增长规模的预测,规划人员与环评人员采用不同的方法,产生不同的预测数据;而人口规模不仅是城市用地规划的基础,更是各种基础设施规划和环境影响预测的基础。因此,规划环评必需早期介入,及早就合理的人口规模达成共识。由此,规划团队与环评团队应同步、合作开展工作,互相反馈,交换基础数据信息,以共同的原始数据资料为基础,对一些重要数据的预测方法的协调一致是使规划合理、环评有效的必要条件。

3. 规划和环评未实现全过程开放、交流

　　规划环境影响评价过程缺乏透明性(只给出最终的评价结论,没有翔实的分析过程、缺乏严格论证的分析方法),易使决策者、利益相关方对评价结论的可靠性质疑,也阻碍了环评团队与规划团队的交流与融合,难以让规划人员心悦诚服地将环评成果融入规划之中。因此,应同时增加规划方案形成过程和环评分析过程的透明度。规划方案的形成过程应该是流程清晰、方法严谨,有利于与环评人员合作,并且在关键节点介入,而环境影响分析过程也应该有理有据,阶段性地提出建议供规划人员考虑并且采纳吸收入规划方案中。规划过程和环评过程必须相互开放,才能充分发挥规划与环评的协同作用。规划环评具有很强的政策性和综合性,但在当前的实践中,仍多由环保部门主导和环境学科人员操作,缺少政策、规划学科人员的参与。

4. 规划环评介入过晚

　　迄今,大多数规划环评是以已定稿的规划成果为对象,其目标仍是采用既定的一套"科学评价方法和指标体系"对规划成果做出优或者劣的评判,得出"可行性"的结论。较少直接地指向规划的核心内容提出调整建议,如:对控规的环评较少对其核心要素(关于土地开发强度的控制指标,如容积率、建筑密度、绿地率等)提出调整建议,而仅从环境要素污染预防和环境基础设施的配套完善方面提出补救措施。其评价思路仍是基于规划方案已定的前提下预测污染产生量、污染处理设施是否配套,能否达标排放等,仍属于反映型环境影响评价。规划环评报告是由环评专业人员在规划草案完成后单方面完成,尚未建立规划编制机构与环评机构有效沟通的机制和平台。环评成果很难体现在规划方案中,控制和调整某些不符合可持续发展原则和环境保护要求的规划方案的力度和有效度都很有限。

　　目前,规划环评仍是响应式的"规划完成后评价",错过了正确决策的时机。而且往往基于部分领导和利益相关方的决策结果进行价值判断,使规划环评失去战略的预防作用,不能充分发挥改善可持续性决策、预防生态退化、环境污染的战略性功能。

当前,规划环评亟需逐步摆脱项目环评的套路,实现由要素(Factor)评价转向系统(System)评价、由表征(Symptom)评价转向功能(Function)评价、由达标(Standard)评价转向目标(Goal)评价、由重结果(Result)的评价转向重过程(Process)评价的转变❶。

1.2.4　从规划环评向全面的战略环评推进

"十一五"以来,区域性发展的战略环境评价在全国和各大区域全面、深入推进,被认为是"战略环评引入中国后,地域最大、行业最广、层级最高、效果最好的一次生动实践"❷。其中包括:2008—2010 年,环保部组织开展的环渤海沿海地区、海峡西岸经济区、北部湾经济区沿海、成渝经济区和黄河中上游能源化工区等五大区域重点产业发展战略环境评价;2012—2013 年,环保部组织开展西部大开发重点区域和行业发展战略环境评价工作;2013 年,环保部启动中部地区发展战略环境评价、长江中下游城市群发展战略环境评价等工作。

此外,一些先发地区已开始实施政策环境影响评价制度。如《深圳经济特区环境保护条例》要求:"法规、规章和规范性文件实施后可能对环境产生重大影响的,起草单位在起草时应当组织进行环境影响评价,并形成政策环境影响评价说明书。环保部门负责召集由有关政府代表和专家组成的审查小组,对政策环境影响评价说明书进行审查,并出具书面审查意见。政策环境影响评价说明书和审查小组的书面审查意见应当作为制定政策的重要依据。对应当报送而未报送政策环境影响评价说明书及其书面审查意见的政策,不予审议、审查。对本条所列由政府起草的法规、规章和规范性文件进行环境影响评价的具体办法由市政府另行制定。"

由此可见,中国规划环评已向战略环评的各个层次全面深入推进,战略环评作为环境保护参与经济综合决策的重要抓手❸,正日益发挥作用。

---

❶　包存宽.国家自然科学基金项目(40971305)基于可持续发展的城市规划环境影响评价指标体系项目申请书.2009.

❷　黄沈发等.五大区域战略环境评价系列丛书.海峡西岸经济区重点产业发展战略环境评价研究[M].北京:中国环境出版社,2013.

❸　吴晓青.把握环评规律 服务发展大局——纪念《环境影响评价法》颁布十周年[N].中国环境报,2012-12-262(2).

第 2 章
国内城乡规划实施背景和
规划评价实践进展

2.1 国内城乡规划实施背景

2.1.1 环境污染影响居民健康与安全

20多年来的经济持续高速增长和城镇化进程的加快,中国环境污染经过长期积累,已进入高危状态和事故高发期。近年来,因污染引发的群体事件快速增长。以水污染为例,近年因重大水污染事故导致城市自来水供应中断的事件在各地不断发生❶。2005年,全国七大水系的411个地表水监测断面中有27%为劣V类水质,基本丧失使用功能。流经城市的河段普遍受到污染,80%以上的东部和西南地区湖泊存在不同程度的富营养化,全国有约3亿人无法获得安全饮用水❷。饮用水污染和因水污染造成的粮食蔬果和水产品等食品的污染等已造成疾病发生率和死亡率显著增加。

随着我国工业化、城镇化的深入推进,能源资源消耗持续增加,大气污染防治压力继续加大,损害人民群众身体健康,影响社会和谐稳定❸。大气污染呈现出煤烟型与机动车污染共存的新型大气复合污染,颗粒物为主要污染物,霾和光化学烟雾频繁、二氧化氮浓度居高不下,酸沉降转变为硫酸型和硝酸型的复合污染,区域性的二次性大气污染愈加明显。环保部灰霾试点监测的结果表明,2010年各试点城市发生灰霾天数占全年天数的比例为20.5%～52.3%,且在近几年呈上升趋势。近年来我国许多城市机动车保有量激增,导致氮氧化物和挥发性有机物浓度迅速上升,高浓度的臭氧超标频繁出现,京津冀地区、长三角和珠三角地区已呈现区域性光化学污染❹。

我国土壤污染总体形势也很严峻,许多地区土壤污染严重,在重污染企业或工业密集区、工矿开采区及周边地区、城市和城郊地区出现了土壤重污染区和高风险区;土壤污染类型多样,呈现出新老污染物并存、无机有机复合污染的局面;土壤污染途径多,原因复杂,控制难度大;由土壤污染引发的农产品质量安全问题和群体性事件逐年增多,成为影响群众身体健康和社会稳定的重要因素❺。

2.1.2 生态破坏制约城市可持续发展

21世纪以来,城市空间的拓展速度超过了城市人口的增长速度,城市呈现一种无序蔓延的状态。由于缺乏科学合理的规划,在没有充分论证城市发展规模与模式、评估城市区域生态

---

❶ 如:2009年初造成约20万市民断水的江苏盐城"2·20"特大水污染事故,事故污染源在盐城市标新化工有限公司位于盐城市饮用水源二级保护区内。2007年5月太湖水污染事件,江苏省无锡市城区的大批市民家中自来水水质突然发生变化,并伴有难闻的气味,无法正常饮用。造成这次太湖水质突然变化的原因是:入夏以来,无锡市区域内的太湖水位出现50年以来最低值,再加上天气连续高温少雨,太湖水富营养化较重,从而引发了太湖蓝藻的提前暴发,影响了自来水水源的水质。2006年9月8日,湖南省岳阳县城饮用水源地新墙河发生水污染事件,砷超标10倍左右,8万居民的饮用水安全受到威胁和影响。污染发生的原因为饮用水取水口上游3家化工厂的工业污水日常性排放,致使大量高浓度含砷废水流入新墙河。

❷ 中国科学院可持续发展战略研究组.2007中国可持续发展战略报告——水:治理与创新[M].北京:科学出版社,2007.

❸ 国务院.关于印发大气污染防治行动计划的通知(国发([2013]37号)[R].2013-9-10.

❹ 郝吉明,程真,王书肖.我国大气环境污染现状及防治措施研究[J].环境保护,2012(9):17-20.

❺ 环境保护部.关于加强土壤污染防治工作的意见(环发[2008]48号)[R].2008-06-06.

价值的前提下,城市郊区大规模的经济技术开发区、大学城及住宅区等建设项目纷纷上马,圈地盖楼,占用、破坏了大片耕地、林地、草地和其他自然生态系统。原本完整的自然生态系统被城市建成区和未建成区(闲置土地)侵占并分隔成一个个缺乏联系的裂块,彻底改变了原有的生态格局和地表结构,不再适合本地物种的生存。另一方面,在城市内部更新改造(城市再开发)过程中,由于急功近利,对城市内部原有的生态系统和文化遗产往往没有进行很好地保护和延续;而且为了提高土地利用效率,满足现代化城市功能需要,建造了无数尺度巨大的摩天楼,却忽视了城市绿化开敞空间的营造,使城市绿化面积严重不足。城市生态系统遭到破坏,城市生物多样性几乎消失,制约了城市可持续发展❶。

2.1.3　土地财政助推环境恶化和生态退化

"土地是财富之母",土地在财富生产与积累过程中的重要性,正被当今"新兴加转轨"的中国体现得淋漓尽致❷。1988 年以来土地和住房的商品化和市场化产生了与土地相关的巨大收益。当土地功能由农田和自然生态保护地转化为商业、办公楼、住房和工业等城市建设用地时,地方政府可以从两类土地用途转换之间巨大的地租差别中获得丰厚的土地收入。因此,地方政府在利益驱动下不断扩大其行政地域范围以控制更多的土地,并在农田和生态保留地上大规模发展工业和扩张城区,这已成为当前中国城市空间扩展的一个主要推动力。而属于自然生态系统重要载体的土地一旦作为生产手段被大规模批租出去,则土地及其附属的地表水流、地下资源、地上的植被和野生动物及空间环境就会被占有企业及个人的私有利益而任意利用。土地财政的巨大驱动力导致自然地表被大规模地人工化、地表水面率大幅减少、湿地蚕食、蓄滞洪区侵占,耕地、林地、果园等农用地大规模转化为城市建设用地,使具有生态服务功能的土地面积大幅减少。而不断修编调整的各层次城市规划则成为土地用途改变的法定书面依据和重要推手,大量精美的规划效果图成为政府招商引资的重要宣传资料,掩盖了地方政府"以地生财"的最原始动机及伴随而来的生态灾难。土地财政可谓环境保护的致命伤。

2.1.4　城乡规划的"角色被扭曲、作用被异化"

虽然改善人居环境、保护自然资源、防治污染和其他公害是城乡规划自身目标体系的重要组成部分❸,但当前地方政府企业化的角色倾向,往往会有意弱化政府保护公共自然资源的职能,淡化甚至漠视城乡规划的环保目标。政府在落实城乡规划时,仅选择执行对其开发动机和追逐经济利益有助的规划内容。通过规划编制达到改变用地性质、增加用地规模的目的,对与

　❶　徐溯源,沈清基. 城市生物多样性保护——规划理想与实现途径[J]. 现代城市研究,2009(9):12-18.
　❷　袁东. 权限与权威——私权与公权的经济学思考[M]. 北京:经济科学出版社,2007.
　❸　《中华人民共和国城乡规划法》规定:制定和实施城乡规划,应当遵循城乡统筹、合理布局、节约土地、集约发展和先规划后建设的原则,改善生态环境,促进资源、能源节约和综合利用,保护耕地等自然资源和历史文化遗产,保持地方特色、民族特色和传统风貌,防止污染和其他公害,并符合区域人口发展、国防建设、防灾减灾和公共卫生、公共安全的需要。参见:中华人民共和国城乡规划法(2008 年 1 月 1 日施行)。

自然资源和生态环境保护相关的规划措施无所作为甚至违反❶。

吴可人等认为：市场经济的重要特征之一是各类规划实施主体追求利益的最大化，城市规划的核心问题亦体现在协调利益的问题上。在各利益主体追求自身利益最大化的过程中，势必会对其他群体造成损害。各类利益主体之间呈现出一些不健康的特征，且理应"中立"的城市规划师受到利益"磁性"的强烈吸引，倒向社会强势群体一侧，这种情况下技术性的指导显然力不从心。这就需要通过制定相应的法律、法规和政策，调整完善城市规划机制来解决。通过机制协调，使政府、市场及公众三者之间的关系健康互动，在三者力量制衡的前提下，使城市规划更公正和科学❷。

显然，确立规划环评的法律地位，引入规划环评机制，把规划环评列为城乡规划法治体系的重要组成部分是有效缓解当前我国面临的日益严重的环境危机的有效手段。有助于引导城乡规划从短期绩效追求转变为长远的可持续发展，以自然资源和环境为保护对象，从少数人的政绩和经济效益的追求，转变为城市人民谋福祉，以法治手段保障政府行为必须基于经济、社会与环境的可持续性。增强城乡规划对可持续发展的全面考量，推动政府的环境可持续能力建设。

2.2   国内城乡规划评价实践进展

2.2.1   规划评价的价值取向

从哲学角度而言，评价是人的认识活动。它与认识世界"是什么"的认知活动不同，评价是一种以把握世界的意义或价值为目的的认识活动。评价活动中包含两层关系，一层是评价主体与评价客体的关系，评价客体即评价活动所要揭示的对象，也就是价值关系。第二层关系是价值主体与价值客体的关系，即价值关系的两端之间的关系。评价也就是要揭示价值主体与价值客体的关系❸。

---

❶   如：蒲向军对 1984 年版天津市城市总体规划(1984—2000)和 1995 年版天津市城市总体规划之近期规划(1995—2000 年)两轮规划的实施研究表明，大量规划的公共绿地被其他用地侵占，公共绿地规划实施率最低。其研究认为，对经济效益的追求是影响规划实施的最重要因素。由于开发回报率低、政府资金缺乏、拆迁赔偿高、项目所在地地价高等，导致公益项目(如公共绿地、体育设施、文化娱乐设施)难以实施。参见：蒲向军.城市总体规划实施研究——以天津市为例 [D].武汉：武汉大学城市设计学院,2005.
    而李王鸣对余姚市城市总体规划(2001—2020)的实施评价研究揭示余姚市 2005 年实际污水处理率低于 50％、实际城镇生活垃圾无害化处理率为 70％，而近期规划 2005 年目标值分别为 70％和 100％，这两项与环境污染末端治理有关的基础设施建设指导性指标均远未达标，而 2005 年实际建设用地面积却超过规划目标值 30％，人均建设用地面积超过规划指标值 18.9％。参见：李王鸣.城市总体规划实施评价研究[M].杭州：浙江大学出版社,2007.
❷   吴可人,华晨.城市规划中四类利益主体剖析[J].城市规划.2005,29(11):80-85.
❸   从逻辑上说,评价活动具有这样的操作程序：①把握价值主体的需要；②把握价值客体的属性和功能；③以价值主体的需要衡量价值客体的属性和功能，判断价值客体是否能满足价值主体的需要。在这一活动中，评价的标准，就其实质而言，就是评价主体所把握的、所理解的价值主体的需要。理想状态下,评价的心理运作过程包括：确立评价的目的；确立评价的参照系；获取评价的信息；形成价值判断。评价结果可简化表述为：X 是有价值的(或无价值的)。X 即价值客体。X 是有价值的,其扩展式为"X……是有价值的"。这个空白包含 5 方面内容：①X 对谁是有价值的？(价值主体)；②X 对谁的哪一方面是有价值的？(评价视角)；③X 与什么相比(对谁的哪一方面)是有价值的(评价视域)；④X 以什么标准衡量(对谁的哪一方面比什么)是有价值的(评价标准)；⑤谁认为 X(以什么尺度对谁的哪一方面比什么)是有价值的。其中，"谁认为"是评价主体,前 4 个方面指的是判定价值客体意义所参照的因素,这 4 个方面就构成了评价的参照系统的内容。参见:冯平.评价论[M].北京:东方出版社,1995.

2.2.1.1　规划评价是政府基本价值取向的体现

任何评价都是建立在一定的价值观基础上。评价不是纯粹的科学活动,其结果也不是唯一的、独立的事实,而是按照评价主导者价值取向对一系列问题进行判断和分析。研究者认为,对规划实施的评价应首先弄清楚规划的价值取向问题,即规划的利益主体是谁。在确定价值取向前提下,进而弄清楚规划的正当性、公平性和社会性等问题,否则评价的效果将会适得其反❶。因此,总规实施评估从本质上看,并不是对"总规如何实施"以及"总规实施情况"的某种"真实"状态进行描述,更多是反映出当前政府对于"实施怎么样"的价值判断。这种价值判断与城市政府所承担的基本职能紧密关联。

2.2.1.2　经济发展为基本职能的城市政府决定了当前规划评价的基本价值取向

改革开放以来,地方政府转变为以经济发展为目标的"地方发展政体"。在当前政治和财政制度安排下,地方政府行政长官需要在其任期内不断推进城市建设和发展,谋求土地出让为主的"预算外"收入,并通过上级行政机构的考核来实现晋升的途径,而不是辖区范围地方居民的评估。在这种情况下,在政府内部更为重视强调数量和形式的短期计划,而不是强调品质和内涵的长远利益的长期规划。在这样的体制架构下,现行城市总体规划异化为地方政府向中央政府争取政策和土地指标的工具,总规及评估的目就不可能是如何引导城市更好的发展,而是地方政府应对上级政府考核的工具❷。

2.2.2　规划评价的介入时机

规划评价按照介入时机可分为:规划实施之前的评价(Evaluation prior to plan implementation)和规划实施开始之后的评价(Evaluation of the implementation of plans)。

2.2.2.1　规划实施之前的评价

规划实施之前的评价又称推断型评价,是对规划方案的前瞻性或预测性评价,即对规划的未来尚未发生的事情及其可能状况进行评价。

目前,在城市规划界并没有单独开展规划实施之前的评价,而是将其融入规划编制和审批活动中,如:从总规纲要的定稿到总规成果的完成经过了一轮又一轮的部门、专家评审会和项目团队内部讨论会,其中就包含了规划编制人员、规划主管部门和其他行业主管部门、城市政府决策者、专家等对规划方案的评价和选择过程。目前尚没有相关技术规范对规划方案评价的程序和流程进行清晰地规定,操作中具有一定的随意性,由规划编制人员和各城市规划主管部门的工作习惯决定。

2.2.2.2　规划实施之后的评价

规划实施之后的评价又称事实型评价,是在规划成果编制完成后,对规划实施过程的监控

❶　孙施文,周宇. 城市规划实施评价的理论与方法[J]. 城市规划汇刊.2003,(2):15-27.
❷　彭晖. 转型背景下开展城市总体规划实施评估的若干制度思考[C]. // 中国城市规划学会,青岛市人民政府. 城市时代 协同规划 2013 中国城市规划年会论文集.青岛,2013.

性评价或对规划实施结果的回顾性评价,是事后的"跟踪评价"或称"后评价"。这是对规划实施后已经发生的事情及其所产生的结果进行的评价。

对城市规划尤其是城市总体规划的实施结果进行评价,其主要评价思路是对于已经付诸实施的规划,在实施了一段时间之后所形成的城市发展状况与原规划成果之间的关系进行评价,评价规划编制成果中的内容是否得到真正的实施,并对规划的偏差和影响规划实施的具体原因进行分析。

2.2.3　城市总规实施评估发展历程

回顾国内城市总规实施评估发展历程,大致可分为3个阶段:

2.2.3.1　非独立"章节式"阶段(2000年以前)

2000年以前,尚未开展系统、完整的城市规划实施评价工作,缺少制度化、程序化的对规划实践的反思。至多在城市总规的文字成果中包含"上轮总规实施回顾分析"等章节内容,篇幅较小,侧重实施结果的简要对比、缺少深度分析和全面评估,分析和评估结论对总规修编的指导和反馈作用有限。"重编制,轻实施;重修编,轻反思"是直至2000年代前后国内城乡规划编制的普遍现状。一旦规划在实施过程中产生问题,就考虑开始新规划编制或对原有规划进行修编,对原有规划始终缺少完整的反馈机制。

研究者归纳规划实施评价难以开展的原因,主要包括:其是对政府工作的评价,需要当地政府及相关部门有足够的自我批评和自我反省的勇气才能支持这项工作的开展;规划部门担心对其权威性的影响而人为地设置障碍;实施评价可能会揭露一些暗箱操作的违规行为;信息系统不完善、缺少研究经费;城市规划评价本身所固有的困难导致评价工作难以开展。如:城市发展变化由多种因素共同发挥作用,难以分离哪些结果是由于城市规划而不是其他因素的作用而产生的❶。

2.2.3.2　独立、非法定探索阶段(2000—2008)

2000年以来,由研究者自发研究或规划行业主管部门主导,先后对若干城市的总规实施评估工作进行了积极的实证研究和探索。体现出国内对于城市规划评价研究已逐步从"无暇顾及"转向"趋于重视"❷。由于城市总规涉及的规划内容较为繁杂,最初的实证研究主要围绕城市规划的核心编制内容即土地使用规划的实施情况展开,关注层次较为单一。如蒲向军对天津总规❸、田莉等

❶　孙施文,周宇. 城市规划实施评价的理论与方法[J]. 城市规划汇刊. 2003,(2):15-27.

❷　2009年底和2010年初,《国际城市规划》(2009.6)和《规划师》(2010.3)杂志相继推出城市规划评价的专刊。2010年10月,《理想空间》杂志第五十四辑推出《城市规划评价》专刊。

❸　2005年蒲向军在其硕士论文研究中,将1984年编制的天津市城市总体规划(1984—2000年)确定的中心城区的城市土地使用规划与1995年的土地使用现状进行对比;将1995年编制的天津市城市总体规划之近期规划(1995—2000)与2002年的的土地使用现状进行对比,借助GIS技术分析规划和现状之间不同类型用地(其主要比较了:城市建设用地、居住用地、公共设施用地、工业用地、仓储用地和公共绿地6种用地类型)的增长和空间分布的一致性或符合程度。针对确定的每类用地,采用以下3个指标来反映规划和现状之间的一致性或符合程度:①实施的规划(accordance),即按照规划实施的城市建设用地(居住用地、公共设施用地、工业用地、仓储用地、绿地);②未实施的规划(type 1 deviation),即规划了却未实施的各类型用地;③违反规划的建设(type 2 deviation),即未按照规划而自发发展的各类型用地的建设。蒲向军. 城市总体规划实施研究——以天津市为例 [D]. 武汉:武汉大学城市设计学院,2005.

对广州总规❶的实施评价研究等。比较而言，发达国家城市由于已经进入建设维护和规划回顾阶段，对城市规划评估的研究开展得较为广泛而深入。评估内容已从简单的方案评估扩展到对规划价值标准、规划方案、政策落实、规划实施过程、实施效果等各方面的全面评估与分析❷。

2001 年，深圳市学习香港规划检讨的做法，完成《深圳市城市总体规划(1996-2010)检讨与对策》，全面总结了 5 年来总体规划的实施情况。

2003 年和 2006 年，广州市城市规划局分别组织开展了《广州城市建设总体战略概念规划纲要》(2000 年编制完成)实施检讨，开创并初步建立了城市总体发展战略规划层面的动态实施检讨机制❸。

2004 年，天津市总体规划修编前，单独组织开展了《天津市城市总体规划(1996—2010)》(1999 年经国务院批复)的实施评估工作，此次评估侧重于对实施前后的主要量化指标的比对，缺少对空间变化的分析以及规划实施过程的研究❹。

2005 年 2 月～2008 年 12 月，上海市规划局牵头，委托上海市城市规划设计研究院对《上海市城市总体规划(1999—2020)》(该规划于 2001 年由国务院正式批复)开展了实施评估。当时开展此项工作的目的，一方面是为了把握上海城市总体规划实施的基本情况和城市发展动态，另一方面是为科学谋划 2010 年世博会之后的上海发展战略提前进行必要的技术储备。

2005 年，浙江省建设厅委托浙江大学城市规划与设计研究所与余姚市规划局共同承担"浙江省城市总体规划实施评价导则基础研究——以余姚城市为例"研究课题。在此课题中，李王鸣等提出了一套由规划目标实施情况、空间组织与布局情况、公众满意度评价三个领域共26 个分项指标构成的城市总体规划实施评价体系指标及权重建议❺。

---

❶　田莉在 2007 年前后采用了与蒲向军类似的研究思路对 2001 年编制的广州市城市总体规划(2001—2010)土地利用规划图与 2007 年土地利用现状图进行叠加，重点比较了城市建设用地、居住用地、公共设施用地、工业用地、仓储用地、开敞空间用地 6 种用地类型，进行广州市城市总体规划实施评价研究。田莉认为其采用的规划实施结果的评价方法存在以下3 方面问题：①这种评价有一个默认假设，就是原来编制的城市总规是科学的。因而不符合规划的建设被认为是偏离了规划，但对规划本身的科学性并没有进行评价。②通过比对，只能实现对土地利用性质和界限的监督，而无法实现对建设总量的监控。对建设量的监控，只能在控规阶段进行。而且即使是对土地利用性质和界限进行监督，限于总规的深度，也很难做到准确。③对总规的动态监控非常困难。传统的终极蓝图式的规划编制方法，使得只有到了规划期末才能判断总规是否按规划实施，对中间过程的监控则缺乏依据。因此，对城市总规实施的监督，很难通过图纸的简单比照来进行。田莉认为，传统的总规编制由于自身存在的种种缺陷，很难成为监督实施的依据。在这种情况下，变革传统城市总规编制的方法，建立更具有操作性的城市总规，才能实现总规对城市建设的导控作用。参见：田莉，吕传廷，沈体雁. 城市总体规划实施评价的理论与实证研究——以广州市总体规划(2001—2010)为例[J]. 城市规划学刊. 2008,(5):90-96.

❷　宋彦，陈燕萍. 城市规划评估指引[M]. 北京：中国建筑工业出版社,2012.

❸　刘成哲. 完善城市总体规划动态实施评估体系研究[C]//. 城市时代 协同规划 2013 中国城市规划年会论文集. 青岛,2013.

❹　刘晟呈等. 完善我国城乡规划评估机制的难点和对策[C]. //城市时代 协同规划 2013 中国城市规划年会论文集. 青岛,2013.

❺　在余姚案例应用中，由于数据收集、工作开展时间、项目涉及部门之间配合等因素的限制，设计评价体系中恩格尔系数、GDP 增长率、路网密度、基础设施用地调整情况(包括：市政公用设施、公共交通系统建设)5 项指标因无法统计而不得不舍弃，同时还调整了部分评价标准。如："城市建设用地调整指标"评价标准，由于实际工作中各类城市建设用地指标评价无法量化，在余姚案例的实际评价过程中最终采取了比较主观的"优、良、一般、差、很差"五级分法，由课题组和相关部门共同赋值形式给予评定。而原设计的评价标准虽更为理性、科学却因难以实施而不得不放弃。由此反映出对城市总体规划实施定量评价工作的不易。与蒲向军等实证研究方法相比，李王鸣借助建立评价指标体系的方法使得评价更体现出综合性和全面性，与城市总规的性质吻合，而且突出了公众满意度对评价结论的影响。

2.2.3.3　独立、法定化阶段(2008年以来)

2008年1月1日起施行的《中华人民共和国城乡规划法》首次对城市总规实施评估进行制度化要求❶,标志着总规实施评估进入法定化阶段。

2009年,住房和城乡建设部发布《城市总体规划实施评估办法(试行)(建规[2009]59号)》,进一步明确要求城市总体规划实施情况评估工作原则上应当每2年进行一次,并对城市总体规划实施评估报告的内容和评估程序做了具体要求。2010年3月12日,《国务院办公厅关于印发城市总体规划修改工作规则的通知》(国办发[2010]20号)发布,要求原总规实施评估报告和修改强制性内容专题论证报告,是修改城市总规前必备的程序文件。

目前,各地方政府已相继推出配套办法并已广泛开展城市总体规划的实施评估工作,评估机制不断完善,并呈现出积极、良好的发展态势:(1)评估内容:由单一的规划方案评估(传统的规划用地布局评估)和结果评估向综合评估(规划实施政策措施策略、规划实施过程与效果、规划编制与管理、机制分析)和过程评估转变。(2)评估方法:定性、定量分析相结合,遥感和GIS、指标体系、公众参与、调查问卷等技术方法逐渐在评估中得到广泛和深入地应用。(3)评价主体❷:实施评估已经由规划主管部门独立负责,转向多部门合作转变,部分城市开始邀请一些研究机构参与到评估工作。

---

❶　第四十六条 省域城镇体系规划、城市总体规划、镇总体规划的组织编制机关,应当组织有关部门和专家定期对规划实施情况进行评估,并采取论证会、听证会或者其他方式征求公众意见。

❷　现阶段我国各地城市所开展的总规实施评估的组织主体多为城市政府自身,由规划管理部门牵头,评估者多为本地规划管理部门下属规划设计研究院,只能局限于规划管理有限事权内开展评估。更多意义上是一种政府规划部门内部技术评估和自我检讨,将评估所暴露的问题和矛盾在政府内部化,对外(上一级和公众)往往以成绩肯定和政绩宣扬为主。此外,在政府外部,尽管我国也正在积极推行行政理念和行政方式的改革,但总体上看市民意识还处于初级阶段、公众参与政府决策的平台还不完善,很少有能代表公众的团体和机构参与总规决策和编制过程,更不用说对于规划实施效果的监督和评价。而从国外评估经验来看,评估从来不是内部技术研究的结果,而是通过制定一系列工作流程,使得评估者和由于评估而处于利益风险之中的利益相关者之间多方互动而最终形成共识。如:大伦敦规划2004版和2011版的两轮规划评估都由大伦敦市政府委托英国恩特克公司(Entec UK Ltd)组织专门的评估小组进行,在评估过程中开展了三轮公众咨询。参见:彭晖.转型背景下开展城市总体规划实施评估的若干制度思考[C].// 中国城市规划学会,青岛市人民政府.城市时代 协同规划 2013中国城市规划年会论文集.青岛,2013.

第3章
国内城市总规环评实践回顾和评析

城市总体规划在整个城乡规划编制体系中具有重要法定地位,其规划内容涵盖了一个城市系统几乎所有方面。因此,对城市总体规划开展环境评价具有重要意义。本章采用案例研究法❶,对国内城市总规环评实施状况进行回顾分析。进行案例研究的证据来源包括:若干城市的总规环评报告书、城市总规成果;访谈;参与式观察等。通过案例研究主要回答目前城市总规环评的现状:

①"是什么"。"分离式"还是"互动式"? 在 3.1 节对国内 10 个城市已完成的城市总规环评案例进行回顾,除大理、南京案例是与规划编制同步启动环评,具有互动式环评模式部分特征之外,其余 8 个城市基本采用分离式环评模式。②"为什么"。对"分离式"占据主导地位的成因进行初步分析。③"怎么样"。重点对目前总规环评报告必备的环评内容本身进行评析,揭示尚存的问题和"分离式"导致的弊端。

3.1　城市总规环评典型案例回顾

3.1.1　规划完成后介入案例

3.1.1.1　上海案例

2004 年 5 月 15 日,上海发布《上海市实施〈中华人民共和国环境影响评价法〉办法》,并在同年由市环保局立项进行《上海市实施规划环境影响评价技术指南研究》,该研究同时提交了附件成果《城市总体规划环境影响评价技术要点》。随后,临港新城、嘉定新城、青浦新城、松江新城等新城总规环评先后展开。虽然上海在 1990 年代已启动区域环评、2000 年代启动规划环评,但迄今(2014 年)为止,几乎所有的区域环评和规划环评工作的介入时机都是规划成果完成后才开始,评价结论和建议难以纳入最终的规划成果中。环评人员仅以规划文本和少量图纸为依据进行评价(一些规划过程文件和附件,如:总规专题研究报告和说明书等在开展规划环评工作时均未获得),与规划设计人员几乎没有交流和沟通,很多环评报告技术评审会上规划管理机构和规划编制机构基本缺席。规划和规划环评各自"我行我素、相安无事"地平行发展了 20 年左右,《规划环评导则(HJ/T130-2003)》倡导的早期介入原则几乎没有得到贯彻落实。

3.1.1.2　大连案例

大连城市发展规划(2003—2020)环境影响评价❷是原环保总局的规划环评试点项目(2006 年 9 月 8 日该试点项目通过专家评审)。该案例基于蒙特卡罗采样的情景分析方法,采用环境承载力以及资源容量为约束条件,以不确定性分析为核心,尝试使用现代计算技术求解城市规划的综合环境影响。整个环评报告原文以《大连市城市发展规划(2003—2020)环境影响评价》为书名由中国环境科学出版社出版。由于是拿已经审批过的规划成果进行评价,因此所设计的评价技术路线是基于分离式、事后环评为前提。该案例评价过程清晰、方法严谨、现状数据和预测参比数据收集较全面,评价内容相对完整。为环评业界提供了一个如何对已完成的规划成果进行环评的范例。

---

❶　罗伯特·K.殷(Robert K. Yin).周海涛,李永贤,李虔译.案例研究:设计与方法[M].重庆:重庆大学出版社,2010.
❷　陈吉宁.大连市城市发展规划(2003—2020)环境影响评价[M].北京:中国环境科学出版社出版,2008.

3.1.1.3　郑州案例

河南省城市规划设计研究院有限公司在 2006 年 9 月 14 日被列入"第四批规划环境影响评价推荐单位",其于 2008 年承接了《郑州市城市总体规划(2008—2020)环境影响评价》工作❶。由于该规划环评机构有着规划设计背景,因此郑州总规环评报告中探讨了很多与纯环境背景环评机构完成的报告书不一样的内容。该案例优点是对规划的核心内容把握较准确、抓住了关键规划要素进行环境影响评价。此案例充分表明,多背景、多学科的机构或技术人员共同参与到规划环评工作中,能极大促进规划环评技术水平和有效性的提高。目前大量已编制完成的规划环评报告,全部由纯环境科学背景的环评机构在与规划编制机构缺少沟通的状态下完成。评价成果缺少有效性,长期停留在形式上执法的水准。

3.1.1.4　福州案例

福州市城市总体规划(2009—2020)在 2008 年 12 月 16 日正式通过住房和城乡建设部城乡规划司对总规纲要的评审❷。规划设计单位中国城市规划设计研究院和福州市规划设计研究院在 2009 年 10 月已基本完成总规成果的编制。但直到 2010 年 3 月才由福州市规划局意向性❸委托福州市环境科学研究院承担《福州市城市总体规划(2009—2020)规划环境影响篇章》的编制工作。环评单位于 2010 年 5 月,初步完成《福州市城市总体规划(2009—2020)环境影响篇章纲要(征求意见稿)》,该规划环评报告送审稿是在 2010 年 9 月完成。2010 年 8 月,福建省住房和城乡建设厅组织了城市总规技术审查会。即规划环评介入时机为城市总体规划方案基本确定并报送审批阶段。委托单位提供给环评机构的资料信息中仅包括总规文本、说明书和图集,总规基础资料汇编和专题研究成果未提供给环评单位。仍是一个规划成果几近完成后的事后评价和与规划编制人员毫无沟通的分离式评价模式。

3.1.1.5　重庆案例

重庆市环保局在 2005 年 4 月 26 日发布《关于开展规划环境影响评价工作的实施意见》(以下简称《意见》),城市总体规划作为"城市建设指导性专项规划"按照该《意见》应编制"环境影响篇章或说明","可由规划编制单位自行实施,也可委托专门的环境影响评价机构实施"。

《意见》刚出台一两年,重庆市辖范围内的很多行政区的城市总规都是在按常规编制流程完成初稿后,在报审阶段,重庆市环保局"提醒"需要有环境影响篇章或说明的要求后,由规划编制单位临时增补该项内容。由于对"篇章或说明"编制内容和程序尚没有出台更进一步的规范性文件,无章可循,因此,各规划编制单位撰写的"环境影响篇章或说明"五花八门、内容和篇幅各有千秋。环保局审批时,当时也暂以"有即可"为原则,因此《意见》自 2005 年出台至今对城市总体规划工作内容、深度和编制流程几乎没有触动和改变。在规划编制人员眼里,只要在

---

❶　2005 年 5 月,郑州市成立城市总体规划修编工作领导组。2008 年 8 月,郑州市十二届人大常委会第 39 次会议已对总规进行审议,因此该案例是规划成果基本定稿后才启动规划环评工作,属于晚期介入。

❷　住房和城乡建设部城乡规划司.关于反馈福州市城市总体规划纲要审查意见的函. 2008.12.16.

❸　"意向性委托"是指 2010 年 3 月份委托当时并未正式签署委托合同。

原来的"环境保护规划"章节最后加上占规划文本篇幅不到1%,冠以"规划环境影响评价"的条款即可(如下示例),而条款的内容基本上是一些本规划各方面环境可行的泛泛结论,一般不另附与规划环评相关的图件,变成了可有可无的形式条款。

[重庆A区总规文本中环评篇章案例]

第×章　环境保护规划

第×条　规划环境影响评价

(一)A区城市总体规划(以下简称总体规划)对A区的城乡体系、城市性质与职能、用地及人口规模等宏观性、全局性内容的确定充分考虑了A区环境容量的现状。对A区的全区及中心城区的土地使用、交通、公共设施、市政基础设施、综合防灾等发展目标与总体布局的确定较为合理。

(二)总体规划将对A区自然生态、资源与能源的可持续利用以及各环境要素等方面产生深远的全局性影响。通过规划的实施,将会实现A区经济效益、社会效益和环境效益三者之间的统一。

(三)总体规划所提出的环境污染控制和治理措施较为恰当,能够有效保护A区的环境质量,为A区居民提供较好的生活环境,为A区的可持续发展提供保证。规划在用地布局、绿地系统等方面可令A生态环境的满意度得到提高。

(四)对总体规划中涉及的具体建设项目,在办理建设手续过程中,仍应按照《国家建设项目环境管理办法》的要求,执行建设项目环境影响评价制度以及"三同时"制度。要求开发建设单位按规划控制指标认真执行。

(五)加快基础设施的建设,改善投资环境,确保总体规划发展目标形成所需要的资金,依法实施总体规划,确保A区在总体规划指导下建设,在建设中保护环境,真正达到可持续发展的目的。

上述重庆A区总规的环评篇章案例只有5条结论性的意见,这种缺少事实依据和科学论证的"环评篇章",就如同一个医生对病人不作任何检查就开出"健康"的诊断结论。

对于环发[2004]98号文件《编制环境影响篇章或说明的规划的具体范围(试行)》中"直辖市及设区的市级城市总体规划"暂行编制环评篇章的规定。有研究报告❶认为:"环境影响篇章或说明难以满足环境基线和承载力等方面评价深度的要求,城市总规应编制战略环境影响报告书,真正体现战略环境影响评价作为城市总体规划或总规修编的工具。"并认为:"战略环评以第三方评价为宜,在城市总规中委托第三方评价有利于客观全面深入地分析城市发展对环境的相关影响。但规划单位和环评单位应搭建平台,建立合作机制,实现充分的信息交流和成果共享,充分发挥战略环评在规划中的作用。"

3.1.1.6　四川案例

1. 南充

根据南充市政府门户网站"南充市公众信息网"❷,南充市城市规划管理委员会办公室于2010年6月委托四川省环境保护科学研究院对《南充市城市总体规划(2008—2030)》进行规

---

❶　云南省建设项目环境审核受理中心.云南省战略环评的探索与实践——大理市城市发展战略环评研究执行摘要.中瑞合作——云南环境可持续发展能力建设项目试点案例.云南省战略环评试点项目[R].2009.4.

❷　参见:http://www.nanchong.gov.cn/article.php? id=41724.

划环评,7 月 28 日发布了《南充市城市总体规划(2008—2030)环境影响评价网上公示第一次》。而四川省城乡规划设计院于 2010 年 6 月已完成《南充市城市总体规划(2008—2030)》❶。即南充总规是在规划编制基本完成后,才启动规划环评工作。在 2010 年 8 月 15 日发布的《南充市城市总体规划(2008-2030)环境影响评价网上公示第二次》,已公布了《南充市城市总体规划(2008-2030)环境影响报告书(简本)》,即南充总规环评在不到 3 个月的时间内已基本完成。"2008 版南充总规"采取的是典型的事后式、分离式总规环评模式,总规修编大致时段是:2008.2-2010.6,总规环评大致时段是:2010.6—2010.8。

2. 乐山

2010 年 5 月 18 日,乐山市规划和建设局在四川政府采购网发布城市总规招标预审公告❷。2011 年 3 月 3 日,乐山市住房和城乡规划建设局首次发布乐山市城市总体规划环评招标公告(此时,已经完成总规纲要成果并通过四川省住建厅组织的专家评审),并于 3 月 22 日正式委托成都科技大学环保科技研究所编制乐山市城市总体规划环评报告(此时总规成果已基本完成)。其招标技术要求包括:"工期:中标 45 天内完成环评报告书的编制","质量要求:必须在合同约定时间内一次性通过省人民政府主管部门组织的专家评审会。如未能一次性通过审批,必须按专家的修改意见进行修改,修改后再送审,直至审批通过为止"。2011 年 4 月 29 日,乐山市住房和城乡规划建设局在乐山市政府等多个网站发布《〈乐山市城市总体规划(2010—2030)〉(草案)公告》❸。可见,"2010 版乐山总规"也是采取事后式、分离式总规环评模式。按照委托方要求,必须在中标后 45 天内完成环评报告书的编制。

3.1.2 规划中后期介入案例

[深圳案例]

同样是编制"环境影响篇章或说明",深圳市环境科学研究所于 2008 年 3 月完成的《深圳市城市总体规划(2007—2020)环境影响说明》篇幅长达 300 页,实际上是一份环境影响报告书。深圳市没有出台针对规划环评的地方法规,因此其以"环发[2004]98 号❹"、"环办[2006]109 号❺"等法规文件为依据,认为需要编制"说明"。但由于市政府和主管部门对该次城市总规环评的重视程度较高,因此委托了专门的环境影响评价机构进行编制,实际上是按照报告书的内容和深度完成。该规划环评项目由深圳市规划局和深圳市环保局共同委托,在规划纲要初步编制完成,完善修改阶段开始启动规划环评工作的❻。从介入时机而言,在国内已完成的

---

❶ 根据中国采标网《南充市城市总体规划第七次修编招标公告》,南充市城市规划管理委员会办公室于 2008 年 2 月 20 日起开始启动《南充市城市总体规划(2008-2030)总规修编招标报名工作。参见:http://www. bidcenter. com. cn.

❷ 参见:http://www. sczfcg. com/detailys. php? condition=4321.

❸ 参见:http://www. leshan. gov. cn/Frontpage/html/ZWGKView. asp? ID=100800.

❹ 环发[2004]98 号文件指:关于印发《编制环境影响报告书的规划的具体范围(试行)》和《编制环境影响篇章或说明的规划的具体范围(试行)》的通知。

❺ 环办[2006]109 号是指国家环境保护总局办公厅发布的文件"关于进一步做好规划环境影响评价工作的通知"。

❻ 2007 年 8 月 17 日,深圳市委常委会听取并通过了总规纲要,并决定上报省建设厅。而此时总规环评工作才刚刚启动。因此,07 版深圳总规纲要主体内容的形成过程中规划环评机构基本没有介入。规划环评工作启动时,已拿到一本基本定稿的总规纲要文件,并以此为评价对象,形成了规划环评大纲。2007 年 11 月 20 日,市规划局、市环保局在深圳市主持召开了《深圳市城市总体规划(2007—2020)环境影响评价大纲》专家咨询会。

总规环评案例中,属于相对较早。但由于总规的大部分重要原则问题,包括城市性质、发展目标、人口规模、用地规模的确定、用地布局方案比选和确定,在纲要阶段已经基本完成。因此,总规纲要完成之后介入仍嫌太迟❶。另外,深圳 2007 版总规共开展了 20 项专题研究,其中有多项专题研究直接与环境保护、资源可持续利用有关,规划环评工作与总规的专题研究工作如果缺乏沟通、衔接,极易出现研究内容重复或研究结论彼此矛盾等诸多问题。在该规划环评进展过程中,与规划编制单位的交流主要通过规划局牵头的各类会议,如:针对总规规划文本的意见讨论会、围绕总规编制举行的各职能部门的碰头会、总规环评大纲出来后的意见征询会。规划环评单位与规划编制单位单独交流的机会较少。虽然在沟通机制和沟通内容上仍有很多不足之处,但与其他已完成的城市总规环评案例相比,深圳总规环评与规划编制单位沟通次数已算较多。据电话访谈该项目的参与成员❷,其认为,目前深圳规划主管部门和环保主管部门合作日益融洽的局面,也正是通过深圳总规环评项目打开的。

2010 年 8 月,深圳市规划和国土资源委员会发布招标公告,对《前海深港现代服务业合作区综合规划》进行公开招标,招标需求中明确提出将环境影响评价工作作为规划专题之一设置。9 月初,深圳市城市规划设计研究院有限公司作为联合投标主体,由深圳市城市规划设计研究院有限公司、深圳市城市交通规划设计研究中心有限公司、综合开发研究院(中国.深圳)、深圳市建筑科学研究院有限公司、深圳市环境科学研究院组成的联合体中标,正式启动前海深港现代服务业合作区综合规划。深圳市环境科学研究院负责规划环境影响评价工作,而规划环评报告也将作为规划专题成果之一,同时向市委、市政府进行汇报。以联合体的形式开展合作,环境影响评价人员作为规划编制项目组成员全程参与规划编制工作,是深圳规划环境影响评价工作的又一次新的尝试❸。

3.1.3　与规划同步开展案例

3.1.3.1　大理案例❹

2007 年 10 月❺,大理市政府在委托开展城市总规修编的同期,正式委托云南省建设项目环境审核受理中心开展《大理市城市总体规划修编(2007—2025)》环评工作,该总规环评被原云南省环保局列为云南省战略环境影响评价试点项目(云环发[2007]412 号),同时作为中瑞合作——云南环境可持续发展能力建设项目试点案例。由此,成立了由国际、国内十余名相关领域知名专家组成的咨询专家委员会。组成了来自该审核受理中心、云南大学、昆明理工大学、成都市规划设计研究院(规划编制单位)、云南省环境科学院、云南省行政学院、大理白族自

---

❶　由于该规划环评单位同时参与了其中一个城市总规专题研究课题《生态城市建设与环境保护专题研究》,因此实际介入时间是在纲要编制前,但这只是巧合。

❷　访谈时间 2008.8。

❸　袁博,车秀珍. 前海深港现代服务业合作区规划环境影响评价实践研究[C].//第三届中国战略环境评价学术论坛论文集.昆明,2013:119-124.

❹　杨永宏. 战略环评的探索与实践——云南省大理市城市发展战略环评研究[M].北京:中国环境科学出版社,2010.

❺　2007 年 10 月,大理市政府委托成都市规划设计研究院开展《大理市城市总体规划修编(2007—2025)》的新一轮城市总规修编工作。2008 年 4 月获得云南省建设厅正式批复开展正式修编工作,并于 2008 年 7 月将《规划修编纲要》提交云南省建设厅审查。

治州气象局等单位的近 30 余名研究人员的课题组,并邀请环保部环境工程评估中心和瑞典 Ramboll Natura 国际咨询公司作为本项目的技术支持单位。

　　该总规环评项目委托时间与规划编制委托时间同步,为早期介入提供了客观条件。由于规划环评项目团队由不同工作背景和不同学科的成员组成,有国际、国内知名专家学者积极介入,最终的规划环评研究报告质量较高。项目团队在充分剖析已有规划环评弊端❶的基础上,投入较多精力思考如何早期介入的问题(在规划的什么阶段介入、以何种形式介入、介入哪些方面),并在工作方式❷和信息共享模式❸上积极创新,以达到增进规划环评价值的目的。另外,项目研究组紧紧围绕城市总规要解决的核心问题探索战略环境影响评价的评价原则和重点。其总结城市总规环评"在研究重点上,应该集中力量研究城市的性质、职能、定位、规模以及空间、产业布局等方面,这样才能在根本上体现出战略环境影响评价是环境保护参与综合决策的重要途径,供规划参考"。

3.1.3.2　南京案例

　　2008 年 7 月,南京市政府出台《南京城市总体规划修编工作方案》,明确总体规划必须开展"生态城市目标下的环境保护总体规划和规划环境影响评价",并要求规划环评与总体规划修编同步启动,同步开展,同步推进。规划环评确定开展以后,迅速明确了以南京市总体规划编制委员会为主体的责任分工,即环评由编制委员会实施委托,并明确由南京市规划局、南京市环保局共同担任项目甲方,以南京市环境保护科学研究院、南京市城市规划研究院担任项目乙方,以双甲方、双乙方的形式充分明确总体规划环评的责任分工。因此,规划环评在第一时间得以与总体规划共同进行。这样的形式有效保障了环评编制所有相关方的有效参与,建立了互动机制,形成了工作合力,有力地推动了规划环评的顺利开展。

　　北京市城市规划研究院董光器先生在对《南京市城市总体规划(2007—2020)环境影响评

---

　　❶　其战略环评研究执行摘要指出:目前的实践中,存在规划编制单位与规划环境影响评价单位联系脱节,开展规划环境影响评价的时机多是在规划编制草案确定以后,甚至是规划方案审批后才补办规划环境影响评价程序,导致规划环境影响评价无法真正融入到规划的编制、决策及其实施过程,其成果成为了规划审批的附属摆设,使通过规划环境影响评价将环境和可持续因素纳入规划决策过程中的作用无从体现。

　　❷　工作方式的创新是指:为了更好地完成总规环评项目,体现规划环境影响评价早期介入的优势,通过环评单位和大理市政府的充分沟通与协调,大理市规划局、规划编制单位和环评单位签署三方合作协议,确立了由规划管理者、规划编制人员、规划环境影响评价人员共同参与的综合性规划环评工作模式,组建了由城市规划、环境科学、生态学、管理学、社会学等专业背景的技术人员组成的环评团队。在分析规划与规划环境影响评价工作内部逻辑联系的基础上,环评单位通过与规划局、规划编制单位签订合作协议的方式,确立各方交流协作工作机制的规划环评工作模式。能够满足各方利益需要,提升规划环评的实际效用。与规划环境影响评价在工作程序和内容之间的互补性,构建并实证了以规划主管部门为纽带,规划编制单位和规划环境影响评价单位交流协作的城市总体规划环境影响评价工作模式。

　　❸　信息(研究成果)共享模式的创新。三方合作协议明确了研究成果共享的方式如下:首先,规划主管部门为规划编制单位和环评单位完成各自工作提供必要的技术资料和工作条件,负责协调、组织规划和规划环境影响评价的公众参与工作,并担当双方基础技术资料、研究成果共享、工作交流协商的桥梁作用,确保规划方案和规划环境影响评价的协调。其次,规划编制单位及时向规划主管部门和规划环境影响评价单位通报规划修编工作的进展,为环评单位提供前期研究成果、规划纲要、以及规划修编草案等规划方案,并参与规划环境影响评价中的规划分析、规划情景设定等工作。此外还邀请环评单位参加纲要审查、规划方案内部审定会、政府部门意见咨询会等重要的规划工作会议。最后,环评单位及时向规划主管部门和规划编制单位通报规划修编环境影响评价工作的进展,为规划编制单位提供环境基线分析结果、环境承载力研究、生态功能区划、规划的环境影响预测和评价等成果,并参与城市总规修编的环保规划篇章、环境影响评价专章的修编工作;邀请规划编制单位参加规划环评工作方案审查、专题的咨询会等重要工作会议。

价》报告书进行讲评时指出："环评工作和总体规划同步进行,密切配合,及时沟通,这种工作方式十分可取。这样做既避免了大量重复劳动,节省了编制的时间,提高了规划质量,又避免了两者在最后审批、评审阶段互相扯皮。这种工作方式,我建议应该把它变成常规的制度❶。"

3.1.4　案例小结

深圳、大理、南京城市总规环评介入时机相对较早,其效果亦较好。介入时机提前,为环评人员与规划人员在规划编制过程中互动交流创造了客观条件,使环评有效性大为提高。河南案例和大理案例表明,城市规划专业背景的机构或人员介入规划环评工作,更易于准确把握总规的核心规划内容进行评价。可见,城市规划环评理论和实践水平的提高,需要不同学科背景、不同行业领域专家学者的共同努力。重庆案例表明,如果没有技术规范和管理程序加以约束,对规划环评篇章的撰写人员没有任何专业和资格要求,由规划编制机构在总规文本或说明书中独自撰写城市总规环境影响评价篇章,极易流于程式。

3.2　分离式城市总规环评模式评析

3.2.1　概念界定

分离式总规环评模式是指在规划后期或规划成果基本定稿后才启动环评工作,环评人员与规划人员缺少交流,环评工作难以介入规划方案的酝酿、比选和确定过程。其与规划过程的关系如图3.1所示。

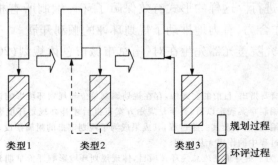

类型1　　　类型2　　　类型3

□ 规划过程

▨ 环评过程

图3.1　分离式城市总规环评模式图

资料来源:作者自绘

注:分离式总规环评模式包括图中3个不同类型,类型1是在总规工作完全结束,甚至总规评审通过后才启动规划环评工作,规划环评成果对规划工作没有任何反馈;类型2是指在规划后期或规划成果基本定稿后启动总规环评工作,规划环评结论建议对总规最终成果的反馈信息极少(图中以虚线示意);类型3是在总规纲要形成后启动总规环评工作,环评对规划成果有实质性反馈意见和建议(图中以实线示意)。

评价目标:对规划成果的环境影响进行评价。整个评价工作的重心是如何设计一套科学、客观、合理的评价指标体系和评价技术方法对规划成果给予评价。评价目标主要是给规划成果"打分",并不关注规划成果的形成过程。

---

❶　环境保护部环境影响评价司.战略环境影响评价案例讲评(第四辑)[J].北京:中国环境科学出版社,2011.

　　主张"分离式总规环评模式"的研究或实践者严格划分了规划和规划环评的工作界线,认为规划过程中融入对环境影响方面的考量全部是规划自身的工作内容,制度层面的规划环评工作不应涉足规划方案的形成过程中。

　　评价时机:在总体规划成果全部或大部分完成后,才开始启动规划环评工作,即"事后式"环评。

　　评价对象:面向规划最终成果的评价。环评人员仅面对几乎定稿的规划文本,总规编制过程中形成的中间成果、阶段成果等过程文件与评价单位无关,总规成果的相关附件(基础资料汇编、说明书、专题研究报告等)未必提供给评价单位;总规仍按既有的传统技术路线编制,从总规多方案比选至总规成果的形成过程,环评人员均不知情。

　　规划人员和环评人员交流情况:环评人员与规划人员几乎没有正式或非正式的交流渠道和沟通过程。

　　主张"分离式总规环评模式"的研究或实践者认为,规划人员和环评人员应该采取"背对背"的工作模式,才能体现规划环评制度的独立、客观、公正,规划人员和环评人员无需沟通,甚至是不应该进行工作交流。

　　工作整合情况:规划和环评重复收集资料,各自独立进行现场踏勘,走访单位,分别进行公众参与和问卷调查,分别对外发布各自的工作信息,总规成果中涉及生态环境保护的专题研究和相关规划内容与规划环评报告的部分内容重复,有大量分头进行的重复工作。

　　数据和信息共享情况:各自独立收集原始数据,过程数据和过程信息不共享。

　　实际评价效果:环评报告和对环评报告压缩后"嵌入"总规成果的"环评篇章",是评价成果的唯一体现;环评报告的建议和评价结论是否令总规成果调整,从公开渠道难以获知;环评报告可能被"束之高阁",未予采纳;"环评篇章"很可能是硬生生地"嵌入"到总规的非法定成果,如说明书中,总规文本各条款完全没有根据环评结论调整;环评报告提出的一些好建议,如:基于环境保护的距离控制要求、人口密度控制要求无法作为规划依据,通过规划成果体现,而另一方面规划人员在制定开发强度等指标时苦于依据不足,仍采用"拍脑袋"决策方式。

3.2.2　分离式的弊端

3.2.2.1　使环评程序和环评内容的实效无法正常发挥

　　由目前国内总规环评实践现状分析可知,分离式总规环评模式下:①无法对多方案进行比选;②事后评价令公众参与更加失效。公众关于环评的意见和建议难以在规划决策形成过程中发挥作用。③规划环评对环境现状的分析评价信息无法给总规方案的形成提供支撑和依据。④规划协调性分析无法对规划编制过程起到前置指导作用。⑤资源、环境承载力分析结论对总规方案的支撑和前置作用无法发挥,导致在城市定位、性质、职能和城市总体空间形态等城市发展战略确定过程中,不能充分地将资源与环境要素纳入考虑。⑥由于介入时机滞后,未与规划过程紧密结合,不论对规划方案分析得再透彻、全面,环评报告中有再多有价值的环评分析信息,也难以在最佳时机传递给规划设计机构。

3.2.2.2　晚期介入实际难以调整规划方案

　　以城市总规为例,由于城市总规编制周期长、内容广,如果等到总规成果基本定稿后才启动规划环评,评价结论和评价建议难以改变早已经过多轮讨论修改形成的规划草案。如笔者等访谈某市规划局分管总规编制的科长,指出其正待省政府审批的总规空间管制的"四区"划定部分存在一些不合理之处,询问是否有调整的可能性。其提到:

> 总规已论证很多轮,中途还因交通方案变更延迟了近1年,开了大大小小会议30多次,环保局也多次参与总规方案论证会,最后四套班子定了总规方案,书面、口头已认可,常委会也已通过,领导都同意了,大家都签字了,怎么可能推倒重来❶。

3.2.2.3　阻碍了规划环评技术水平的提升

目前,无论是城市规划自身对环境的考量、还是规划环评的技术方法都还存在诸多缺陷,存在很大的提升空间。现阶段各地规划环评项目主要由各省、市环科院所承担,其具有环境科学背景的专业人才,对所在城市环境状况了如指掌。但分离式规划环评模式将环评机构排斥于规划编制过程之外,由于缺少对规划过程的参与,致使规划环评技术路线缺乏与城市规划过程的结合,评价技术方法缺乏针对性。以S市为例,S市已开展10多年区域环评、7年多的规划环评,大部分规划环评项目由S市环境科学研究院承担,但时至今日,该机构几乎100%的规划环评项目仍采取分离式环评模式。作为在环境科学研究和环境影响评价领域颇有造诣的环科院,本来有很多关于如何有效避免和减缓城市规划环境影响的技术手段和方法可以与规划编制机构共同探讨,但分离式评价模式使这一多学科交流、融合,共同提高的机会丧失,这是对社会资源的极大浪费。多年来规划环评技术维持在既有水平,尚未实现大的突破。分离式规划环评模式直接阻碍了破解规划环评技术瓶颈的进程。

综上,分离式规划环评模式对城市规划决策过程影响甚微,无助于"提高规划的科学性"❷,背离了推行规划环评的初衷。

3.2.3　分离式的成因

3.2.3.1　"规划编制机关"不作为

按照《规划环境影响评价条例》,"规划编制机关"是规划环评的委托方,城市总规的"规划编制机关"是城市人民政府及城市规划主管部门。笔者在访谈❸中了解到,很多规划项目得以启动环评工作是在规划成果提交给地方环保行业主管部门征求意见时,或者在对规划成果进行部门联席会议审查时,环保行业主管部门依据国家或地方出台的规划环评制度,"提醒"规划主管部门该规划尚未开展但必须开展规划环评工作。就此,出现大量在规划成果基本完成后再启动规划环评工作的案例。有的甚至在环保行业主管部门"提醒"下仍不作为,于是出现一些地方环保行业主管部门不得不"越俎代庖",承担了规划环评委托任务。

"规划编制机关"为什么"无意于"与城市规划编制同步甚至更早地启动规划环评工作?除了中国特有的条块分割的行政体制、部门利益壁垒之外,规划动机与环评目标相冲突是城市人

---

❶　访谈时间 2011.4.27。

❷　见《规划环境影响评价条例》第一条。

❸　笔者在访谈天津规划局总体规划处、上海城市规划设计研究院、福州市环科院、上海环科院相关人员时,其均提到规划环评基本要到规划成果进行部门联席会议时,在环保局"提醒"下才启动。

民政府及城市规划主管部门对规划环评"不感兴趣"的重要原因。目前大量城市总规修编的唯一动机就是扩大建设用地规模、侵占自然地表甚至是生态敏感用地。规划环评拟揭示的城市环境问题，可能是城市人民政府或规划主管部门不愿对外披露的，规划环评的环评结论可能是其不愿接受的。

3.2.3.2　对规划环评的功能定位尚存分歧

目前，在城市规划界和规划环评界，对于制度框架下的规划环评应以何种模式开展，如：是否需要早期介入、早到什么时候？环评人员与规划人员之间是否应该交流互动？规划和规划环评的工作界线、规划环评具体应该做什么、发挥什么作用等，尚存在很大的意见分歧，无论是规划界还是环评界，仍有极力主张"分离式规划环评模式"的拥护者(以下称"分离式")。笔者访谈到的"分离式"主要持以下观点：

1. 早期介入无评价对象

"分离式"认为，如果环境影响评价在规划草案编制之前介入，此时环境影响评价没有评价对象或对象不够明确，评价工作的实施难度较大[1]。其认为："规划的环境影响评价就是分析、预测和评估规划方案实施后可能造成的环境影响，其前提是要有规划草案作为评价对象，至少也要有规划的初步方案。"[2]由此，其认为不应过分强调早期介入原则。

2. 评价目标就是"打分"，环评是"评判员"不是"运动员"

"分离式"严格划分了规划和规划环评的工作界线，认为规划过程中融入对环境影响方面的考量全部是城市规划自身的工作内容，制度层面的规划环评工作不应涉足规划方案的形成过程中。如朱坦等认为：规划环境影响评价应对规划起着"评判员"的作用，目的不是编制规划，更不能用环评代替规划。环评人员和规划人员一起做规划，环评人员从"评判员"转化为"运动员"，会削弱评价存在的价值[3]。

3. "背对背"评价方显独立、客观、公正

"分离式"认为，规划环评只有采取"背对背"的评价模式方能体现规划环评制度的独立、客观、公正，环评不需也不能卷入规划过程，规划人员和环评人员不需要也最好不要交流，否则容易变成"一个鼻孔出气"，丧失第三方独立性。

4. 不需要信息共享和工作整合

有受访者[4]将规划和规划环评类比为两家不同的研究机构针对委托方委托的同一研究课题，各自平行开展独立研究，因此，不需要共享相关信息，允许两家重复收集资料，允许分头进行大量的重复工作，双方"背对背"按照各自设计的技术路线得出各自的研究成果，以此互相验证研究成果是否合理。

---

[1]　笔者在访谈上海规划主管部门、广安市环保局、福州环科院相关人员时，其表示了同样的看法。可见是规划界和环评界普遍持有的一种看法。

[2]　朱坦，吴婧. 当前规划环境影响评价遇到的问题和几点建议[J]. 环境保护，2005，(4)：50-54.

[3]　朱坦. 我国战略环境评价的特点、挑战与机遇——《环境影响评价法》颁布五年之后的思考[C]. // 国家环境保护总局. 第二届环境影响评价国际论坛：战略环评在中国会议论文集. 北京，2007.

[4]　此为同济大学建筑与城市规划学院一位从事教学和科研的教职人员的观点，访谈时间 2010.7.

3.2.3.3 其他原因

有些规划环评委托方并不天生抵制规划环评,即不存在上述部门利益壁垒问题,而是对规划环评缺乏认知。尤其是不经常委托规划和规划环评任务的规划编制机关,如一些开发区管委会等。规划环评对其而言是新的工作要求,规划环评能做什么,规划环评何时委托为宜,由于缺乏经验和相关知识,部分规划编制机关的具体执行人员心里没有底,在公务繁忙的情形下,规划环评被视为多出来的程序,在多一事不如少一事想法支配下,也容易怠于尽早委托规划环评。由于早期介入、与规划同步委托环评并没有强制性制度要求,于是,大量规划等到规划成果征询环保主管部门意见阶段才被提醒缺少"规划环评程序",再以事后、分离式评价模式"补程序"。

另外,笔者访谈了❶某保税港区规划环评委托方,了解其是否有意愿与规划同步委托规划环评。其提到:

规划本身的可操作性和执行力就很差,编制规划文件也是在走程序。针对未来根本就不会被实施的规划开展规划环评,自然也没有多大意义。既然如此,晚委托和早委托规划环评任务就没有什么区别。

3.3 城市总规环评工作程序评析

根据 2006 年 4 月 1 日起施行的《城市规划编制办法》(建设部令第 146 号),城市总体规划编制程序一般包括:前期资料收集和现场调研阶段、专题研究阶段、规划纲要阶段以及规划成果阶段。根据 2003 年颁布的《规划环境影响评价技术导则(试行)》(HJ/T 130—2003),规划环评工作程序包括:现状调查、分析与评价;环境影响识别;确定环境目标、评价指标;对规划方案进行环境影响预测、分析与评价;针对规划方案提出环境影响减缓措施;实施监测与跟踪评价等。显然,规划和环评需要同步开展、互为反馈信息,才能有效作用于规划决策的形成过程。目前,国内城市总规环评的工作程序尚存在以下问题。

3.3.1 与规划过程缺少联系

按照《环评法》、《规划环评条例》,城市总规环评工作应由规划组织编制机关,即组织城市总规编制工作的城市规划行业主管部门负责规划环评的委托工作。上述两部法规仅要求"在专项规划草案上报审批前,组织进行环境影响评价",并没有着重强调和要求早期介入、与规划编制过程同步。在规划环评制度推行最初若干年,规划编制机关要么怠于开展规划环评工作❷,要么仅满足于形式上的执法,并没有积极搭建规划和环评有效沟通的平台。因此,自规划环评推行以来,大多数总规环评工作都是以待批的规划成果为评价对象,未采用规划和环评过程关联和互动的工作程序。另外,由于目前承担各城市总体规划环评任务的环评机构多为

---

❶ 访谈时间 2011.3.31。
❷ 规划环评制度推行之初,由于部分城市规划主管部门不主动履行规划环评职责,环保行政主管部门为了推动规划环评工作,往往承担了总规环评工作的委托职责。

有着多年项目环评经验的环境学科背景的科研院所,一般不了解城市规划编制流程,即使近年逐步有委托方在规划编制初期就委托环评任务,但其拟定的工作程序和技术路线仍是分离式的、与规划过程没有反馈关系,仍属于反映型评价程序。如:2007 版深圳总规环评与 2003 版大连发展规划环评虽然介入的时机不一样,前者在规划纲要阶段已介入,后者是规划定稿后介入,但两者的技术路线和工作程序极其相似,均没有与规划过程结合起来。由于和规划过程缺少联系,环评工作处于静态和被动的反映型状态。

3.3.2 无从开展多方案比选

多数规划成果在接近报批时才开展规划环评工作,介入时机过晚,错过了城市总规用地布局多方案的形成和比选过程,无法对不同的用地布局方案开展环境影响预测、分析和评价。对于其他要素的不同规划方案也不能从环境维度进行优化。仅能就拟报批规划成果中几乎完全定稿的单一规划方案进行评价,提出减缓措施。在美、英及欧盟诸国的环评报告中作为重点并占大量篇幅的多方案比选章节,在国内的总规环评报告中却看不到。部分环评人员为了尝试采用规划环评常用的情景分析法,会在环评报告中杜撰若干个与实际规划方案形成过程毫无关系的情景进行分析预测。而情景分析法本来需要和实际规划方案形成过程结合才具有分析价值。

3.3.3 信息公开与公众参与不足

迄今国内无论是城乡规划、还是规划环评,信息公开和公众参与的相关制度仍不够完善。虽然当初负责起草《规划环境影响评价条例》的环境法专家试图将国外早已实践多年的公众全过程参与、信息全透明公开制度引入该《条例》,但最终未获采纳,仍是点到为止,停留在笼统、缺乏可操作性的原有水平。由于现有相关制度本身的缺陷,导致包括城市总体规划环评在内的规划环评实践中,信息公开和公众参与程度不足。

3.3.3.1 信息公开不全面

以深圳总规为例,其在 2008 年 1 月 31 日(此时规划环评成果初稿已完成)在深圳市环境科学研究所网站上发布《深圳市城市总体规划(2007—2020)环境影响评价信息公告》,仅提供了《深圳市城市总体规划(2007—2020)环境影响公众参与调查表》、《深圳市城市总体规划(2007—2020)文本》两份文件。从公告内容看,并不涉及收集普通公众对环评工作成果的意见,未提供任何环评文件供公众查阅。信息公告的唯一目的仅是发放和回收调查问卷。

《郑州市城市总体规划(2008—2020)环境影响评价公告》是 2008 年 6 月 16 日由郑州市城市规划局在郑州市城市规划局网站上公示,网站提供了规划环境影响报告书的下载链接,这几乎是迄今国内唯一公开了环评报告书全文的规划环评案例(但网站并没有同时提供规划文件)。环评机构从接受环评委托到完成报告书,共花了 2 个月时间。在规划环评工作接近结束时发布该公告,主要是为了形式上执法,保证已按照法规要求"在规划草案报送审批前,采取了调查问卷等形式,公开征求有关单位、专家和公众对环境影响报告书的意见"。

与欧美国家毫无保留地提供规划环评的所有各阶段工作成果(同时提供规划的所有成果)

供公众查阅比较,国内大部分规划环评案例信息公开的内容极其有限,最多提供环评报告简本(同时提供的规划成果最多为规划文本),甚至任何信息均不提供,仅发布正在开展规划环评工作的信息。由于提供给公众的相关信息过少,公众无法提出有针对性、具体、细致的反馈意见,公众参与的有效性大大降低。如:承担大连市城市发展规划(2003—2020)环评工作的环评技术人员在访谈和调查中发现"大部分政府工作人员对该规划(即"大连市城市发展规划(2003—2020)")仅有初步认识,对其规划具体内容并不了解"。为此,环评人员"在开展社会公众问卷调查之前,准备了规划背景介绍材料,将规划目标和重大规划方案等向公众发布,以保证问卷调查结果的有效性和针对性"。事实上,将规划各阶段成果,如规划过程中提出的多个规划方案及方案比选文件,适时提供给公众查阅,应是规划信息公开的基本制度,在各阶段发布规划环评信息时也会同时提供规划文件的链接,方便公众同时查阅规划文件和环评文件,以提出针对性的具体意见和建议。

3.3.3.2 普通公众参与程度低

目前的规划环评实践中,公众参与主要采取部门调研、专家咨询、公众调查三种形式。其中,部门调研则主要集中在前期资料收集和调研阶段对各相关部门进行访谈或问卷调查;专家咨询主要以专家评审会的形式开展;公众调查则是以发放和回收问卷为主,多在规划环评工作几近结束,规划草案报审前发布已在开展规划环评工作的信息(也有在前期资料收集、现场踏勘阶段,顺便结合现场踏勘发放调查问卷)。所设计的问卷问题均是笼统、一般性地提问,较少直接针对规划文件或环评文件本身。

在形式上,国内规划环评报告中都含公众参与专门篇章,但其主体内容是附几份问卷调查样表,以及对问卷的回收和统计分析。报告中的问卷统计分析看似科学、严谨,实际价值和有用信息量却非常少,远没有体现公众参与规划决策和规划环评全过程的内涵。

3.3.3.3 事后评价的公众参与是失效的

公众参与应在规划或环评的各个阶段分别有具体、不同的公众参与目的和参与咨询、评议的内容(相应地公开不同阶段的信息),才能充分实现公众参与规划决策和环评事务的宗旨。如:《规划环境影响评价技术导则(试行)》(HJ/T 130—2003)中提到的"通过公众参与掌握重要的、为公众关心的环境问题",显然应在规划和环评现状调查阶段进行,听取公众意见,该信息将反馈于下一步规划或环评工作的开展,而不是等规划环评报告编制完成后再向公众提出"您觉得本城市的主要环境问题是什么"等问题。在规划的多方案比选阶段,需要向公众公布各个备选规划方案的足够信息,并同时提供规划环评机构对各个备选方案的分析评价,让公众在掌握足够信息的前提下发表对规划方案选择或环评工作的意见和建议。而不是在规划和环评工作全部结束后,向公众问一些笼统的问题,如:"您知道本规划吗?您认为本规划的实施对本市哪些方面带来的影响较大?"

前述美国或英国规划环评实践中,公众参与法定程序对不同阶段信息公开的内容和开展公众参与的具体目的均有明确规定。公众参与贯穿于规划环评自始至终的不同阶段,并与规划过程的公众参与紧密结合。而在国内目前主导的事后式环评实践模式下,规划环评工作无法参与到规划决策的形成过程。而规划环评的公众参与程序又是在规划环评报告基本完成后才启动,致使公众的意见和建议难以在规划决策形成过程中发挥影响力,事后式评价令规划环评的公众参与有效性大大降低。

3.4　城市总规环评基本内容评析

指导城市总规环境影响评价编制的技术规范迄今(2014 年)正式颁布的是《规划环境影响评价技术导则(试行)》(HJ/T 130—2003)。该导则要求规划环境影响报告书至少包括 9 个方面的内容:总则、拟议规划的概述、环境现状描述、环境影响分析与评价、推荐方案与减缓措施、专家咨询与公众参与、监测与跟踪评价、困难和不确定性、执行总结。

2005 年底,上海市环境科学研究院受原环保总局委托,编制了《城市总体规划环境影响评价技术要点》。2006 年,同样受原环保总局委托,清华大学环境科学与工程系和同济大学起草了《城市总体规划环境影响评价技术文件》。这两部文件仅作为过程研究成果,并未正式推出。

2009 年 11 月 9 日发布了环境保护部环境工程评估中心和同济大学共同起草的《规划环境影响评价技术导则　城市总体规划(征求意见稿)》,拟作为行业标准正式发布。其中对“环境影响评价文件的编制要求”中包括以下内容:总则、现状分析与评价、规划分析、环境影响的识别和确立环保目标/建立评价指标、环境影响识别结论、规划环境影响预测、分析与评价(资源利用与环境容量分析;规划方案与资源及环境容量相符性分析;规划环境影响预测与分析)、规划方案环境合理性的综合分析及其评价结论、规划调整建议与环境影响的减缓措施、公众参与、执行总结。目前该文件仍处于征求意见稿阶段。

上述 4 部先后正式或非正式出台的城市总规环评指导文件在技术框架上没有大的变动或突破,其共同的特点是:没有建立与规划过程、规划程序的联系。

本节重点围绕若干城市的总规环评案例❶的城市总规环评报告书,结合总规成果,剖析目前城市总体规划环境影响评价报告书中包含的基本内容及所采用技术方法的实际效果,分析城市总规环评在内容和方法上存在的问题,重点突出“分离式”导致的弊端。

3.4.1　环境现状分析与评价

规划环评中进行环境现状调查分析,通常要求调查、分析环境现状和历史演变,识别敏感的环境问题以及制约拟议规划的主要因素❷。通常按照各个环境要素分别展开调查和现状评价工作,包括:空气、水、噪声、固废、土壤等,以及资源开发利用(矿产资源、生物资源、能源资源、水资源等)和社会经济状况。

---

❶　案例来源包括:

　　河南省城市规划设计研究院有限公司. 郑州市城市总体规划(2008—2020)环境影响评价报告书[R].2008.

　　深圳市环境科学研究所. 深圳市城市总体规划(2007—2020)环境影响说明[R].2008.

　　陈吉宁. 大连市城市发展规划(2003—2020)环境影响评价[M].北京:中国环境科学出版社出版,2008.

　　福州市环境科学研究院. 福州市城市总体规划(2010—2020)环境影响篇章技术报告(送审稿)[R]. 2010.

❷　《规划环境影响评价技术导则(试行)》(HJ/T 130—2003).

3.4.1.1 环境现状分析工作多头展开,缺乏整合,目标导向不明确

对一个城市的环境现状进行分析,归纳主要的环境问题是城市总规本身前期调查分析的重要内容,并在总规的"基础资料汇编"或"说明书"中有专章论述。另外,在一些城市的环境保护专项规划成果或生态市建设规划成果中(一般由环保行业主管部门主持编制),也会包括城市环境现状分析的内容。实际工作中,由于环保专项规划或生态市建设规划一般由环境科研院所完成,收集环境信息更加全面、分析更为细致、投入的精力更多。当环保专项规划先于总规完成,总规编制时往往将其提炼后直接引用在"基础资料汇编"或"说明书"中。城市总规环评工作开展后,环境现状分析同样也被列为规划环评的首要工作,这部分内容在总规环评报告中也会以专门章节叙述。

比较目前已完成的三类文件(城市总规、城市环保专项规划或生态市建设规划、总规环评)中的"环境现状分析"章节的内容,其具体内容并无明显差异,似乎皆可通用。三者具有共同的研究客体(同一个城市的环境及社会、经济背景),必然获得客观相同的环境调查与监测历史数据等信息。一方面,有必要对众多数据信息进行共享和整合,避免重复收集工作,浪费时间和精力,出现数据不统一等问题。另一方面,服务于城市总规或总规环评的环境现状分析与服务于环保专项规划的环境现状分析的目的和重点应有所不同,应具有不一样的分析角度和原始数据处理过程,得出不同的分析结论以指导下一步各自不同的工作。然而,目前的现状分析普遍缺乏目标导向和针对性,现状分析和随后的总规规划方案的提出、环保专项规划方案的提出或环评建议的提出缺少关联。技术人员常常步入"为分析现状而分析现状"、"为撰写基础资料汇编而收集整理资料"的误区。

例如,城市总规自身的核心工作是不同用地的空间布局,在描述相关环境现状时更应突出由于用地不合理带来的环境问题。以水源地保护及水源地水质现状为例,总规在进行现状分析时,应重点描述各水源地一、二级保护区内现状用地是否符合水源保护规范的要求,是否存在需要通过规划调整的用地问题等。在福州总规说明书"5.9.1 节(环境)现状分析"中,仅提到"2007 年,福州城区六个饮用水水源地水质达标率为 98.39%。",却缺乏对个别水源地从用地的角度进一步对超标原因进行剖析。

3.4.1.2 未发掘整理有助于规划方案形成和验证的有效信息

城市规划是以土地利用和空间规划为核心,对基础数据的空间属性要求较高。但目前从各行业主管部门所能收集到的资料信息往往不能细致反映所研究要素(如:人口、社会、经济、空气质量等)在细部空间分布的具体数值,不利于备选方案的提出和比选。导致虽然收集了大量的资料,但针对性不强。能通过分析后直接指导规划方案形成并能验证方案合理性的有效数据信息并不多❶。如:规划环评导则要求在环境现状分析时进行"生态敏感区(点)分析,如

---

❶ cottwilson 公司受伦敦社区和地方发展部委托,在 2010 年 3 月完成的题为"迈向更有效率和效力的空间规划战略环评和可持续评价"研究报告中,采用访谈调研等手段,对可持续性评价/战略环评(SA/SEA)在英国区域空间发展战略(RSSs)和地方发展规划文件(LDDs)两个层次的土地利用和空间规划中的应用进行回顾性研究。在其中提到:研究表明,作为规划和环评依据的数据信息"空间性"不强,不能直接用来形成或验证规划方案。其原文为:It is clear from the research that the evidence assembled for both plans and SA / SEA is insufficiently 'spatial' and does not necessarily lend itself to the development and testing of alternatives. 参见:Towards a more efficient and effective use of Strategic Environmental Assessment and Sustainability Appraisal in spatial planning Final report[R]. Department for Communities and Local Government: London. March 2010 第 138 页。

特殊生境及特有物种、自然保护区,湿地、生态退化区、特有人文和自然景观,以及其他自然生态敏感点等"❶,这些内容将制约总规用地方案的形成。但是这些信息往往在环评报告中仅进行纯文字的描述,这样的分析是无法发挥作用的,不能直接指导规划成果的形成。环评技术人员需要通过资料收集、调研甚至是提请有关部门开展补充勘查测绘工作,将生态敏感区(点)全面、精确地落实在空间上和地形图上,并提出具体明确的控制要求,尤其是对周边用地的控制要求,以此作为总规空间管制的直接依据。这样的生态敏感区(点)分析工作才是有效分析。又如,对现状环境问题的识别和原因分析是"环境现状分析"的基本内容。但目前的原因分析看似全面却没有针对性,没有具体剖析哪些是城市规划不当导致的原因。土地使用规划是城市规划的核心内容,对城市环境问题的剖析应进一步归结到哪些是由土地使用布局和土地使用规模不合理造成的,并提出直接的具体地块的用地类型的调整建议,这样的问题分析才是规划环评作用于城市规划决策过程的有效分析。而要进行有效分析,要求环评人员对城市规划原理和规划技术方法有深入的了解,同时需要规划环评与规划过程同步开展、形成互为输入、输出的反馈关系。

对于在基线信息(baseline information)收集过程中发现的数据缺失(这些缺失的数据可能是由于相关部门在日常工作中未进行统计和积累,而这些数据是进行规划决策和可持续性评价必须具备的有用信息),英国"SA 指南 2005"❷指出:SA 小组可在规划实施的 SA 监测计划中提出,要求相关部门在后续日常工作中增加相关数据信息的积累和统计分析工作,并进行监督。由此,数据缺失的问题得以反馈到后续日常工作的改进方案中,提高有用信息可获得性,增加未来规划决策的科学性。

3.4.1.3　规划环评滞后,导致环境现状分析结论不能发挥作用

由于目前总规环评常常在规划编制工作快要结束时才启动,导致总规环评的资料收集和现场踏勘工作无法与总规的前期调研工作同步开展、共享相关信息、整合相关工作,规划环评对环境现状分析远远滞后于规划方案的形成。导致规划环评对环境现状的分析评价信息无法给总规方案的形成提供支撑和依据。

以《福州市城市总体规划(2010—2020)》为例,在该规划说明书中谈到水源地时,有如下段落:

水源保护区范围

根据《饮用水水源保护区划分技术规范》(HJ/T 338—2007)的相关标准要求,划分饮用水水源保护区范围。

河流型饮用水水源一级保护区为取水口上游不小于 1000m,下游不小于 100m 范围内的河道水域及范围沿岸纵深与河岸的水平距离不小于 50m 的陆域。

河流型饮用水水源二级保护区为从一级保护区的上游边界向上游延伸不得小于 2000m,下游

---

❶　《规划环境影响评价技术导则(试行)》(HJ/T 130—2003)(2003 年 9 月 1 日实施)。

❷　Appendix 6-Collecting and presenting baseline information and trends. Sustainability Appraisal of Regional Spatial Strategies and Local Development Documents:Guidance for Regional Planning Bodies and Local Planning Authorities. Office of Deputy Prime Minister ;London. November 2005;93.

侧外边界距一级保护区边界不得小于200m的河道水域及沿岸纵深范围不小于1000m的陆域。

湖泊、水库饮用水水源一级保护区为取水口300～500m半径范围内的水域和取水口侧正常水位线以上200m范围的陆域。

湖泊、水库饮用水水源二级保护区为一级保护区向外距离3000m的范围。

而在该总规的环评报告❶的"4.2.2.1饮用水水源地现状"中依据《福建省人民政府关于福州市区生活饮用水地表水源保护区划定方案的批复》(闽政文[2002]323号)和《敖江流域水源保护管理办法》(2000年12月31日福建省人民政府令第61号)对福州市域范围内24个饮用水源地基本情况进行了详尽的表述。以义序水厂水源保护区为例,环评报告以列表方式罗列了该水源地以下信息:

水源地名称:义序水厂水源保护区;所在流域:闽江;供水能力:2万 m^3/d;建成时间:1980.11;一级保护区范围及面积:乌龙江义序水厂取水口周围100m^2以内的水域和陆域,0.02km^2;二级保护区范围及面积:乌龙江义序水厂取水口下游300m^2至上游1000m水域及其两侧外延30m^2范围陆域(一级保护区范围的水域和陆域除外),0.4km^2。

显然,规划设计人员在规划编制中忽视了当地已批复的水源地保护地方文件,仅仅依据《饮用水水源保护区划分技术规范》(HJ/T 338—2007)泛泛划分水源保护区范围。如果规划环评工作能先于或至少与总规编制同步启动,将包括"饮用水源地基本情况"在内的环境现状分析成果及时提供给规划设计单位,并落实在用地空间上,更能促进总规成果质量的提高。

美国加州林肯市在2008年3月完成的《林肯市总体规划背景报告》❷是直接由规划环评机构负责其中与环境相关内容的撰写,既避免了重复工作,又充分发挥了环评机构的专业优势,促进了规划和环评工作的融合。

3.4.2　规划协调性分析

2003年发布的《规划环境影响评价技术导则(试行)》(HJ/T 130—2003)中提到"规划目标的协调性分析"是指:"按拟定的规划目标,逐项比较分析规划与所在区域/行业其他规划(包括环境保护规划)的协调性。"❸

根据该导则,城市总规环评中的"规划协调性分析"指从实现环境可持续性目标的角度,分析城市总体规划制定的各项内容是否与相关的其他政策、规划文件相协调,又常称为规划相容性分析❹、规划一致性分析。已有研究或环评实践往往将"协调性、相容性、一致性"三者视为

---

❶　福州市环境科学研究院. 福州市城市总体规划(2010—2020)环境影响篇章技术报告(送审稿)[R]. 2010.

❷　该报告英文全称为 *City of Lincoln General Plan Background Report*,相当于国内城市总规的基础资料汇编。

❸　该导则已暗指要先有规划成果,再对规划成果内容与其他政策、规划的协调性进行分析。事实上,如果在规划编制前事先对相关规划梳理分析,可以更好地指导规划方案的形成。

❹　周莉提出:相容性是指不同事物之间可以共处、互换的程度或能力。两种事物之所以能够共处,其根本的条件是双方在不发生根本性质转变的前提下,能够相互争取、相互妥协,向协调的方向趋近。在相互接纳的过程中,各个个体原有的本质特征保留得越多,说明相容性越高。"规划相容性"就是指规划之间可以和谐共处或者相互替代的程度,或者是特定环境条件下能同时容纳多个规划的程度。它关注的是不同层次、不同类型的规划之间的相互关系以及这些规划与所处环境之间的关系。由于各个部门都从各自领域出发,各项规划又可分为全国、省、市、县、乡等不同层次。因此,不同规划之间如果不相容,将可能会产生不容忽视的环境问题。参见:周莉.规划环境影响评价中规划相容性分析研究——以广西石油化工发展规划为例.同济大学环境科学与工程学院[D]. 2008.

等同的概念,忽略了三者的区别。事实上用"相关规划分析"更为确切,本书沿用技术导则的提法仍称为规划协调性分析。规划协调性分析常采用列表对比分析法、层次分析法、主成分分析法❶。是目前已完成的总规环评报告的必备内容。

3.4.2.1　缺乏与规划编制工作的结合

城市总体规划自身具有高度综合性、全面性,牵涉到城市发展建设的方方面面,规划编制过程中必然要与众多政策、规划衔接。已有的总规编制实践中,较少系统、全面地以书面形式对总规与其他政策、规划如何协调衔接进行分析、考量。目前总规环评的协调性分析多在规划成果基本完成后才进行事后协调性分析。而要真正实现规划协调性分析工作的先导功能,规划环评应该在总规基础资料整理阶段就介入到总规的规划协调性分析工作中,分析成果应作为总规下一步工作的依据。规划协调性分析可按图 3.2 所示技术路线执行。

图 3.2　规划协调性分析技术路线

"相关规划文件梳理"可按下列项目整理已收集的相关规划:①规划名称;②主持编制部门;③规划层级:国家级、省级、区域级、地方级;④规划地位:法定(依据什么法规条例而编制)、非法定;⑤审批部门;⑥规划期限;⑦规划效力:已通过审批、完成编制未通过审批、正在编制、非正式文件无需审批程序;⑧与城市总规的接口关系、与总规引发的环境影响的关系。

"相关规划文件筛选"需要明确各规划与总规的关系,区分:城市总规必须与之衔接的规划(入选规划)、可不参照规划。

"入选规划协调方案"是对城市总规必须与之衔接的规划,明确协调方案,包括:衔接、尊从内容(尊从依据);实际衔接情况(可待规划最终成果完成后填入,说明是否完全衔接,解释说明为什么总规最终成果与相关规划不一致,作了哪些调整)。

2009 年 11 月 9 日发布的《规划环境影响评价技术导则 城市总体规划(征求意见稿)》把规划协调对象的范畴扩大到相关规划以外的战略、政策、法律、法规及其他内容。总规编制单位可相应地把协调范畴扩大到政策、法律、法规,对于需要遵循的政策、法律、法规进行系统梳理,并明确与总规的关系。规划环评则侧重考察与环境可持续性相关的政策、法律、法规文件。这项工作繁琐,却可保障总规编制能全面依法进行。如:国家为节约资源和改善生态环境而适时修订的相关产业政策中的禁止、限制产业目录,是对城市工业发展现状进行分析并提出调整方案的重要依据,也是判断规划产业定位是否合理的依据。规划环评应在规划编制之初,与总规互动完成规划协调性分析,提出完整的政策、法规、规划协调方案,作为规划编制的依据,而不必等规划成果出来后再进行事后协调性分析。

---

❶　杨常青.浅谈规划环境影响评价中的规划目标协调性分析[C].// 中国环境科学学会.2007 中国环境科学学会学术年会优秀论文集(下卷).北京,2007:1706-1709.

3.4.2.2　协调对象、协调内容缺少规范

（1）协调对象

已有的城市总规环评案例表明，不同规划环评机构对纳入协调分析的相关政策、规划的选取较为随机。一些应该列为必要协调对象的政策、规划往往被遗漏，而一些无关紧要的规划文件却被纳入与总规进行比较。表 3.1 对 3 份总规环评报告协调对象侧重点的比较充分表明，目前协调对象的选取受：委托方配合提供的资料或环评机构所能获取的资料多少；环评机构的专业技术背景、行业积累、研究视野等随机因素的影响较大。

表 3.1　　　　　三个城市总规环评报告"规划协调性分析"中协调对象比较

总规名称	规划环评编制机构	协调对象侧重点
大连市城市发展规划（2003—2020）	清华大学	相对全面，涉及各行业主管部门主持编制的规划共 23 项①
深圳市城市总体规划（2007—2020）	深圳市环境科学研究所	环境保护、发改、规划国土主管部门主持编制的相关规划共 9 项②
《郑州市总体规划》（2007—2020）	河南省城市规划设计研究院有限公司	规划、国土资源主管部门，发改委主持编制的规划共 8 项③

①《大连市城市发展规划（2003—2020）环境影响评价》纳入协调分析的规划文件共有 23 项，即：大连市城市总体规划（2000—2020）；建设"大大连"规划纲要（2003—2020）；辽宁省国民经济和社会发展第十一个五年规划纲要（草案）；辽宁老工业基地振兴规划；中共中央关于制定"十一五"规划的建议；中共中央国务院关于实施东北地区等老工业基地振兴战略的若干意见；辽宁省发展循环经济试点方案；大连市国民经济和社会发展第十一个五年规划纲要；大连市生态环境保护与建设规划研究；大连市环境保护"十一五"规划；大连市城建局"十一五"规划主要项目；大连市土地利用总体规划（1997—2010）；大连农业"十一五"发展规划（讨论稿）；大连市林业生态建设"十一五"发展规划；大连市"十一五"工业发展规划战略研究；大连市国民经济和社会发展第十一个五年总体规划和 2020 年远景目标纲要框架；大连市旅游发展总体规划；大连市"十一五"海洋经济发展规划；"十一五"规划重大问题研究；大连城市污水处理及再生利用设施建设初步方案；大连市国民经济和社会发展第十一个五年计划能源发展专项规划；大连市燃气规划（2004—2020）；大连市城市供热规划。

②《深圳市城市总体规划（2007—2020）环境影响说明》纳入协调分析的规划文件共 9 项，即：广东省环境保护与生态建设"十一五"规划；广东省环境保护规划纲要（2006—2020）；珠江三角洲环境保护规划纲要（2004—2020）；深圳市国民经济和社会发展第十一个五年总体规划；深圳 2030 城市发展策略；深圳市生态市建设规划；深圳市环境保护规划（2007—2020）；深圳生态建设与环境保护十一五规划；深圳市土地资源利用与保护十一五规划。

③《郑州市总体规划（2007—2020）环境影响报告书》纳入协调分析的规划文件共 8 项：中原城市群总体发展规划纲要（2006—2020）；河南省城镇体系规划（2006—2020）；河南省全面建设小康社会规划纲要；河南省国民经济和社会发展第十一个五年规划纲要；郑州市国民经济和社会发展第十一个五年规划纲要；河南省国土资源"十一五"规划纲要；郑州市土地利用总体规划（1997—2010）；郑州市环境保护"十一五"规划。

（2）协调内容

对于所选取的协调对象（相关规划），由于其本身内容较为丰富、庞杂，相关规划的哪些内容应该提取出来与总规对应的内容进行比较、如何比较，各环评报告的侧重点各不相同，尚缺乏规范、统一。协调内容存在以下问题：

① 比较内容空泛，对一些重要的规划冲突可能避而不谈或者一笔带过；或者越俎代庖，比较一些和环境影响毫无关联的规划内容；或进行机械、定性的描述后，随即得出相容性结论，在

技术层面缺乏说服力❶。

② 没有针对总规的关键规划要素进行协调性分析,而是比较了总规编制内容中的细枝末节。如,把过多的精力放在环境保护相关目标、指标值的简单数字比较上,却忽略了指标之间的逻辑关系是否有矛盾❷。也没有考察各项规划内容实施后是否对指标的实现发生矛盾。未考虑为了实现指标值,总规层面上应该还要补充哪些文字规定,或者是图纸中用地布局或间距应如何调整才能实现指标值。

③ 仅进行文字比较,未进行图纸一致性比对。相关规划内容落实在图纸上涉及的相关用地范围、面积、位置,单个设施选址是否与城市总规有出入,或各相关规划同时落实在空间上是否有冲突,均未进行叠图比较分析。忽略了城市总规是进行空间部署安排的主导功能。如,某环境保护规划纲要要求"严格保护所有属于二类水的水库及其集水区域"。据此,规划环评应该列出规划范围内的二类水水库,查找在图纸上的分布,分析总规的土地利用规划图、产业布局图等是否和水库的保护要求相容,水库周边是否有不兼容的用地。而不能根据总规文本中提到"集中式饮用水水源地水质达标率100%"的目标,就简单认为两规划相容了。

3.4.2.3　上位规划本身环境不合理情形易被忽略

一个完整的决策链包括:法律、法规—政策—规划—计划—项目。理论上,应对决策链的所有环节尤其是上游环节实施环评,才能促进环评有效性的全面发挥。在规划协调性分析中,如果城市总体规划的法定上位规划本身环境不可行,而一味地要求下位规划服从上位规划,则会导致"上梁不正下梁歪"的结局。因此,规划协调性分析工作必须具备全面实施战略环评的外部环境才能顺利开展。

当规划协调性比较的结果是与上位规划完全一致时,如果就此判定总规环境可行,实际上默认了一个前提,即上位规划的内容是环境友好的。但显然,由于目前国内战略环评并没有在所有的政策、规划中推行,很多国家或区域层面的政策、规划是缺乏环境影响考量的。所以规划环评时,一定要避免把"规划协调性好"简单等同于"城市总规环境影响小"。

3.4.2.4　规划不协调后续处置机制缺失

对于在环评规划协调性分析中,识别出的规划不协调内容如何处置,目前尚没有法规条例给规划环评单位提供依据。如:《Z 市城市总体规划(2008—2020)环境影响评价报告书》中提

---

❶　周莉.规划环境影响评价中规划相容性分析研究-以广西石油化工发展规划为例.同济大学环境科学与工程学院[D]. 2008.

❷　当前国内各类规划注重制定目标指标体系,不同的规划往往重复制定相同的目标指标,但取值不一,彼此矛盾。同时,各规划文件对指标如何在各部门分解落实执行普遍缺乏交代。如《S 市生态市建设规划》提出:万元 GDP 建设用地<3.89m²/万元;《S 市国民经济和社会发展第十一个五年总体规划》提出:人均 GDP12000(美元);《S 市城市总体规划(2007—2020)》提出:人均 GDP 161511 元,人均建设用地面积 81.82m²/人,2020 年规划人口 1100 万人,而:

(161511 元/人×1100 万人)×(3.89m²/万元)＝69110 万 m²

总规的建设用地面积是:81.82m²/人×1100 万人＝90002 万 m²,

(81.82 m²/人)/(161511 元/人)＝5m²/万元>3.89m²/万元

显然,总规并不符合 S 生态市建设规划提出的万元 GDP 建设用地<3.89m²/万元的要求。评价时,忽略了指标之间的换算关系存在的矛盾。

到了城市总规与《Z市土地利用总体规划(1997—2010)》的不一致之处。但环评报告仅是点到为止,并没有提出调整规划的建议或要求。其中的规划冲突是涉及侵占耕地严重不符合《中华人民共和国土地管理法》❶的行为,如果这类有明确国家法律依据的规划不合理之处都仅是点到而已,未能制止,那对于一些环评识别出来的尚无具体法律法规支持的其他重大环境影响和规划冲突,岂不更加难以促使规划调整。

《Z市城市总体规划(2008—2020)环境影响评价报告书》在"2.3.3 与相关规划的冲突性"中提道:

与Z市土地利用规划的冲突性。

保护耕地,实现耕地总量动态平衡是Z市土地利用规划中的一项重要的土地利用方针,Z市土地利用规划中提出,保护耕地这一方针要放在土地利用与土地管理的首位,坚持"节流"与"开源"并举,严格控制非农业建设用地规模,各项建设应尽可能的不占或少占耕地。根据Z市土地利用规划,到2010年全市耕地面积稳定在34.13万 hm^2,非农建设用地控制在11067hm^{2}以内,2007年Z市耕地面积已降低至32.94万 hm^2,本规划的实施将进一步减少全市的耕地总量,大规模的土地开发与保护耕地的土地利用政策产生一定冲突。本规划将节约用地作为指导方针,提高土地使用的门槛和土地的利用效率,但从总体上本规划的实施仍将对Z市的土地利用规划目标的完成构成很大的压力。

另外,一些规划环评在规划协调性分析后,对城市总规的改进提出了一些好的建议。但事实表明,这些规划调整建议并未得到最终采纳。如:

《深圳市城市总体规划(2007—2020)环境影响说明》,在比较《深圳生态市建设规划》与《深圳总规(草案)》后指出:深圳生态市建设中提出的"环境友好的社会发展体系中相关内容在总规中未能体现,建议在第二部分'城市发展政策指引'第六章'生态保护政策'中补充"。实际的总规成果并没有落实这条建议,也没有给出为什么没有落实的说明。

另外,有学者指出,规划之间不相容,表面上是规划的衔接协调不够,但背后反映的却是政府部门之间以及开发商和政府部门之间的利益"交锋"❷。对于经过协调性分析后,与上位规划明显违背且有明确法律依据的规划内容,应有必须进行规划调整的刚性约束机制。否则,没有强有力的法规依据,规划环评单位要对规划不协调背后隐藏的部门利益冲突说"不",是很难操作执行的。

3.4.2.5 规划遵从关系的法规条例欠缺

虽然根据国家规划管理体系的一般要求,非法定规划要服从法定规划,上层行政级别的规划对下层行政级别的规划具有约束、指导作用,但仍缺乏具体、完善的法规条例对各类名目繁多的具体规划之间的关系。如:具体规划内容之间如何遵从相关规划编制的时序要求,如果不遵从如何处置等进行详尽的规定;相关政策、规划的管理权分属不同层级和不同地域的部门,一些相同的规划内容和规划指标在不同行政主管部门编制的规划文件中重复出现,当发生不一致的情形时,以谁为准,尚无据可循。目前,城市总体规划与相关规划的遵循关系有明确法律依据的规划

---

❶ 《中华人民共和国土地管理法》第二十二条:城市总体规划、村庄和集镇规划,应当与土地利用总体规划相衔接,城市总体规划、村庄和集镇规划中建设用地规模不得超过土地利用总体规划确定的城市和村庄、集镇建设用地规模。

❷ 高洁.城市规划的利益冲突与制衡[J].华东经济管理,2006,20(10):32-36.

有:土地利用总体规划、国民经济和社会发展规划、全国城镇体系规划、省域城镇体系规划等❶,但仍缺乏国家、地方法规对大量的法定规划或部门正式规划与城市总体规划的遵从关系加以明晰。如:环境保护主管部门制定的环境保护规划(污染治理规划)、生态省(市、县)建设规划、生态功能区划、环境功能区划等部门规划或区划文件与城乡规划主管部门的城乡规划编制体系各层次规划如何遵从缺乏法定依据。又如,虽然《城市规划编制办法》(2006 年 4 月 1 日施行)第三十四条指出:"城市总体规划应当明确综合交通、环境保护、商业网点、医疗卫生、绿地系统、河湖水系、历史文化名城保护、地下空间、基础设施、综合防灾等专项规划的原则。编制各类专项规划,应当依据城市总体规划。"但此条款的可操作性很弱,总规和专项规划的接口关系和分工协作内容仍不明确。因此,要理顺总规与相关规划的关系,需要国家、地方层面加强立法体系建设,为规划协调性分析时筛选协调对象和确定协调内容提供法律依据。

　　李智慧等针对城市规划中下层次规划对上层次规划承接不畅、城市规划与其他平行级规划的协调不足等问题,提出"城市规划编制外在有效性评估"的概念,具体包括对"垂直级(上下级)规划的承接性评价及对"平行级"相关规划的协调性评价。并就深圳当前"平行级"规划协调之间存在的主要问题,提出"技术提高先行、体制调整后行"的近期改革思路,以及近期建立各规划部门之间的联席会议制度,远期由市发展和改革委员会牵头,对各部门规划实施提出协调机制等建议❷。其提出的"城市规划编制外在有效性评估"与规划环评中已开展的"规划协调性分析"工作类似,只是规划环评主要基于环境可持续的目标进行分析。

3.4.3　环境承载力分析

　　环境承载力(环境容量)分析、资源承载力分析是已完成的城市总规环评报告的必备章节。《规划环境影响评价条例》第十一条要求:"环境影响篇章或者说明应当包括下列内容:(一)规划实施对环境可能造成影响的分析、预测和评估。主要包括资源环境承载能力分析、不良环境影响的分析和预测以及与相关规划的环境协调性分析。"在城市规划界,对所规划城市的资源、环境承载力进行分析,在城市总规方案形成之前,对总规方案提供限制条件和技术支撑,已是被认同的重要工作内容(一般在生态类专题研究中体现这部分内容)。本节和 3.4.4 节分别对城市总规环评工作中环境承载力和资源承载力分析现状结合案例进行剖析。案例剖析充分表明,资源、环境承载力分析是规划环评的重点,同时也是规划环评的难点。经过 20 多年的发展,资源、环境承载力的定量分析技术从无到有,从定性理念到定量测算,已取得一定进展,但已有实践中采用的分析思路和分析技术仍显得颇为"捉襟见肘",尤其在如何与规划评价对象,

　　❶ 《中华人民共和国土地管理法》(1999 年 1 月 1 日施行)第二十二条:城市总体规划、村庄和集镇规划,应当与土地利用总体规划相衔接,城市总体规划、村庄和集镇规划中建设用地规模不得超过土地利用总体规划确定的城市和村庄、集镇建设用地规模。

　　《中华人民共和国城乡规划法》(2008 年 1 月 1 日施行)第五条:城市总体规划、镇总体规划以及乡规划和村庄规划的编制,应当依据国民经济和社会发展规划,并与土地利用总体规划相衔接。

　　《中华人民共和国城乡规划法》(2008 年 1 月 1 日施行)第五条:城市总体规划、镇总体规划以及乡规划和村庄规划的编制,应当依据国民经济和社会发展规划,并与土地利用总体规划相衔接。

　　《城市规划编制办法》(2006 年 4 月 1 日施行)第二十一条:编制城市总体规划,应当以全国城镇体系规划、省域城镇体系规划以及其它上层次法定规划为依据,从区域经济社会发展的角度研究城市定位和发展战略,按照人口……

　　❷ 李智慧,宋彦,陈燕萍.城市规划的外在有效性评估探讨[J].2010,26(3):25-30.

如城市总体规划的编制内容和规划过程衔接互动方面,尚存在很多亟待改善之处。

3.4.3.1　概念辨析

目前在理论和实践领域,经常混淆使用"环境容量"和"环境承载力"两个词。"环境承载力"和"环境容量"是密切关联但又存在不同内涵的两个概念。陆雍森对两者进行过初步辨析❶,如下:

"环境承载能力"是指在不违反环境质量目标前提下,一个区域环境能容纳的经济增长、社会发展的限度以及相应的污染物排放量。确定环境承载力必须分析区域的增长变量和限制因素之间的关系。增长变量包括人口、生活水平、经济活动强度和速度以及污染物的排放量等;限制因素包括自然环境质量、生态稳定性、基础设施的能力和居民对环境状况的心理承受力等。通常由社会调查、环境监测和调查、政治途径和专家判断来设定每个限制因素的最大和最小容许值。通过承载力分析可以确定增长和发展的关键制约因素以及增长的合理规模。

"环境容量"是指区域自然环境或环境要素(如水体、空气、土壤和生物等)对污染物的容许承受量或负荷量。

在笔者查阅的大连❷、郑州❸等城市总规环评报告中,大连和郑州城市总规环评报告同时提及这两个概念,但并没有进行严谨的区分,也没有按不同的内涵分别开展分析工作。其他环评报告仅进行环境容量分析(针对大气和水两个环境要素),没有提及环境承载力的概念。大连总规环评报告定义:

"水环境承载力"是指在维持水体环境系统结构和系统功能不发生根本性、不可逆转的质态改变的条件下,水体对于社会经济系统的承载能力,通常用于衡量水体功能与社会经济发展之间的一致性。

"水环境容量"是指受纳水体在一定功能要求、设计水文条件和水环境目标下,能够接纳某种污染物组分的最大允许负荷量。水环境承载力与水体自身环境特征即水环境容量,以及社会经济活动的环境影响即水污染排放紧密相关。当进入水体的水污染物超出环境容量极限时,则地表水体处于超载状态,反之则认为地表水体可以承载当前社会经济活动。

从上述相关定义可知,对城市总体规划直接具有指导意义的是环境承载力分析,但目前真正严格意义、系统完整地进行环境承载力分析的案例不多见,大多数总规环评中仅开展了环境容量分析测算工作,没有在环境容量测算的基础上进一步得出"经济增长、社会发展的限度"。

3.4.3.2　环境容量和环境承载力分析的复杂性

早在 1984 年,沈清基就对"城市环境容量"进行过初步探讨。其认为:"城市环境容量是一个构成复杂、内涵丰富的事物,其真实的容量很不容易表示,特别是明确的量的形式表示很困难。"❹陆雍森也提到,"从理论上说,环境容量可用科学方法取得基本资料,通过一定数学模型表达出来,但很难做到切合实际""计算环境承载力的(影响)因素很多,关系复杂,如何对各种

---

❶　陆雍森. 环境评价[M]. 上海:同济大学出版社,1999.

❷　陈吉宁. 大连市城市发展规划(2003—2020)环境影响评价[M]. 北京:中国环境科学出版社出版,2008.

❸　河南省城市规划设计研究院有限公司. 郑州市城市总体规划(2008—2020)环境影响评价报告书[R]. 2008.

❹　沈清基,李迅. 对城市环境容量的探讨[J]. 城市规划研究,1984,(4):16-21.

因素和变量进行定量化以确定环境中污染物的容许受纳量是很困难的"❶。

可见,环境容量或环境承载力分析虽然具有重大意义,但其定量分析的技术困难理论界早有预见。在实践工作开展中必须充分意识到这项工作的困难程度,不能把复杂问题过于简单化处理,更不能长期故步自封停滞于"捉襟见肘"的分析技术,而需要在实践中不断探索并循序改进。

陆雍森认为容量分析和承载力分析中容易忽视城市与自然生态系统的区别。首先,城市是一个自适应并具有调节能力的系统,必须动态地核算其承载力和容量,特别要考虑科技进步和城市管治能力的作用和影响;其次,城市是一个经济、社会(含政治、文化、组织与管治模式等)和人工自然复合的系统。这三大系统之间有包容与互作用的关系,每个系统内部各要素之间也是互作用的。这两方面决定了"容量"与"承载力"计算的复杂性。分析工作首先要抓住这两方面各要素的关键作用因子,从发展趋势和整体性尺度上去考虑和进行具体计算。这种计算更多地是给出一个范围和阈值,给出的数据越"准确",其实际偏差越大。

3.4.3.3 环境容量分析实践的不足

城市总规环评报告中的"环境承载力分析"或"环境容量分析"章节一般分两大部分,第一部分是根据环境功能区划对环境容量的计算,第二部分是结合规划方案对各类污染物产生量、排放量及其环境影响的预测。第一部分各环评报告的技术路线较为统一,但第二部分内容详略程度和技术路线各环评报告差异很大。以下重点对环境容量的计算过程进行剖析,分析当前实践存在的不足之处。

1. 主要对常规污染物计算,忽略潜在、未来才会凸显危害性的污染物质

已有的城市总规环评报告中,都以化学需氧量(COD)和氨氮(NH_3-N)作为水环境容量测算的污染因子;以自然降尘、TSP、PM_{10}、SO_2、NO_2中的 2～5 项作为大气环境容量测算的污染因子(表 3.2)。这些污染物均是污染特性和污染规律已被充分认知的常规污染物,并且已积累较为全面的监测数据和计算参数,定量分析测算技术较为成熟,具有现实的可操作性。

表 3.2 大连、郑州总规环评报告中环境容量计算因子

规划环评对象	大连市城市发展规划 (2003—2020)	郑州市城市总体规划 (2007—2020)
水环境容量计算污染因子	COD、NH_3-N	COD、NH_3-N
水环境容量计算河流	碧流河、大沙河、复州河、庄河、登沙河、英那河	贾鲁河郑州段
大气环境容量计算污染因子	自然降尘、TSP、PM_{10}、SO_2、NO_2	PM_{10}、SO_2、NO_2

不过,20 年后影响城市环境质量的污染因子会随着城市发展发生改变,目前影响水体或大气环境质量的污染物质未来或许将不是问题。仅计算现阶段已暴露显著问题的常规污染物的环境容量,可能会忽略潜在的、未来才会凸显环境危害的污染物质。就如现阶段引起水体富营养化、蓝藻暴发的氮、磷等物质,在几十年前并未作为污染物进入环境科学研

---

❶ 陆雍森.环境评价[M].上海:同济大学出版社,1999.

究人员的视野。

2. 定量分析水环境容量的水体有限,缺乏对整个水系的全面考量

考虑到定量分析所需的基础数据(如:水文条件)和计算参数等难以全面获取,以及分析工作本身的技术难度,一般仅能对若干主要河流的局部河段进行水环境容量计算。如:大连总规环评对主要河道水体进行了承载力分析,未涉及其他地表水体(如:湖泊)及地下水体质量与功能;且对于尚未划定相应的河流水质功能分区的其他纳污河流未计算其水环境容量。《郑州市城市总体规划(2008—2020)环境影响评价报告书》主要分析了贾鲁河的水环境承载力。而郑州全市河流属黄河和淮河两大水系,黄河水系就有伊洛河、汜水河、枯河,淮河水系主要有贾鲁河、双洎河、颍河、索须河、东风渠等多个水体。

由于基础数据缺乏和技术方法局限等现实问题,会难以对规划环评范围内的所有水体进行定量分析。但是由此而对未列入计算的水体避而不谈,常会疏漏考量重大的环境影响。

3. 定量计算成果难以运用于总规方案的构思和比选

无论是水环境容量、还是大气环境容量定量分析的结果均以某种污染因子年排放量(t/a)表示。如表3.3中D市主要河流水环境容量计算结果,表3.4 A值法计算的Z市大气环境承载力计算结果。这样的结果作为提出污染物总量分配方案的依据,推行污染物总量控制制度和排污许可证制度是直接有指导意义的。但这样的定量计算结果无法直接指导城市总规方案的形成,难以对规划布局决策提供支撑信息。

表 3.3　　　　　　　　　　　　**D 市主要河流水环境容量计算结果**

河流名称	CODcr(t/a)	NH_3-N(t/a)
碧流河	2570	130
复州河	3060	150
英那河	1310	60
庄河	2250	140
大沙河	1320	70
登沙河	830	40
合计	11340	590

表 3.4　　　　　　　　　　　　**A 值法计算的 Z 市大气环境承载力计算结果**

功能分区	面积(km^2)	大气承载力(t/a)		
		SO_2	NO_2	PM_{10}
Ⅰ类区	182	4702	9405	9405
Ⅱ类区	807.6	62598	41732	104329
合计	989.6	67300	51137	113734

规划背景的城市总规技术负责人迫切希望负责生态专题的成员在总规方案形成之前能对所规划城市的环境承载力、环境容量等方面进行论证,提供构筑规划方案的依据。然而,目前进行环境容量分析的技术方法主要起源于区域环评积累的技术经验,而区域环评的环境容量分析或环保部门主导的环境容量分析又直接服务于总量控制的环境管理工作要求。在环境科学领域,狭义的环境容量具体所指就是某污染因子的容许排放量,即在保证不超出(某污染因子)环境目标值的前提下,区域环境能够容许的(某污染因子的)最大允许排放量或排放强度。因此,在城市总规环评工作启动后,规划环评人员直接借用或沿用了这一分析框架,得出如表3.3、表3.4 所示的定量计算结果。而由于各类污染因子排放量和城市总规的核心规划内容(如:各类用地类型的规模和布局)之间的定量关系尚未建立(缺少实测数据或经验参数的积累),因此这样的计算结果无法直接运用于构筑总规方案。

4. 简单套用全国环境容量测算方法

环保总局自 2003 年 8 月开始在全国展开"环境容量测算、校核、核定"工作,并成立了以中国环境规划院为核心的技术指导组,负责指导和解决各地在实施中的有关技术问题❶。该次全国环境容量的测算是环保部门进行日常环境管理工作的重要技术依据。该项工作目前已基本完成,其表明:尽管环境容量定量分析存在诸多技术困难,难以实现绝对精确和科学,但围绕特定的工作目标,还是可以得到相对合理、具有现实指导意义的定量分析结论。

目前已完成的若干城市总规环评报告中,虽然注重充分利用所规划城市已完成的环境容量测算成果,以避免重复工作。如:F 市总规环评的水环境容量分析是在《F 市地表水环境容量核定》成果基础上,根据评价基准年(2009 年)的水环境质量现状及最新污染源普查资料,估算出枯水期 90%保证率条件下,F 市区 M 江水环境容量状况。大气环境容量计算也是以 F 市大气环境容量核定研究成果为基础。S 市总规环评采用了 2003 年全国环境容量测算工作的技术方法,如按国家环境保护总局环境规划院《城市大气环境容量核定技术报告编制大纲》的补充说明计算 A 值(地理区域性总量控制系数)。但均是直接把 2003 年全国环境容量测算工作成果套用于城市总规的环境容量计算工作中,仅仅把某污染因子的具体容量值(t/a)算出来。

5. 事后式环评无法对城市总规方案形成提供支撑

从技术逻辑而言,环境容量或环境承载力分析应该在规划方案形成之前进行,并为城市总体规划提供支持和依据,如对城市人口规模、用地规模、开发强度、产业规模提供限制要求等。由于目前城市总规环评工作多在城市总规成果基本定稿后启动,环境容量分析结论难以对城市总体规划决策起到应有的作用。

---

❶ 2003 年 4 月 30 日发布的《2003-2005 年全国污染防治工作计划》中首次具体部署对全国开展大气和水环境容量测算工作,提出"全面实施以环境容量总量控制为基础的排污许可证制度,实事求是地削减排污总量"。在 2003 年 12 月 23 日发布的《关于加强环境容量测算工作的通知》(环办[2003]116 号)中进一步明确原环保总局 2004 年 7 月起对东部地区的省市、8 月起对中部地区的省市、9 月起对西部地区的省市进行审核。天津市是全国第一个完成大气和地表水环境容量测算工作的省级行政区。另外,作为环保总局确定的污染物排放总量控制试点城市,杭州市 2004 年 4 月份完成了大气和地表水环境容量测算工作,并在此基础上提出了基于环境容量的污染物总量分配方案。

3.4.4　资源承载力分析

3.4.4.1　土地资源承载力分析

1. 对土地资源承载力的理解分歧大、技术路线大相径庭

学术界出于不同的研究视角,对土地资源承载力的定义和定量计算方法差异较大。实践中,规划环评机构、环评技术人员对土地资源承载力的理解分歧也较大,导致土地资源承载力分析计算的技术路线大相径庭。为了迎合地方政府的圈地需求,个别环评报告对土地资源承载力的内涵甚至有意曲解。已出台的环评技术导则尚未制定统一的土地资源承载力分析技术路线。

[国内土地资源承载力概念演进]

"承载力"亦称"承载能力"(Carrying Capacity),源于生态学,用以衡量特定区域在某一环境条件下可维持某一物种个体的最大数量。自 1812 年 R Malthus 就人口与粮食问题的假说提出以后,承载力的相关研究就相继在经济学、人口学等领域展开。1949 年,美国的 Allan 将土地资源承载力定义为:"在维持一定水平并不引起土地退化的前提下,一个区域能永久地供养人口数量及人类活动水平。"我国的土地承载力研究兴起于 20 世纪 80 年代后期,最具代表意义的研究成果是中国科学院自然资源综合考察委员会主持,国内 13 所高校和科研机构参加的《中国土地资源生产能力及人口承载量研究》。这项研究以土地资源—粮食生产—人口承载的分析为主线,预测了全国几个省市区未来两个时段内(2000 年和 2025 年)可承载的人口规模。其土地资源人口承载力的定义是:在一定生产条件下土地资源的生产能力和一定生活水平下所承载的人口限度❶。基于耕地与粮食的人口承载力研究始终是国内外土地资源承载力研究的主流❷。

围绕城市土地承载的多重复合功能,相关研究者跳出"耕地—粮食—人口"的研究思路,对土地承载力重新进行了定义。蓝丁丁等❸提出的城市土地资源承载力的概念为:在一定时期,一定空间区域,一定的社会、经济、生态环境条件下,城市土地资源所能承载的人们各种活动的规模和强度的阈值。城市土地承载力是城市社会、经济、环境协调作用的中介和协调程度的表征。周纯等对土地承载力重新定义为:在当前发展阶段下,以可预见的技术、经济和社会发展水平为依据,以可持续发展为原则,以维护人类生态环境(安全)良性发展为前提,一个区域土地资源可承受的最大人口和城镇发展规模。该定义考虑了区域的开放性和土地对其社会经济发展的可支撑程度。

国家科技支撑计划课题"城镇化与村镇建设动态监控关键技术"第四子课题"城镇化生态承载力评价预警关键技术"研究中对城镇化进程中小城镇土地资源承载力的定义:在一定的城镇化发展时期的镇域范围内,小城镇土地资源系统所能承载的人类各种活动的压力,包括生活

---

❶　周纯,舒廷飞,吴仁海.珠江三角洲地区土地资源承载力研究[J].国土资源科技管理,2003,20(6):16-19.

❷　封志明,杨艳昭,张晶.中国基于人粮关系的土地资源承载力研究:从分县到全国[J].自然资源学报,2008,23(5):865-875.

❸　蓝丁丁,韦素琼,陈志强.城市土地资源承载力初步研究-以福州市为例[J].沈阳师范大学学报(自然科学版),2007,25(2):252-256.

活动的压力、生产活动的压力和生态环境的压力。小城镇的土地资源承载力由三大部分构成：第一部分是土地资源对生活活动的承载。这个部分主要从生活服务型用地(包括居住用地、公共服务设施用地、道路广场用地、公共绿地)的供给角度,通过分析生活服务型用地的规模和比例,判断生活服务型用地能否满足城镇人口一定生活水平下的需求的问题;第二部分是土地资源对生产活动的承载,这个部分主要从生产型用地(包括农业用地和工业用地)的规模和土地生产效益的角度,通过生产用地的比例和城镇单位面积用地的投入强度和产出效益,分析生产型用地的规模是否合理,土地生产效率是否高的问题;第三部分是土地资源对生态环境的承载,这个部分主要从生态型用地(包括城镇绿地和林地等)对环境的支撑角度,通过生态型用地的规模和覆盖率,分析土地资源对生态环境的支撑能力。该定义是从城市规划的视角出发,较契合总规环评的要求[1]。

[不同城市总规环评报告关于土地资源承载力分析的技术路线]

Z 市总规环评技术路线

① 判断"建设用地需求预测值"是否小于"可供建设用地总量理论值";

② 如果:建设用地需求预测值＜可供建设用地总量理论值;

③ 就得出评价结论:"(土地资源)能够满足未来城乡经济发展和人口增长需求。"

④ 其中:可供建设用地总量理论值＝市域总占地面积－不可建设用地

不可建设用地＝大于25%坡度用地＋地质灾害高易发区＋湿地＋林地＋基本农田。

点评:

① 不可建设用地的统计不全面,有漏项,如:饮用水源一级保护区、地下文物埋藏区、地质遗迹一级保护区、自然保护区核心区等未统计在内。

② 建设用地需求预测值是如何得出交代不清楚,整个土地供需平衡计算较为粗略。

③ 该技术路线并没有贯彻环境可持续发展的理念。如:考虑后代人使用的远景备用地应该占多大比例没有考虑,仅从当前的用地需求出发,所选取的用地指标未必体现集约节约用地的原则。

S 市总规环评技术路线

① 采用情景分析法,设置 3 个情景,每个情景设定不同的总建设用地面积(基于不同的新增用地增长率、剩余可建设用地开发强度)和人口密度。

② 建设用地可承载人口规模＝总建设用地面积/人口密度。

③ 判断是否:总规预测人口规模＜建设用地可承载人口规模。

点评:

其情景一和情景二设定的总建设用地面积远大于规划用地规模,甚至已侵占了生态控制线的禁建区用地,情景设置本身不合理,导致整个分析过程基本没有实际意义,对总规方案没有任何参考价值,整个技术路线未体现土地资源的环境可持续利用目标。

---

❶ 尹杰.城镇化进程中小城镇土地资源承载力评价研究——以中山市东升镇为例[D].上海:同济大学建筑与城市规划学院,2010.

D 市总规环评技术路线

表 3.5   D 市城市发展规划(2003—2020)环境影响评价土地资源承载力分析技术路线

分析要素	分析步骤	评价结论
基于生态主导功能区的中心城市人口规模分析	1. 取优化开发区和重点开发区的土地面积之和 776km² ,作为 D 中心城市建设发展的可利用土地资源量。 2. 依据 GBJ137-90,以 90~105m²/人作为土地人口承载力计算指标,得出 D 市中心城市可承载人口极限值 739 万~861 万人。	《发展规划》提出 2020 年中心城市人口达到 480 万,远期控制规模为 640 万,处于生态主导功能区的可承载人口范围之内。
耕地承载力分析	1. 耕地资源存量:根据 D 市 1990~2003 年耕地变化趋势,采用回归分析计算得出 D 市在不采取耕地保护措施的情况下,2010 年和 2020 年的耕地面积分别为 25.23 万 hm² 、23.43hm² 。 2. 粮食产量和结构 　　1)预测 2010 年和 2020 年 D 市的粮食需求; 　　2)粮食供给:预测 2010 年和 2020 年 D 市粮食总产量和肉类食品供应量; 　　3)供需平衡分析:到 2010 年和 2020 年肉类食品能自给并富余,粮食供给不能保证当地居民粮食需求的自给。	D 市农业产业结构调整,应综合考虑国内跨省、跨市调粮和进口粮食的可能性,对粮食安全问题给予更多的关注。根据粮食供需平衡的评价结果,规划中应强调提高粮食单产和复种指数,按照本地居民的营养结构调整农产品结构和数量,发展优势产业和提高农业产值,保障区域内粮食供给安全。
工业用地供需预测分析	1)工业发展土地需求预测:利用 2003 年 D 市产业用地分区使用现状、分区各行业产值规模,建立 11 维线性方程组模型解析不同产业下的土地利用强度(km²/亿元),乘以三种情境(基准、高端、低端)下的各行业规划产值,汇总得出 2020 年工业土地需求量。 2)计算工业可利用土地面积:根据生态主导功能区划分得出的可利用建设用地总量,按发达国家 10% 和按 GBJ137 取 20% 工业用地比例,计算 2020 年工业可利用土地面积。 3)供需平衡分析:按发达国家标准,无法满足工业用地需求,按国内建设用地标准,可满足规划要求。	规划期内全市土地资源供应从总量上看不会对产业发展形成制约,但是考虑到土地资源分布的空间差异性,局部地区可开发利用土地资源相对有限,特别是中心城市可新增的工业用地量相对不足,将会在一定程度上制约城市发展空间的"西拓北进",影响中心城区产业向外搬迁和转移

点评:

　　① 对于"粮食供给不能保证当地居民粮食需求的自给"的分析结果,在环评结论中没有从是否需要增加耕种用地面积上采取措施,而仅提出了一些非规划的现实解决途径,忽视了这些解决途径本身间接、累积的环境影响。如:过分依赖跨区域调粮,增加物流成本所导致的能耗、物耗、交通尾气和噪声污染等;为提高粮食单产采取追加化肥导致土壤环境恶化、地力下降等不可持续的农业用地模式。

　　② 重点从耕地是否保证粮食供需平衡、工业用地供需平衡分析来考察土地资源承载力,抓住了土地的 2 个主要功能,但相比于居住等其他用地需求和用地类型,分析仍不够全面。

　　③ 同样仅考虑了当代人的需求,远景备用地规模应如何预留没有考虑,导致评价结论趋于乐观,均认为土地供应能充分满足"未来城乡经济发展和人口增长需求"。

2. 指标值选取不一致,评价结论缺乏公信力

　　土地资源承载力分析涉及定量计算,需要对各类指标赋值,如:人口密度、人均粮食占有量、人均建设用地标准等。现有的总规环评报告由于分析计算方法各异,指标值的选取也是由环评机构自我裁定。《城市用地分类与规划建设用地标准》中的指标是主要依据。如:上述 D

市案例,人均建设用地指标是依据 GBJ137—90 选取 $90.1\sim105m^2/$人;人均粮食占有量指标是环评机构参照相关文献取"宽裕型"人均粮食占有量为 400kg/人,"小康型"人均消费粮食为 425kg/人;各工业行业土地利用强度(km^2/亿元)则是通过建立 11 维线性方程组模型解析求得。深圳案例的人口密度指标是通过类比周边区域而选定的。显然,指标取值大小本身就带有一定的价值导向和引导性。有些指标值本身可能就预示着土地的粗放利用模式,规划环评直接采用,显然会引发分析结论的不合理。因此,指标的选取和指标值的大小需要注意强化环境可持续的价值取向,体现土地集约节约利用原则,而不是仅仅借用城市规划行业已有的规划编制技术标准。规划环评行业主管部门需要制定技术规范对土地资源承载力评价技术方法进行适度统一,否则任由环评机构自由裁定将使评价结论缺乏公信力。

3. 评价目标和环评建议未结合总规需求

针对城市总体规划开展土地资源承载力评价,需要结合城市总规的需求,提出的环评建议应对总规成果的形成或调整有直接的指导价值。就土地资源承载力分析实效而言,现有的环评报告尚未体现出规划环评的价值或初衷。整个评价技术路线较为粗略,在如何引导土地可持续利用方面,比现有总规已有的技术方法并无独特或更深入之处,尚未有令人信服的、公认的切合城市总规特点的土地资源承载力分析的技术方法体系。多是总规成果完成后进行的事后评价,对总规已确定的人口规模、用地规模通过土地资源承载力分析,验证其合理性。

土地资源承载力评价与总规中的城市用地适用性评定、空间管制、总用地规模和人口规模预测等规划内容密切相关,所以应汲取已有土地资源承载力分析专项研究成果中对总规编制有价值的要素和精华,将其整合到总规现有的编制流程中,建立适合城市总规的用地供需平衡分析技术框架。土地资源承载力不再作为一项孤立的工作完成。

目前,城市规划编制理念正逐步从"以需定供"向"以供定需"转变,土地作为城市发展的限制性资源要素,需在城市总规编制之初即开展土地资源承载力的论证工作。应该设计适合总规需求的早期介入型的土地资源承载力分析框架。

3.4.4.2　水资源承载力分析

水资源是制约城市发展的重要因素,因此,水资源承载力分析历来被规划设计人员列为各城市(尤其针对缺水型城市)总体规划专题研究内容之一。规划环评工作开展之后,水资源承载力分析也被列为城市总体规划环境影响评价的必备内容,在环评报告中列出专门章节进行分析论证。解读已有的总规环评报告,水资源承载力分析与土地资源承载力分析一样,存在评价技术路线和参数指标选取不统一、较为随机等共性问题,此外其还存在下述问题。

[石狮市城市总体规划水资源承载力分析案例❶]

重庆市规划设计研究院黄国玎等在 2004 年 8 月石狮市城市总体规划的总规纲要编制阶段,"项目组与市政府以及相关部门主要领导座谈、调研时,曾有意见提出,至 2020 年,拟将石狮市城市规模确定为 100 万(包括流动人口)人左右的大城市。但是,根据项目组收集的水文

────────────

❶　黄国玎.水资源承载力理论在城市总体规划中的实际应用——以石狮市城市总体规划为例[J].科技资讯.2009,(28):134.

资料发现,石狮是一个水资源非常贫乏的地区,其生活、生产水源通过《泉州晋江下游水量分配方案(泉州市水电局 1995 年)》均由与其接壤的晋江市提供,而随着社会经济发展,晋江市对水资源的需求也将大量增加,对于将来可提供石狮的水资源能否支撑其百万人口大城市的规模,尚有待论证"。据此,黄国玎提出,对于石狮市人口规划发展规模以多大为宜,应通过对其水资源承载力的分析合理确定,这一观点提出后得到与会领导和相关部门的认同。在随后的项目工作开展中,即与石狮市水务处技术人员一道共同合作完成了《石狮市水资源可持续利用研究》专题研究报告,并作为附件纳入《石狮市城市总体规划(2004—2020)纲要》,"期望"成为最终确定石狮市远期人口规模的主要依据之一。然而,针对总需水量预测中存在的缺口,黄国玎等在对规划方案提出的最终调整意见中却并未包括对"100 万(包括流动人口)人左右的大城市"的城市规模进行调整。可见,规划设计人员以水资源承载力定人口规模的美好初衷和技术理性思维模式并没有得到其委托方的支持和采纳,行政干预依然左右着城市规模的确定。类似《石狮市水资源可持续利用研究》的专题研究报告仅成为标榜总体规划编制科学性的一个"饰件",由于尚无法规或技术规范强制要求,水资源承载力分析结论难以真正对一个城市的发展起到刚性制约作用。

[天津滨海新区的崛起——典型缺水城市发展未受水资源承载力制约的案例]

赵仲龙[1]对天津的水资源现状作了以下描述:

海河有大小 300 条支流,但是,由于水质横遭污染和水量过度开采,以致"无河不臭,无流不干"。华北地区 600 亿 m^3 不可补给的深层地下水资源,已经采空了一半以上,形成超过 4 万 km^2 的地下水"漏斗区",造成地面沉降,建筑物开裂、倾斜,海水入侵。因为海水倒灌,水味苦咸涩嘴,难以下咽。由于在海河上游不停地大兴水利,修建水库,在天津入海的海河水量不再丰沛;北京严重缺水的局面,迫使官厅、密云两座水库不再向天津供水,更似雪上加霜。

20 世纪 70 年代末和 20 世纪 80 年代初,海河流域持续干旱,河流断绝,水库干涸,水源奇缺。天津出现严重水荒,几百万天津人饱受缺水煎熬,工业生产遇到很大难题。在危急之中,"引滦入津"工程紧急上马。当滦河水在 1983 年 9 月流到天津后,800 万天津人终于结束了喝咸水的历史。引滦入津 10 多年来,100 多亿 m^3 的滦河水流进这座工业重镇,保证了天津经济实现快速增长。但是,引水工程把清水都引走了,导致滦河下游水质严重恶化,给下游和河口的生态造成严重影响。滦河流域的破坏,加上遇到连续旱灾,现在竟然无水可引。2003 年和2004 年,为满足天津城市用水需求,国务院决定实施"引黄济津"应急调水。自黄河下游山东聊城市位山闸引水,经位山三干渠至临清立交穿卫枢纽,进入河北省境内的临清渠、清凉江,经清南连接渠入南运河,至天津九宣闸,一条线由南运河进入天津市区,另一条线经马厂减河进入北大港水库。现在,天津人只有寄希望于从黄河引水,以救燃眉之急了。本来已经瘦身的黄河,不远万里之遥,滚滚北上,调水救助天津和北京。

尽管如此,随着十六届五中全会将天津滨海新区(以下简称新区)正式纳入国家"十一五"规划及 2008 年 3 月国务院批复《天津滨海新区综合配套改革试验总体方案》,天津无疑已迎来了新一轮发展的高潮,天津滨海新区的开发开放被作为国家发展战略大力推进。投资 600 亿

❶ 赵仲龙.生存还是毁灭——大自然的警示[M].北京:北京出版社,2006.

元的中国目前最大的填海造陆工程滨海新区的天津港等大手笔的工程项目比比皆是。显然，天津滨海新区的开发开放是目前国内城市发展极大突破水资源承载力的典型案例。《制约滨海新区经济发展的因素分析》指出：滨海新区的自然资源主要集中在石油、天然气、盐、地热，而其他资源匮乏，其中最主要的是淡水资源和电力资源严重不足。随着天津工业东移，预计滨海新区今后每天将需要数以百万吨计的工业和生活用水。然而，天津市人均水资源拥有量仅为 $160m^3$，为全国人均占有水资源量的 1/15，滨海新区的人均拥有量还要低于整个天津市的平均水平，是重度缺水地区。目前，新区的城市生活和工业用水主要靠外调的滦河水和黄河水，但外调水的供给能力已经达到了极限，水资源的缺乏已经影响了城市的生存和发展。对于天津滨海新区的供水来源虽然还可考虑海水淡化和再生水利用等途径，但跨流域调水仍然是其主要的可靠供水水源。

1. 评价结论并未对城市发展规模起到先发制约作用

汪光焘在《中国城市发展报告 2006》[1]中指出，未来城市发展必须根据资源环境和生态环境的承载力来制定计划，城市规划要改变过去仅从城市发展需要考虑资源配置的做法。制定规划的时候要对土地资源、水资源、能源等基本要素进行综合分析，研究合理的城市人口和城市规模。

重庆市规划设计研究院黄国玎[2]撰文指出："通过对水资源承载力的全面分析，通过水资源承载力量化指标、城市规划与水资源规划和管理之间的协调关系，改革城市规划程序，并将分析、量化后的结果作为限制因素，介入对城市发展规模的干预，为合理确定城市发展规模和产业结构调整发展目标提供主要依据，为避免城市发展受行政干预而盲目扩大规模起到重要作用。"

可见，在城市总体规划编制前期需对水资源承载力进行评价在规划设计业界已达成广泛共识。然而，回顾已完成的规划编制成果（如上述石狮总规案例）或城市总规环评报告，考察当前国内若干典型缺水城市的发展现实（如上述天津案例），却可以得出以下事实：尽管技术人员花费了很多精力收集相关资料数据，进行水资源供需平衡的论证分析，对当地水资源开发利用存在的问题及对策进行了探讨，但最终的水资源承载力的分析研究结论并未对规划方案的形成或调整有任何反馈或制约，人口规模、用地规模、产业规模等按照水资源承载力进行调整的实例少之又少。"水资源承载力对城市发展规模起到刚性限制作用"目前仍是难以实现的良好愿望。

早年，北京市曾经不顾水资源的限制，兴建了许多大耗水企业，造成工业用水争夺生活用水的紧张局面，不得不回过头来限制某些大耗水产业的发展，可视为无视水资源承载力盲目发展的典型反面案例。

2. 总规环评中"就水论水"的水资源承载力分析指导思想亟需转换

水资源承载力分析在不同的场合有不同的用途。在城市总体规划环境影响评价工作中进行水资源承载力分析的主要目的应是对规划方案形成和方案比选提供依据，对规划方案的形

❶ 戴逢.中国城市发展报告 2006[M].北京：中国城市出版社,2007.
❷ 黄国玎.水资源承载力理论在城市总体规划中的实际应用——以石狮市城市总体规划为例[J].科技资讯.2009,(28)：134.

成和调整起到指导作用。然而分析已有的城市总规环评报告,其评价结论对规划方案的触动较少,更多的是就水资源论水资源,仍按照"开源节流"的传统思维进行单一的水资源供需平衡分析,环评报告提出的解决水资源制约的途径仍限于:节约用水;境外引水、雨洪利用;污水再生利用和海水利用等。降低规划确定的经济增长速度、减少规划人口规模、取消耗水量大的规划主导产业,或者限制耗水量大的规划行业发展规模等与规划核心内容直接相关的降低水资源需求的规划调整方案并未在环评报告中明确提出来,这显然有悖规划环评的初衷。

以《D市总规环评》为例,其在进行水资源承载力分析时,就没有把对规划方案的调整或制约作为评价工作的目标。其在环评报告中表述的水资源承载力评价分析的核心目的是:依据不同水平年的需水量预测和可供水量分析结果,分析在不同来水条件下,可利用水资源量与水资源需求总量的关系,评价D市水资源供需平衡的可靠性、合理性,在此基础上提出调整水资源配置、节约用水等方面的建议。因此,其环评结论更多的是对节水指标进行刚性要求。"保证水资源能够支撑规划年人口规模"及为"石油化工和机械制造等规划重点发展行业"提供水资源保障甚至成了该环评报告进行水资源承载力分析的潜在目标。其报告原文中提到:"由于现状中心城市已经达到较高水平,要保证水资源能够支撑规划年人口规模,应在保证城市生活水平不断提高的条件下,控制生活用水定额",却没有提出是否要限制人口规模。

以《S市总规环评》为例,其采用情景分析法得出:在2020年,不同情景下水资源供给能力均有相当大的缺口,其中情景一的水资源缺口太大无法实现供需平衡(总需水量105.94亿 m^3,可供水资源量22.3亿～26.4亿 m^3);情景三中虽然2020年资源供给能力缺口较小,但仍达2.38亿 m^3。环评报告的结论是:由此,S市未来发展过程中,必须进一步控制城市水资源需求,提高水资源供给能力。其提出的解决水资源制约的途径包括:节约用水;提高水资源供给能力,主要措施包括境外引水、雨洪利用,污水再生利用和海水利用。因此,S市总规环评报告仍是"就水论水",虽然S市总规环评与总规编制同期开展,但并没有根据水资源承载力分析结论提出调整规划方案的相关内容,如限制某些产业的发展或降低人口规模和用地规模等。由此,规划环评中的水资源承载力分析指导思想亟需转换,需要增强水资源承载力分析结论对规划方案的刚性约束作用。

3. 可供水量是否应该包括境外调水值得商榷

纵观已有的水资源承载力论证过程,在统计可供水量时,均堂而皇之地将境外调水列为可供水资源量。如此一来,大部分城市都能实现水资源的供需平衡,就此得出水资源承载力有保证的结论。在城市总规中进行水资源承载力分析是为了充分贯彻环境可持续发展目标,所以,统计的可供水量应该是用环境可持续手段供应的水。境外调水由于本身的环境不可持续性,是否作为可供水量纳入承载力分析中进行水资源供需平衡计算是值得商榷的。如果将其不加区别地全部纳入可供水量范围,那么水资源承载力分析将失去意义。

4. 未结合总规相关规划要素进行整体考虑

水资源承载力不是一个孤立的体系,在城市总规中,给水工程系统规划、排水工程系统规划、防洪排涝规划是与水资源承载力直接相关的规划内容。在没有人类干扰的条件下,水自身经历周而复始的自然循环过程。在城市总规的规划范围内,即城市化区域,水的循环过程被人为改造,不同规划方案的实施则意味着不同的人工水循环过程。除了给排水、防洪排涝规划与水循环直接相关外,土地利用规划、交通规划等均对水的循环过程产生重要影响,其影响长期积累,最终会导致规划范围内的水资源供需平衡发生改变。规划环评应以水自身的循环为线索和研究基点,关注城市总规的各项规划要素实施后对自然水循环的干扰,分析其作用机理和后果,预测规划实施对水循环带来的是正效应和负效应,倡导可持续、环境友好的水循环模式。脱离城市总规的核心规划内容就水资源承载力论水资源承载力,既容易导致片面的结论,也对总规方案的形成毫无指导意义。

显然,水资源承载力分析要发挥实效,除了本身技术方法的改进,适度统一评价技术路线和指标值的选取,使评价本身更为科学合理之外,更取决于外部政治、经济环境的改变,决策者价值取向的调整,以及制度法规的保障。否则,水资源承载力分析的评价结论试图对城市发展规模起到刚性制约作用始终是奢谈。水资源承载力分析应该在规划编制之初就进行,作为制定城市发展战略和确定城市规模的依据。但是在当前的事后式环评模式下,规划环评机构是在规划成果基本定稿后再开展评价工作,水资源承载力分析评价结论无法对规划方案的形成起到指导作用。

3.4.4.3　能源承载力分析

从能源(消耗)的视角对城市总体规划方案进行全面审视,是在近年能源危机、能源消耗引发大气污染日益严重、全球气候变化等背景下,逐步被城市规划界关注的[1]。原先城市总规中的电力工程系统规划、燃气工程系统规划、供热工程系统规划仅仅是从尽量满足城市经济社会发展需求的角度出发,根据负荷预测结果,分别进行工程点设施和管线设施的配置。并没有在城市能源结构合理性分析前提下,对各类能源设施规划方案进行比选,较少考虑拟采用的能源系统和能源结构比例是否符合环境可持续性目标;也较少对实际与能源消耗密切相关的城市形态、用地布局、土地使用强度、交通模式等城市规划的核心内容,从降低能源消耗的角度进行方案优化[2]。"十一五"国家科技支撑计划课题:城镇化生态承载力评价预警体系关键技术研究(2006BAJ11B04)开展了子课题"基于小城镇土地利用分类的能耗估算方法研究",试图建立能源消耗的定量统计与小城镇土地利用研究之间的技术接口,通过对土地利用的调查研究而直接、快速、有效获取小城镇镇域内总能耗及分类能耗的定量信息。该研究提出了"地均能耗"概念,以能耗空间分布图直观地反映城市能源消耗状况[3]。该研究可在建立城市土地利用与能源消耗的直观关系基础上,进一步拓展研究城市能源消耗的机理,为规划决策提供定量依据。

---

　　[1]　我国国家能源委员会直至 2010 年才成立,这之前能源战略管理长期缺失,只有低级别、分散的能源管理,缺乏集中、统一、协调、高级别的能源管理机构。能源勘探、能源技术、能源基础设施、能源安全等缺乏集中统一的协调和管理,特别是缺少长远战略和规划管理。尽管我国并非完全缺失相关的能源安全政策和措施,比如,我国已经提出了"能源供应多元化"、"充分利用国内外两种资源和两个市场",已出台《能源中长期发展规划纲要草案(2004—2020)》等,但从具体操作层面看,这些政策仅是纲要性的指导原则和行动方针,大多缺乏政策目标的量化指标。参见:张茉楠.中国大能源管理体系呼之欲出[J].环境经济.2010,(03):64.

　　[2]　直到近年,城市工程系统规划界才"猛然"意识到电力、供热、燃气均同属于能源系统,有必要进行统筹考虑。但如何从优化能源结构的角度对各类设施进行不同比例规模的配置、对各类可再生新能源应该采取怎样的利用策略仍考虑不足。

　　[3]　乔路.基于小城镇土地利用分类的能耗估算方法研究——以中山市东升镇为例[D].上海:同济大学建筑与城市规划学院,2010.

虽然近年已开展的城市总规环评工作中意识到进行能源供需平衡或能源承载力分析的重要意义,也列为总规环评的必要内容,但能源承载力分析的技术方法仍不成熟,评价宗旨尚不明确。

1. 对总规方案形成或调整的指导、约束作用弱

由于目前城市各类能源消耗和能源供给的基础数据并不是很详尽、全面,尤其对于基础数据缺失的中小城市或定量分析能力较弱的环评机构,试图通过定量预测的结果就"能源对城市发展的支撑能力"得到一个"是"或者"否"的简单结论,难度较大,可信度也很低。在城市总规阶段进行能源承载力分析,要突出评价结论或建议对总规方案形成或初步成果调整的指导作用。总规环评时,不仅仅进行能源供需平衡分析,还应把分析的重点放在剖析总规核心规划内容与能源消耗的关系上,通过对规划方案的优化,降低由于规划方案不合理导致的直接或间接的额外能耗。即环评的目标是试图"优化"总规成果,而不是仅仅被动地评价已形成的总规成果是否有足够的能源保障其实施。

开展能源承载力分析可收集居住、商业、工业、农业和其他土地利用类型的历年的能源消耗数据,预测规划年的能源需求;收集历年的机动车拥有量和车行公里数,预测规划年的机动车拥有量和车行公里数;分析历年所耗能源的供给来源、供给地、供给量,规划范围内自我供给的比例及数量,判断规划范围是属于能源输出为主还是能源进口为主的城市[1]。分析现有的和潜在的可利用能源类型,尤其是可再生新能源的使用潜力,如:风能、太阳能、水电、地热、生物能等。预测分析各种能源在所规划城市自然、地理环境条件下利用的全生命周期环境影响,提出因地制宜、环境可行的规划能源结构。在上述全面收集各类数据信息的基础上,进行能源供需平衡分析。分析结论不仅是回答能源供应是否安全,还应提出对未来规划发展的制约条件,如:应限制哪些高耗能产业发展、应如何限制城市人口规模或用地规模等。尤其对于能源净进口比重较大的规划城市,要加强节能(Energy Conservation)、提高能源利用效率(Energy Efficiency)的规划政策措施,对城市各项事业发展有具体的限制要求。

2. 未结合城市总规的能源工程系统规划

能源承载力分析评价的依据和评价建议与城市总规中的能源工程系统规划应该息息相关,是互为依存的关系。但目前已完成的部分总规环评报告没有结合总规的能源工程系统规划内容进行分析,如:大连总规环评报告中的"能源需求预测"中,只字未提及电力、燃气、供热工程系统规划内容(详见下述"大连总规环评'能源需求预测'"案例)。有的虽然较好结合了能源工程系统的现状和规划,但未对能源供应方式的环境可持续性进行分析(如:下述"郑州总规环评'能源承载力分析'"案例)。即在规划环境影响评价中进行能源承载力分析,不仅仅考虑能源供应的安全可靠性,还要对能源供应和消费全过程的环境影响进行全面分析预测,否则将会偏离环评的宗旨。另外,即使以现有条件认为,某城市能源供应安全有保障,仍需论证规划范围内采用可再生新能源的技术、经济、环境可行性。

3. 未进行总规方案形成过程中的全面能源"审计"

进行城市总体规划方案形成过程中的全面能源"审计",是从降低能源消耗的角度对城市总体规划各关键规划要素的规划方案进行评价,并提出方案优化和调整建议。可以从分析所规划城市

---

[1] governor's office of planning and research. state of california General Plan Guidelines 2003[S]:112-115.

的能源消耗现状着手,首先收集各终端能源消耗部门能源消耗现状,包括:能源消耗总量、能源消耗结构、能源利用效率。分析各部分耗能哪些可以通过合理的城市总体规划予以避免或降低。

以总规的核心规划内容用地布局规划为例,用地布局与能源消耗的关系体现在:合理的用地布局可以有效降低交通需求,从而降低机动车出行所消耗的能源;合理的用地布局可减小城市热岛效应,从而减少建筑空调能耗;另外用地布局方案不同,给水管网系统、排水管网系统等市政公用设施系统的管线布局也有很大差异,从而影响给水泵站提升和污水泵站提升的运营能耗。其中,通过用地布局优化降低交通能耗的节能潜力巨大。近年,随着对机动车出行的依赖程度加大,交通能耗占城市总能耗的比重不断攀升。如:大连市 2003 年占到 30% 左右❶,美国加州在 2000 年占到 46% 左右❷。

又以市政公用设施规划方案为例,电力、燃气、自来水的生产和供应以及污水、雨水的收集处置过程也将消耗大量的电能。因此,可从降低能耗的角度对市政公用设施系统方案,尤其是市政管线的布局进行优化。如:合理布置管道走向,减少自来水、污水、雨水的泵站提升规模,从而降低泵站日常运行的能耗。

[不同城市总规环评报告关于能源承载力分析的技术路线]

D 市总规环评"能源需求预测"

其"能源需求预测"分为 3 个步骤:①首先进行规划基准年 2003 年能源利用现状评价,对其现状的能源结构、能源效率、能源消费弹性系数(能源消费量年平均增长速度/国民经济年平均增长速度)与国内外城市进行比较分析,明确 D 市所处的水平。②然后依据发展规划以及规划环评对产业结构发展情景的分析结果,选取国内生产总值 GDP、各产业产值占国内生产总值比例、第二产业中各行业产值比重和总人口数为预测参数。参考当期中央提出的能源战略和节能目标以及 D 市能源发展规划确定预测期内 D 市各部门能源利用效率,对 D 市 2010年和 2020 年的能源消费情况进行预测。其中能源消耗按第一、二、三产业,交通与民用 5 个部门分别进行预测。第一、二、三产业的能源消耗强度以"万元 GDP 能源消耗量(t 标准煤/万元GDP)",交通部门的能源消耗强度选用"各种交通形式单位周转量的能源消耗量(t 标准煤/万t.km)",民用部门以"人均民用耗能"(民用耗能总量与当年总人口比值)"为指标。③进行能源供给安全性分析。主要以煤炭供给为例,对 D 市的 5 个主要煤炭供给地的煤炭基础储量进行分析后认为:"D 市到 2020 年的煤炭需求是能够得到安全供给的,从此角度(认为)无须对能源规划或产业规划进行调整"。规划环评报告认为,"D 市的石油和天然气能源需求能否安全供应取决于国家能源战略规划、国际市场格局……难以给予定量分析和结论。"

点评:

虽然技术路线逻辑较为合理,但整个供需平衡分析过于宏观、预测模型过于粗略。整个分析基本超脱于所评价的"发展规划"(仅总人口数、产业结构等少数参数源于"发展规划"),众多参数、指标是由评价单位自我选取的。如果换一家评价机构,即使采用同样的技术路线,但参数选取不同,可能评价结论就截然相反。其从煤炭供应的角度认为产业规划无须调整,这样的

---

❶　陈吉宁.大连市城市发展规划(2003—2020)环境影响评价[M].北京:中国环境科学出版社出版,2008:117.

❷　California Energy Commission. California Energy Demand 2000-2010[R], June 2000.

分析结论显然不够全面。其定性分析指出 D 市的"天然气供给气源单一、供给安全水平较低",却未给出评价建议。可再生新能源在 D 市应用的环境可行性分析缺失。其评价过程中,未结合总规中的能源工程系统规划的内容,如:电力工程系统规划、燃气工程系统规划、供热工程系统规划等。

Z 市总规环评"能源承载力分析"

Z 市总规环评在"能源承载力"分析中,结合各类能源工程系统的现状和规划设施,分类论述了煤炭、电力、成品油、燃气 4 种能源的:①开发利用现状;②消费、供应存在的问题;③需求预测;④供应预测。最后的评价结论是:"随着各项大型区域能源基础设施的建设、能源综合利用的发展、以及产业结构调整和节能水平的提高,全市煤、电、油、气等能源的支撑能力将大幅提高,可以保障城市经济建设的持续发展。"

点评:

其较好地结合了能源工程系统规划的内容对能源供需平衡进行分析。Z 市处于能源供应中枢位置,本身具有能源使用的区位优势。因此,对 Z 市而言,能源供给安全性比较有保障。环评应该增加论述,区域性能源基础设施供应本身的环境可行性。如:由于能源使用导致大气污染,应从 Z 市大气环境容量的角度,考虑是否需要对能源需求进行抑制。而且能源跨区域长距离转输本身是高能耗的,同时兼顾能源利用的地区间平衡和代际平衡,从上述角度而言,需要对能源需求进行适度抑制。

Z 市总规环评的"能源供需分析"

Z 市总规环评的"能源供需分析",设置了 3 个情景。其能源供应量引用了总规专题研究报告《Z 市能源战略研究报告》中 2010 年和 2020 年 Z 市可供应能源总量数值。其主要是对工业各行业万元工业增加值标煤消耗量进行了不同情景下的取值,主要对工业行业耗能进行预测。

点评:

由于数据收集和积累有限,基础数据依据不足,能源供需分析不够客观、全面。而 Z 市总规编制过程中已开展了关于能源战略的专题研究,在此条件下,总规环评应该把环境可持续发展的原则结合进能源专题研究的论证过程中。否则,专题研究得出的结论"可供应能源总量数值"本身可能是一种环境不可持续的能源供应方式下得出的数据。另外,其情景一表明"能源供应量远远不能满足需求量,能源供需状况将出现不平衡",情景二表明"情景二下能源需求旺盛,但由于 Z 市能源供应外部依赖性强,能源供给环境不乐观,能源供应面临考验"。但环评报告中没有就此进一步得出针对城市总规方案进行优化、调整的评价建议。而且其设置的 3 个情景并没有结合或对应城市总规编制过程中的不同规划方案。所以不同情景预测的结论并不能对规划方案的比选直接起到指导作用。Z 市作为能源输入城市,能源应该是该城市发展的重要制约因素。但无论是总规关于能源战略的专题研究结论还是规划环评结论并没有体现对总规方案的约束力。Z 市案例表明,试图通过能源承载力分析对城市发展规模起到刚性制约作用尚无现实可操作的路径。

3.4.5 规划环境影响综合评价

3.4.5.1 直接对规划文本各项内容进行评价，针对性强

这部分内容是按照规划文本内容逐一进行评价(表 3.6)。当规划设计人员翻阅规划环评报告时，一般更有兴趣首先翻看这部分内容。由于是对规划文本内容进行评价，直接针对性强。其中提出的一些好的观点更易于被规划设计人员理解、吸收。

如：大连总规环评中，在"8.1 城市发展战略目标评价"，指出了"(总规)不同城市功能定位之间存在着潜在的环境冲突"、"港口码头、石化产业基地可能会对局部地区环境产生威胁，进而影响到金融、商贸、旅游等其他城市功能定位的实现"、"城市定位中没有确立环境保护的战略地位和发展目标……建议在城市功能定位中明确提出大连市建成'环境优美的生态宜居城市'"。在"8.4 空间布局评价"中指出："石化产业空间布局相对分散，大大增加了环境风险控制的难度"、"石化产业临海临港布局将显著加大环境风险事故的生态影响"、"大孤山半岛石化项目过度集中，布局性环境风险突出"等问题并提出了规划调整建议。

表 3.6　　　　　城市总规环评报告"规划环境影响综合评价"章节内容

大连	深圳	郑州
第八章　规划环境影响的综合评价 8.1 城市发展战略目标评价 8.2 发展规模评价 8.3 产业结构评价 8.4 空间布局评价 8.5 交通系统规划评价 8.6 市政公用设施规划评价	第六章　规划环境影响分析与评价 6.1 城市功能定位与发展方向的环境影响分析 6.2 城市发展规模环境影响预测与分析 6.3 城市空间布局的环境影响分析 6.4 产业发展规划环境影响分析 6.5 综合交通规划环境影响评价 6.6 海岸线利用规划环境影响评价 6.7 市政基础设施规划环境影响分析	第七章规划布局环境合理性分析 7.1 规划布局与环境影响相关要素 7.2 总体规划布局相关要素简介 7.3 规划布局发展方向分析与评价(区域生态格局、水系、增长) 7.4 规划空间结构环境合理性分析(自然条件——环境敏感区域) 7.5 用地布局环境合理性分析(设施分布、废物产生) 7.6 工业园布局环境合理性分析 7.7 布局合理性总结与评价 第八章规划产业选择的环境合理性 8.1 规划产业的发展内容 8.2 规划产业分析 8.3 规划产业选择环境合理性分析 8.4 产业发展指导建议

3.4.5.2 宜增加篇幅，深化、强化这部分内容

目前，规划环评报告逐步形成两条逻辑主线，一条是按照资源、环境要素展开，一条是按照规划内容要素展开，如同经线和纬线。而规划环评的难点和重点就在于找到两者的结合点，将经线和纬线互为依托、合理穿插成一幅严密无缝的"布"。

解读已完成的总规环评报告，从篇幅上看，目前是经线(按环境要素展开分析)过多，纬线(按规划要素展开分析)不足，结点不牢(两者如何结合的技术支撑不足)。与之相比，前述美国

加州若干城市总规环评报告的编制技术框架值得国内借鉴,其环评报告主体部分的章节与规划成果的章节是一一对应的,注重"咬文嚼字"对规划文本逐条款进行分析,调整建议直接是对某条款文字的具体修改结果。国内按规划要素展开分析仅占到1~2章篇幅,未来这条主线应进一步深化、扩充,其中的每一小节都应独立成章。并增强与按环境要素分析内容的结合。

3.4.5.3　未与各规划内容的形成过程相结合

解读各个城市总规环评报告的"规划环境影响综合评价"章节,规划环评机构对规划文本的各部分内容提出了诸多中肯、客观、科学的分析评价。尤其是由当地环境科研院所完成的总规环评报告,由于环科院所在日常工作中还同时承担了所规划城市大量的环境科研任务或环境专项规划任务,对所规划城市的环境问题和环境敏感保护目标有全面、深入的认识。如:福州市环科院在《福州市城市总体规划(2010—2020)环境影响评价》报告中专门对福州市中心城区及周边环境敏感目标分布以图、表形式进行了全面梳理,并在"规划环境影响综合评价"相关章节中指出了规划方案在用地布局方面存在的诸多问题,如在"7.2.3 土地规模扩张的环境影响"中指出:规划建设用地占用了闽江干流荆溪河段、大樟溪口、淘江口、南台岛东南角螺洲—乌山一带的滨江水域,面积约达 $6 \sim 7 km^2$,将导致上述闽江河道水域面积缩小和江滨带湿地功能丧失,同时对行洪、泄洪产生影响。在"7.3.2.2 土地空间管制生态适宜性评价和调整建议"中指出:南台岛怀安头在规划中列为适建区,并作为房地产开发用地,而该区域是福州市大气环境一级保护区,名木古树众多,且控制着南北港分流比,开发利用直接影响西北区水源地安全。但该总规环评工作启动前 5 个月,设计院已基本完成总规成果编制。显然,由于介入时机滞后,未与规划过程和规划程序紧密结合,不论规划环评报告分析得再透彻、全面,报告中有再多有价值的环评分析信息,这些信息也难以在最佳时机传递到规划设计机构,令规划环评实效大打折扣。

3.4.6　调整建议和减缓措施

1. 对规划决策过程直接针对性强

在各规划环评报告的最后章节,都有规划调整建议和减缓措施等相关内容,这部分内容是整个规划环评报告的"精华",是规划环评工作的主要成果的体现,是体现规划环评价值的重要章节。已完成的总规环评报告在这部分内容中,或多或少能提供一些值得采纳的建议。

2. 后期介入令调整建议难以采纳

目前,规划环评对城市总规的调整建议是针对基本定稿的规划成果,由规划环评人员在未与规划设计人员交流反馈的情形下,单方面"一股脑"抛出的环评建议。由于缺乏过程反馈,"调整建议"和"减缓措施"的逻辑关系难以理清。本论文定义的"减缓措施"是指:当即使采纳了各类规划环评前置建议(规划方案出来前提出)或调整建议后(规划方案出来后提出),最终仍无法消除各类不同程度的环境影响,针对这些影响所采取的补救措施称为规划环评的减缓措施。如:在总规用地适用性评定阶段,规划环评提出某水体应保留为非建设用地,但规划设计方和规划决策机构,出于其他方面的考虑,规划将该水体填没,规划为建设用地。针对水体拟填没这样的规划结果,规划环评人员提出各类"减缓措施",如:拓宽其他水体,不降低总水面率;调整周边其他用地作为行洪通道等。即减缓措施是在规划决策者对环评建议反馈后,针对仍无法消除的不利环境影响提出的。有些减缓措施是通过规划部门采取城市规划手段得以实施,而有些可能涉及其他实施主体的其他实施手段。缺乏规划过程反馈的环评建议和减缓措施的逻辑关系很难理顺。已有的环评报告中,这部分内容撰写的思路和技术路线均不清晰。因此,环评建议和减缓措施应该与规划过程结合,分阶段提出(图 3.3),并有是否被采纳的反馈。

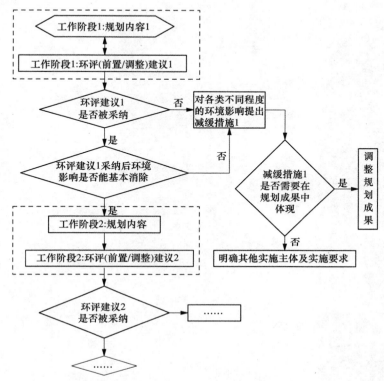

图 3.3 分阶段环评建议和减缓措施关系示意图

规划成果基本定稿时,由于已经经历了多轮反复论证,"一股脑"最终一次性抛出的环评建议,即使再合理,由于采纳环评建议意味着以往的总规方案论证工作将被推倒重来,这是规划组织编制机关不希望的,于是后期介入令规划环评调整建议往往难以采纳。

另外,这部分内容还存在以下问题:部分减缓措施实施主体不明;调整建议是否采纳从公开程序无从知晓;调整建议未直接针对具体规划文本相应条款。

第4章
互动式城市总规环评模式

4.1 互动式城市总规环评模式的必要性和可行性

4.1.1 概念界定

    "互动式城市总规环评模式",全称"互动式城市总体规划环境影响评价模式",是在对现阶段常规城市总规编制流程进行梳理的前提下,为实现经济、社会发展和环境可持续性目标,识别规划缺陷可能引发的资源、环境、生态问题,对城市总规编制流程加以改造和优化。通过对总规关键规划要素、规划过程和规划方法等进行全面剖析,识别环评互动节点,设计环评互动内容,建立环评和规划之间"输入"和"输出"的接口关系,把环评工作整合、融入经过优化的总规编制流程。通过规划人员和环评人员充分互动、有效沟通等手段,保障环境可持续性目标落实在城市总规成果之中,提高规划环评的效率和效力。其中,总规各关键规划要素的环评互动节点的选择,是以解决国内现阶段突出城市环境问题为导向,在对总规核心价值和现实意义进行充分把握的基础上提出。规划环评与规划过程的互动模式如图4.1所示。

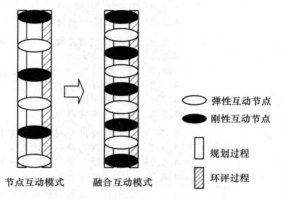

图 4.1　互动式城市总规环评模式图

注:节点互动、融合互动;刚性互动节点、弹性互动节点定义详见4.2.2节。

资料来源:作者自绘。

    与分离式城市总规环评模式比较,互动式城市总规环评模式在以下方面有显著不同:

    评价目标:不仅仅是给规划成果"打分",更关注于引导总规"怎样得高分"的控制过程。

    互动式总规环评模式下,基于"只有正确的输入,才有正确的输出",关注对规划过程进行动态控制,审视常规总规编制过程中的缺陷,如:有哪些更合理的替代方案、关键规划要素是否处理得当、哪些重要分项规划工作缺失、哪些分项规划工作输入的条件不充分而导致分项规划工作成果不完整或失真、各分项规划工作之间的前后逻辑关系是否合理,等等。

    评价时机:规划环评贯穿于总规的前期研究、纲要、成果、成果审查和审批、实施阶段。规划环评与总规编制过程同步,依据共同制定的同步"工作计划",从前期调研、资料收集阶段开始,互动、协作地开展工作。

　　在总规的前期研究阶段❶,虽然还未形成任何规划方案,但开展对上一轮规划的实施评估工作时,即可引入专业环评机构系统深入地同步开展上一轮规划的回顾性环境影响评价,作为启动新一轮总规编制的工作基础。目前,住房和城乡建设部已于 2009 年 4 月 17 日发布了《城市总体规划实施评估办法(试行)》,开始制度化落实总规实施评估工作。其中提到"城市人民政府应当组织相关部门,为评估工作的开展提供必要的技术和信息支持。各相关部门应当结合本行业实施城市总体规划的情况,提出评估意见"。应进一步将该评估制度和规划环评制度衔接,在制度上进一步明确和细化城市总规实施评估工作中如何同步启动规划环境影响跟踪评价工作。

　　在总规资料收集、调研和踏勘阶段,虽然仍未形成任何规划方案,规划环评仍可同步开展所规划城市的环境现状和相关的社会、经济调研工作,对环境现状进行调查和评价,其现状分析和评价结论可用于指导总规方案的形成。即环评工作的开展并非"要有规划草案作为评价对象,至少也要有规划的初步方案"❷后才能启动。

　　评价对象:面向规划全过程的评价。环评人员可以随时了解总规编制流程的全部中间成果、阶段成果、最终成果;总规编制人员也随时掌握环评的进展情况;规划和环评过程相互完全开放,环评人员参与到规划各阶段成果的形成过程,会为规划的各系统多方案比较提供环评意见和规划依据。

　　规划人员和环评人员交流情况:规划人员和环评人员既相互独立,各司其职,又充分协作,有面对面的交流;各轮正式和非正式的方案汇报会、规划或环评评审会将根据需要,双方互派人员参加,以保障信息完全畅通,有效保障规划环评与决策过程的衔接与互动。

　　环评人员和规划人员有交流和沟通并不意味着规划环评就一定会丧失客观、公正和独立性。如同已广泛开展的 ISO9000 质量管理体系认证制度,作为第三方审核机构的外审员会到被审核企业与其员工进行面对面的沟通和培训,向企业核心成员宣贯质量管理的理念和程序,协助其建立质量管理体系。第三方机构与被评价或审核对象进行必要的工作沟通和面对面交流并不意味着会丧失评价的独立性。规划环评是否能客观、公正、独立地完成是通过完善规划环评相关制度来约束。环评人员和规划人员"背对背"、分离式地开展规划或环评工作在国内现阶段是弊大于利(详见"4.1.2 互动式的必要性")。

　　工作整合情况:规划人员和环评人员围绕着同一个规划项目,工作分工和接口关系明确、同步安排规划和环评工作,共同开展资料收集和部门访谈工作,共同进行问卷调查等公众参与工作,拥有共同的对外发布信息的网络平台,有效避免工作内容重复。

　　数据和信息共享情况:所有相关原始数据和过程数据、过程信息完全共享,避免了信息沟通不畅导致工作效率降低。

　　实际评价效果:环评成果除了记录评价过程和评价技术方法的环评报告,最大的成果是城

---

　　❶　2006 年 4 月 1 日起施行的《城市规划编制办法》:"第十二条 城市人民政府提出编制城市总体规划前,应当对现行城市总体规划以及各专项规划的实施情况进行总结,对基础设施的支撑能力和建设条件做出评价;针对存在问题和出现的新情况,从土地、水、能源和环境等城市长期的发展保障出发,依据全国城镇体系规划和省域城镇体系规划,着眼区域统筹和城乡统筹,对城市的定位、发展目标、城市功能和空间布局等战略问题进行前瞻性研究,作为城市总体规划编制的工作基础。""按照本办法第十二条规定组织前期研究,在此基础上,按规定提出进行编制工作的报告,经同意后方可组织编制。"

　　❷　朱坦,吴婧.当前规划环境影响评价遇到的问题和几点建议[J].环境保护,2005,(4):50-54.

市总规的成果中融入了环评的意见并进行了修改和调整,如:对总规文本条款进行了增删、修改;总规的用地布局与环评推荐的方案一致;环评提出的一些定量的不同类型用地的距离控制要求都作为规划条件反映在正式图纸成果中,环评对人口密度、开发强度的建议也纳入到规划的定量指标体系中,使编制完成的规划具有坚实的环境可行性和预见性。

4.1.2　互动式的必要性

关于规划环评对于当前中国的必要性,笔者访谈的一位长期从事城市规划生态化研究的学者[1]认为:①规划环评是国际上正在推行的先进制度,我国立法也已明确,这是确凿的大前提。②现阶段我国城市总规存在很多问题,就是"人治大于法治",市长、书记的观点对总规编制有强烈的影响,规划编制人员是顶不住的。在这种情况下,规划环评可能可以起到一点作用。把总规中"人治"的不合理方面加以扭转(国外而言,"人治"要少一些,基本上是专业人员、民众的一种互动、公众参与)。由此,规划环评在中国有它的更大必要性。③目前我国生态环境问题非常严重,其中部分原因就是规划本身的不科学,对生态环境问题考虑不周密,不完整,导致按照规划方案进行建设反而会产生生态环境问题(当然这种说法需要验证)。规划环评可以对规划缺陷加以修正。由此,在国内以互动模式真正使规划环评融入规划决策过程更显迫切。

前述南京总规环评案例中提到:北京市城市规划研究院董光器先生在对《南京市城市总体规划(2007—2020)环境影响评价》报告书进行讲评时指出:环评工作和总体规划同步进行,密切配合,及时沟通,这种工作方式十分可取。这样做既避免了大量重复劳动,节省了编制的时间,提高了规划质量,又避免了两者在最后审批、评审阶段互相扯皮。这种工作方式,我建议应该把它变成常规的制度[2]。

4.1.2.1　提高规划环评的效率和效力,避免分离式的弊端

目前,国内开展的包括城市总规环评在内的规划环评几乎都是分离、事后式的评价模式。一方面,评价技术人员没有参与到规划过程中,接触规划时间十分短暂,对规划理解不够深刻,评价存在一定的片面性;另一方面,由于规划工作已经全部完成,评价人员可能调整的余地十分有限,很难从环境的角度全面地否定一些规划,而只能给出些补救的措施和建议。

而以早期介入、将环评工作融入规划过程为主要特征的互动式规划环评模式,为保证规划环评的有效性提供了客观条件。Therivel 早在 20 世纪 90 年代完成的对英国规划者的问卷调查研究已充分表明:"环评越早介入,就越容易采纳评价的结论,在规划快要完成的时候来改善规划将会遭遇更大的困难。"[3]Scott Wilson 咨询机构受伦敦社区和地方政府部(Department for Communities and Local Government,CLG)委托,于 2010 年 3 月完成的《空间规划的战略环评和可持续性评价如何更有效力和效率》的研究报告中,通过对 15 个空间规划战略环评/可持

---

❶　访谈时间 2011.6.10。

❷　环境保护部环境影响评价司.战略环境影响评价案例讲评(第四辑)[M].北京:中国环境科学出版社,2011.

❸　[英]里基·泰里夫(Therivel,R.).鞠美庭,李海生,李洪远(译).战略环境评价实践[M].北京:化学工业出版社,2005.

续性评价(SEA/SA)案例进行研究以及对利害相关方电话或面对面访谈调研后,再次指出,所有被访者已达成的普遍共识是:SEA/SA 未来努力的方向是更好地与规划过程结合,这是提高 SEA/SA 效率(efficiency)和效力(effectiveness)的前提。在分离式模式下,评价中分析得出的一些重要结论无法作为规划依据及时输入到规划方案形成过程中,难以对规划决策起到前摄作用。即使规划环评报告再科学周密也无助于规划成果的提升,反而产生了大量重复工作,浪费了时间、金钱和纸张❶。

4.1.2.2　为快速遏止国内环境严重透支提供有效制度保障

虽然 2007 年公布的《中华人民共和国城乡规划法》和 2006 版《城市规划编制办法》已大大增加了对环境要素的考量,但由于国内目前仍处于增长型政府主导下的城市非理性增长阶段,城市总规中很多体现环境可持续原则的规划内容,如,空间管制的要求等,难以有效落实。以规划主管部门的一己之力难以约束地方政府的发展冲动,必须引入一个强制性的规划环评制度才能制衡和约束地方政府的不当之需。从这个意义上而言,推行规划环评制度,倡导能充分发挥规划环评制度有效性的互动式规划环评模式对改善政府的环境管治能力(Environmental Governance Capacity,EGC)能起到促进作用❷,为快速遏止国内环境严重透支提供有效制度保障,这对目前中国非常迫切。

4.1.2.3　能促进学科融合,符合工作组织方式原理

在互动式总规环评模式下,通过不同知识结构、不同专业学科背景的规划编制人员和环评人员面对面的交流、互相交换意见等各种互动形式,能促进环境科学、环境影响评价理论与城市规划学科的高度融合,使环评的理念和方法融入规划编制全过程。

按照工作组织方式的原理,两个操作者出错的概率不仅与每个人出错的概率有关,而且与两个人出错的相关系数有关。而相关系数与他们的知识结构相关,知识结构越相似,相关系数越大❸。因此,在实际工作的组织中总是尽可能使工作团队的知识结构具有较小的相似性和较大的互补性。在互动式环评模式下,规划人员和环评人员共同组成一个多学科背景的项目团队(multi-disciplinary team),使环评人员能更充分把握评价对象的特征,领会规划设计者的意图,开发出更具针对性的评价技术方法。而城市规划设计人员通过与环评人员的有效沟通,对不同规划方案导致的不同环境影响有更深刻认识,能促进规划技术方法的改进。而在分离

---

❶　该报告详细阐述评价者和规划者缺乏沟通的弊端,相关原文是:

5.2.11 A poor level of involvement, understanding or relationship between SA / SEA practitioners and plan-makers can also be a problem:"It's obvious sometimes that documents have been created by totally separate organisations with no interaction, and sometimes the evidence we give at SA isn't fed in and is totally missing. So a thorough SA but a useless plan might result."5.2.12 A common point made in relation to many aspects of SA / SEA efficiency and effectiveness is the need to better integrate the appraisal and plan making processes. "Too often SA is an afterthought or an add-on it should help each other if they [plan-making and SA] are combined if separately neither makes a great contribution to each other."Refer to: Department for Communities and Local Government . Towards a more efficient and effective use of Strategic Environmental Assessment and Sustainability Appraisal in spatial planning Final report[R]. London,2010:64.

❷　Olivia Bina. Context and Systems: Thinking More Broadly About Effectiveness in Strategic Environmental Assessment in China. Environmental Management(2008)42:717-733.

❸　刘涛. 政策环境影响机理与评价方法[D]. 上海:同济大学环境科学与工程学院,2005.

式环评模式下,规划和环评各自组成毫无交流的两个项目团队,每个项目团队都由相对单一知识结构的成员组成,均难以形成高质量的工作成果。目前已完成的大量规划环评报告均由各地的环科院完成,该类机构的评价人员以环境专业为主,长期以来是以分离式、事后式的模式开展评价工作,缺乏规划背景的成员参与,使规划环评报告的质量多年来维持在既有的水平,难以有大的改观。

4.1.2.4 城市总规内容庞杂、环节多、问题复杂,分离式环评模式难以奏效,适宜采用互动式评价模式

城市总体规划内容庞杂,涉及城市建设的方方面面,具有高度综合性和复杂性。既有物质空间层面的规划内容,又有战略和政策层面的规划内容。在具体编制程序上,遵循严格的"调查—分析—规划"的理性主义规划程序,按照前期调研和资料收集阶段、专题研究阶段、总规纲要阶段、总规成果阶段4个大的阶段开展工作。在城市总规确定城市定位及发展目标、人口和用地规模、用地结构和布局、交通和基础设施规划等各个阶段,都涉及城市乃至区域的资源和环境的支撑和可持续利用等重大问题。由于分离式环评工作无法介入上述各项规划内容的研究,包括替代方案的构想、比选和确定过程,导致规划环评成为末端的、修补性的工作,不能发挥规划评价的预防性和先发性功能,造成其有效性甚低。由此,城市总规这类高度复杂性和综合性的规划适宜采用互动式评价模式。

4.1.2.5 互动式评价模式能充分实现评价的核心功能

评价,就其本质而言,是人把握客体对人的意义、价值的一种观念性活动。评价具有四种最为基本的功能,判断功能(以人的需要为尺度,对已有的客体作出价值判断);预测功能(以人的需求为尺度,对将形成的客体的价值作出判断。通过预测确定自己的实践目标,确定哪些是应当争取的,而哪些是应当避免的);选择功能(将同样都具有价值的客体进行比较,从而确定其中哪一个是更有价值,更值得争取的);导向功能(是评价中最为重要、处于核心地位的功能。上述三种功能都隶属于这一功能)。冯平认为,评价反映了人类活动的一个本质特点:合规律性与合目的性的统一。而目的的确立是以评价所判定的价值为基础、为前提的。对价值的判断是通过对价值的发现、预测、选择的评价才得以实现。只有通过评价,才能对实践活动进行调控,实现有价值的,避免无价值的,从而使人的行为更合目的。冯平同时指出:"在现实中,最主要的评价是指向未来的,是预测性的,因此,要使评价所引导的实践活动合目的,就必须把握价值主体的未来需要,以及这种需要之所以产生的条件。要把握价值主体的需要,不仅要知道价值主体希望什么,还要知道他需要(need)什么,知道他最迫切需要的是什么;不仅知道他今天需要什么,而且要知道他明天需要什么;不仅要知道他向往的是什么,而且要知道他应该向往的是什么。"●

据此,环境影响评价(EIA)或者战略环境评价(SEA)的核心不仅仅在于评判优劣和预测(针对最终决策方案,评价其优劣,建议给予不良环境影响以减缓措施),还应包括价值选择(针对规划替代方案,当规划师和决策者要确定做什么时,提出环评建议)和价值导向(在早期介入

● 冯平.评价论[M].北京:东方出版社,1995:2-4.

前提下,当规划师或决策都尚不明确如何做时;在互动式环评模式下对规划方案的形成进行引导,引导规划方案能充分符合人类这一价值主体的未来需要)。

显然,只有早期介入、互动式的总规环评模式才能充分发挥评价的"选择"和"导向"功能。

4.1.3 互动式的可行性

4.1.3.1 理念日趋一致、理念互动早已开始

城市规划和环境评价的价值理念已日趋一致,城市规划和环境评价的理念互动早已开始。

1. 规划环评和城市规划不仅是评价和被评价的关系,两者有内在共同属性

城市规划在其理论发展历程中已经经历的阻碍和困境,作为新兴学科的战略环境评价(SEA)在理论和实践层面将同样面对。与国内相比,国外城市规划学者较早将 SEA 的发展历程和遭遇与城市规划的发展史放在一起进行比照研究。David P. Lawrence[1] 曾指出:城市和区域规划的理论与实践与环境评价的理论与实践,长期以来互不关照、独自开展研究工作。而城市规划已有的理论成果似乎可以给新兴的环境评价学科提供更多的借鉴和参照,可以令战略环评的理论内涵更为丰富,两者可以在更广泛的环境管理和可持续发展背景下,寻求彼此的融合、转变和提升,以实现互为裨益。其将城市规划的五大理论支柱(理性主义、政治经济动机、实用主义、沟通协作、社会生态理想主义)对应 SEA 的理论和实践,进行了对比分析。其认为规划理论为环境评价提供了很多重要的教训和启示,如,环境评价同样需要投入更多的精力在:问题的界定(发现问题)、提供比选方案、最终建议可能的最优方案;规划过程中存在的人为臆断会造成错误决策等问题,这类问题在环境评价过程中同样存在;如何使价值观和伦理观逐步融入规划编制和实施的每一步骤中,环评同样存在价值观和伦理观的问题。

从实践层面而言,规划环评和城市规划一样共同面对委托方(地方政府)的强烈的政治经济动机,以至容易动摇规划环评和城市规划对理性主义的追求。沟通协作不仅是当前城市规划倡导的模式,同样也是规划环评提倡的工作原则。城市规划和规划环评共同的价值理念和理论支柱使得互动式规划环评模式的推行"顺理成章"。

2. 城市规划理念的转变和环境科学理念的发展,使两者形成互为支持和引导的关系

城市作为人居环境的重要组成部分,对全球生态环境问题的形成和发展具有重要的贡献,城市规划作为城市发展的蓝图和指南,同样相当深刻地影响了全球生态环境的趋势和走向。从全社会对生态环境问题响应的四个发展阶段看,目前已从被动响应、接受现实、建设性发展到预防性阶段[2]。

本质上,环境(土地、水、空气等)是城市规划的基础和出发点,也是规划成果的归宿。保持城市中的人群(大多数人而不是少数人)有更好的生存和发展条件,保证当代人和子孙后代幸福地生活、繁衍,实现城市可持续发展是城市规划的目标已广泛达成共识。城市可持续发展理念已逐步贯彻到城市规划学科。如:"新城市主义"中体现的实现可持续发展的生态主义思

❶　David P. Lawrence. Planning theories and environmental impact assessment. Environmental Impact Assessment Review,2000,(20):607-625.

❷　沈清基.全球生态环境问题及其城市规划的应对[J].城市规划汇刊,2001,(5):19-24.

想❶。沈清基从空间结构状态原理、空间结构效率原理、空间结构关系原理、空间结构发展原理四个方面初步提出了城市空间结构生态化的基本原理,以促进城市与自然环境高度和谐、共存、共生,从而为整个人类生存环境的可持续发展作出贡献❷。

而环境科学研究的重点也已从关注污染物末端治理,到关注源头预防,从项目环评到战略环评。由此,融入式、互动式、一体化的城市规划环境影响评价模式是"水到渠成"的。

4.1.3.2 技术方法上的互动早已呈无序形态展开,亟需规范化、制度化

在具体的城市总体规划编制实践中,环境可持续理念已逐步引导规划技术人员的设计行为。如:很多规划项目负责人已主动将资源环境、承载力评价作为总规专题研究内容之一,试图分析资源环境对城市发展的制约作用。而资源、环境承载力一直是环境科学,尤其是环境评价领域持续推进的常规研究内容,也是规划环评报告的必备内容。规划技术人员在开展相关专题研究时,会自发通过搜索环境科学研究人员在期刊上发表的文献、撰写的相关书籍(一般在环境评价和环境规划类书籍论述资源、环境承载力等主题)或通过借阅环境专业人员撰写的相关研究报告,借鉴其分析技术方法。其他专题研究内容,如:环境科学领域开展的用地生态适宜性分析、环境功能区划与城市总规工作中开展的用地适用性评价和空间管制均有异曲同工之处,技术人员在开展具体项目的分析工作时,也多同时借鉴两个学科领域的研究成果和实践经验。

可见,从学科发展而言,城市规划和环境影响评价两个学科在技术方法层面的互动早已呈自发、无序形态展开,双方彼此借鉴,在方法学上已经逐步融合。其充分表明,互动式总规环评模式在技术上是可行的,采用制度化的互动式总规环评模式能促进学科交流从自发、无序向主动、有序转变。针对目前规划环评和城市总规重复开展的相关专题研究,应该在互动式总规环评模式下,界定规划和环评的分工合作关系,避免不必要的重复。

4.1.3.3 已有的制度设计(法规规范)逐步鼓励互动式模式的推行

《规划环境影响评价技术导则——城市总体规划(征求意见稿)》与《规划环境影响评价技术导则(试行)》(HJ/T 130—2003)相比,专门增加了"互动性原则",已在技术标准层面鼓励互动式规划环评模式。即:"城市总体规划环境影响评价进行过程中,评价单位应与规划编制单位和规划主管部门加强沟通与协调,及时、有效地互通信息,以使规划环评的阶段性结论及时融入规划方案中。"

2009年9月2日环保部在发文中强调要"建立规划环评齐抓共管机制。积极推动建立与发改、规划、国土、交通、水利等部门的联动机制,推进规划环评早期介入、与规划编制互动"❸。已出台的一些地方政府规章也将"互动"明确写入了政府文件中,说明社会各界已充分意识到互动式规划环评模式的重要意义,已逐步为互动环评模式的推行提供了制度环境。《山西省人民政府办公厅关于认真贯彻执行〈中华人民共和国环境影响评价法〉的通知》(晋政办发[2010]

---

❶ 刘昌寿,沈清基."新城市主义"的思想内涵及其启示[J].现代城市研究,2002,(1):55-58.
❷ 沈清基.城市空间结构生态化基本原理研究[J].中国人口资源与环境,2004,14(6):6-11.
❸ 关于学习贯彻《规划环境影响评价条例》加强规划环境影响评价工作的通知(环发[2009]96号)。

12 号)中要求:"各地要组织环保、发展改革、经信、财政、国土、林业、水利、交通和城乡规划等相关部门,建立规划环境影响评价的部门联动机制,推动规划环评早期介入,使其与各类综合规划和专项规划的编制工作形成互动。各级环保、发展改革、国土、林业、水利、城乡规划等部门应密切配合,按照《条例》的有关规定,各司其责,全面推进《条例》的贯彻实施。"

2014 年 3 月,环境保护部、水利部联合发文《关于进一步加强水利规划环境影响评价工作的通知》(环发[2014]43 号)中要求:"实现环评与规划编制早期介入、全程互动,不断提高水利规划环境影响评价质量。"可见,互动式模式已逐步制度化。

4.2 互动式城市总规环评模式的互动机制

4.2.1 互动的要素

4.2.1.1 互动主体

互动理论强调不同主体间不是相互孤立的,而是相互关联、相互影响的,当主体间形成了良性相关作用、相互间产生积极影响时,把存在这样互动关系的主体称为"互动主体"。

通常而言,在激烈冲突的情况下,与敌对派保持友好关系是不可能的;与等级悬殊的人保持合作关系也是不太可能的[1]。尽管互动的正效应显而易见,但两个一般主体并不必然转化为互动主体。

主体之间要成为"互动主体"需要满足至少以下条件:①互动主体之间需具有共同的或者相类似的价值理念,至少不能是相互对立的价值理念;②两个互动主体之间有发生相互依赖行为的必要性;③两个互动主体之间有发生相互依赖行为的可能性[2]。

在城市规划和对城市规划的环评中,涉及的利害相关方(stakeholders)包括:"政府"(城市人民政府、城市规划主管部门、环境保护主管部门、其他行业主管部门)、"公众"(城市居民、社会团体、企事业单位)、"咨询机构"(城市规划编制单位、规划环评单位)等。这些不同主体(利害相关方)构成了潜在的"互动主体"(图 4.2)。

一项先进、远见卓识、可操作性好、有效性高的公共政策的形成,需要在所有利害相关方之间均实现良性互动关系,共同作用于规划决策过程。使规划决策成果实现经济、社会、环境的综合统筹协调,促进城市发展的可持续性。规划设计方和规划环评方作为"咨询机构",在公共政策(城市总规成果)的前期研究、制定、实施评估的全生命周期中,应充当"政府"和"公众"之间沟通的桥梁和纽带,成为"政府"和"公众"互动的媒介。而规划设计方和规划环评方彼此之间也必须采取互动的工作模式才能共同致力于形成一项好的公共政策(城市总规成果)。

本书针对规划过程和规划环评严重分离的现实状况,重点研究城市规划设计方和规划环境影响评价方,在城市规划编制过程和规划环境影响评价开展过程中可能发生的"互动"。即书中提出的互动式规划环评模式的"互动主体"主要指规划设计方和规划环评方。长期以来,规划设计方和规划环评方始终未能形成互动关系,这需要从主体之间关系和地位的角度对互

---

❶ 丹尼·L.乔金森.参与观察法[J].龙筱红,张小山,译.重庆:重庆大学出版社.2009.
❷ http://baike.baidu.com/view/568570.htm.

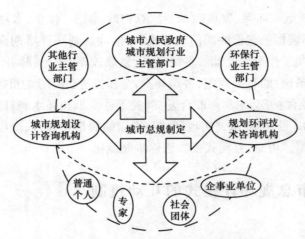

图 4.2　城市总规制定涉及利害相关方示意图
资料来源：作者自绘。

动的良好愿望难以形成的根源进行剖析。

4.2.1.2　互动组织者

前已述及"主体间的互动不是凭空发生的，也不能凭空传播，它必须通过相应的媒介来传播相应的效应作用，从而形成对于另一方的影响"。

无论是规划设计单位，还是规划环评单位，都是受共同的委托方"规划主管部门"（或称为"规划编制机关"❶）委托开展规划设计工作和规划环评工作。具体实践中，是以分离式还是互动式模式开展规划编制和规划环评工作，主要取决于委托方的委托意愿。

目前国内规划环评的现状是，规划环评或规划编制的共同委托方尚没有要求规划环评介入规划决策过程的委托意愿，基本在规划几乎定稿后才委托规划环评工作，客观上造成环评无法介入规划方案的形成过程。即使部分规划环评从业人员已充分意识到分离式、事后式规划环评的无效性，在实际工作中采取一些主动的行为积极介入到规划方案的形成过程中，如孙艳青等❷在天津团泊新城总体规划环评中，从规划纲要阶段开始充分介入到规划编制过程，在规划不断完善的过程中实现与规划的互动，力图使规划环评所提建议落到实处。但这样的"互动"案例在整个国内规划环评中所占的比例微乎其微，难以占据主导地位。互动式规划环评模式要成为规划环评的主导模式，离不开规划编制和规划环评的共同委托方（"规划编制机关"）的积极倡导和组织。即规划主管部门是互动组织者，互动组织者是互动得以实现的"媒介"。

4.2.1.3　互动驱动力

规划环评要与规划过程互动才有实效是个常理，但多年来却始终难以实现，足以说明目前规划和规划环评之间进行互动的驱动力不足，甚至是阻力大于动力。

---

❶　2009 年 10 月 1 日起施行的《规划环境影响评价条例》将规划编制和规划环评的共同委托方称为"规划编制机关"。
❷　孙艳青，李万庆.试论"规划"、"环评"如何有效互动——以团泊新城总体规划环评为例[C]//环保总局.第二届环境影响评价国际论坛——战略环评在中国会议论文集.北京，2007.

剖析互动驱动力不足的原因,要从分析规划动机和规划环评的动机着手。前述"分离式"的成因中提到,目前大量城市总规修编的唯一动机就是"拿地",这与规划环评的动机直接冲突。笔者访谈的一位来自规划设计机构的受访者谈道❶:

当前,规划环评是作为一种修正、批评的角色出现,从一开始规划和规划环评就是一种对立的角色。以"量布裁衣"和"量体裁衣"为类比,从环境的角度出发是"量布裁衣",从城市规划、经济发展、GDP 增长角度出发是"量体裁衣"。目前我国的经济总量直接和土地挂钩,每平方公里的经济产出增长能力有限,有多少的经济总量,就需要有多少的土地作为支撑。一开始就对立的两个角色,如何让其形成互动?

另外,对于规划和规划环评技术机构而言,由于委托方没有明确要求以互动式模式开展规划环评工作,也同样缺乏互动的驱动力。互动需要时间、沟通麻烦、费时费力,在手头有诸多规划或规划环评项目的情况下,为了尽早完成一个个接踵而来的规划或规划环评项目(近年中国如同一个"大工地",规划项目和单个建设项目数量非常大),自然倾向于分离式模式。

显然,分离式规划环评模式是规避规划动机和规划环评动机冲突的最好方式。另外,由于部门利益壁垒,目前规划环评主要靠法律法规的强制要求执行,并非规划环评委托方的内在需求,即规划环评内在动力不足。在这样的条件下,互动式规划环评就更显得阻力重重。要实现互动式规划环评模式首先要解决互动的驱动力问题。前已述及:"主体间的互动和主体赖以存在的社会组织环境是相互依存的。合理的互动关系有促进社会组织和社会结构趋于合理化的重要作用,而合理的社会组织和社会结构又为合理的社会互动提供相应的可能性。"互动式规划环评和其实施的外部环境是相辅相成的。当短期内难以形成有利于互动的整体外部环境时,必须增加实施互动式规划环评的制度条款,使互动式规划环评靠外部制度的驱动力强制执行。

4.2.2　互动的频度

互动的频度是指互动次数的多寡,根据互动的次数可分为节点互动和融合互动。节点互动,又称有限互动,是选取环评互动有限节点进行互动,是在实践中可推广、具有可操作性的互动模式;融合互动,又称无限互动,是一种值得探索、理想化的,但难以在实践中广泛推广的互动模式。节点互动的互动节点及节点互动内容可从融合互动探索和实证研究基础上提炼而来。

4.2.2.1　节点互动

互动式环评模式由于介入早、结束晚,因此耗费的时间和精力远大于分离式环评模式。过于频繁的互动,对于由规划设计机构以外的第三方评价机构而言,在现实工作中比较难以操作。因此,第三方评价机构适宜采用节点互动模式,抓住环评有效性最大的决策窗口或刚性互动节点进行有限互动。环评互动节点选取要点如下。

1. 识别决策窗口(Decision Windows)

欧盟第五届框架研究计划(EU Fifth Framework Research Programme)提出了"分析性战

---

❶　受访者是某规划设计研究院副院长,访谈时间 2011. 4. 14。

略环评(analytical strategic environmental assessment,ANSEA)",其是以决策科学为基础,将 SEA 与决策过程整合的一种途径[1]。互动式总体规划环评模式也是基于对城市总规自身编制流程进行梳理、分解,试图抓住城市总规决策过程中环评介入的最佳时机。因此分析性战略环评中提出的"决策窗口"的概念与本书提出的环评"互动节点"的概念有异曲同工之处。

分析性战略环评(analytical strategic environmental assessment,ANSEA)中定义的"决策窗口(Decision Windows)"是指在决策制定过程中,伴随着那些"环境影响信号"的出现而需要做出关键选择的时刻,也是相关环境信息可以很有效地进入到决策过程的那一时刻,是决策过程中考量环境因素的最佳机会[2]。显然,"决策窗口"是规划环评介入的最佳时机,应确立为环评互动节点。"决策窗口"需要在对城市总体规划流程(规划决策过程)进行系统梳理的前提下识别选取。

2. 解决突出环境问题,动态调整

一个城市处在不同的经济、社会发展阶段或自然生态系统的演替阶段,会面临不同的环境症结。根据当下国内外发展趋势,环境科学工作者可大致预测未来可能出现的环境隐患。

朱锡金[3]在谈到城市规划学科的性质时认为:"城市规划是一门实践性和发展中的学科。"即规划实践的内容和重点,规划的具体目标是动态发展的,随着外部需求和外部条件而改变。规划环评的重点要随城市总规自身动态调整。

因此,环评互动节点的选取,应根据现实环境问题,并预测未来拟出现的环境隐患,结合经济社会发展条件和规划目标任务自身变化,动态调整。

3. 刚性互动节点和弹性互动节点

环评互动节点分为:刚性互动节点和弹性互动节点。其中,刚性互动节点是受法规、技术规范约束,在规划编制过程中强制性必须介入开展环境评价工作的节点,其评价技术方法应有相关的技术规范作为指导。弹性互动节点是规划环评机构根据规划项目特点、委托方的评价要求,自主确定的环评互动节点。具体工作中可采用专家判断法、德尔菲法、公众参与等多种渠道加以确定。

4.2.2.2 融合互动

按照"流程管理"的思路,城市总规流程是可以往低层级无限细分的。在无限细分的工作环节中可以发掘出需要考量环境因素的一些细微节点,即在城市规划过程中"无微不至"地考虑规划的环境影响。此时,环评互动节点的数目较多,规划环评采取融合互动的模式开展。

王晶[4]总结现代建筑设计流程的发展趋势是越发"关注低层级的细节描述"。即对流程中行为间的关系在低层级上进行描述和分析。其基本思想是将人们头脑中粗略、模糊的解决问题的思路和想法,采取自顶向下和逐步求精的策略,对设计行为功能和设计信息流进行分层细

---

[1] 林佑亲. 台湾政策环境影响评估之研究——以审议式民主之观点[D]. 台湾:政治大学地政学系. 2004 年 7 月。
[2] 曲振霖. 面向中国决策体制的分析性战略环评(ANSEA)理论体系研究[D]. 大连:大连理工大学,2005.
[3] 王新哲,裴新生. 朱锡金教授谈城市规划[J]. 理想空间(第二十辑)新形势下的城市总体规划,2007.
[4] 王晶. 我国居住地产项目规划与建筑设计流程研究[D]. 天津:天津大学建筑学院,2008.

化,顺应人们由粗到细、由表及里、由浅入深解决问题的过程。而在 20 世纪 90 年代,大多数设计流程的研究是在很高的层级上描述"流程",在细节方面所包含的内容较少。尤其是国内,往往只将法规、规范规定的层级上的信息纳入规划与建筑设计时的考量范围,层级的深度仅限于法规或管理部门对设计成果的要求,而不关注低层级的行为和制约因素信息。

显然,融合互动是理想的规划环评模式,是环评人员或规划设计人员应该秉持的一种工作理念,但难以作为第三方外部环评机构现实中普遍采纳的实践模式。其适合于规划设计机构进行自我评价或规划设计机构在总规编制过程中自身对环境的考量,或在带有研究探索性质的第三方总规环评项目中采用。通过若干总规环评融合互动的实证研究,可更准确地把握节点互动的互动节点和互动内容。

4.2.3　互动的效益—成本

4.2.3.1　互动的效益

互动是一个过程。通过不同知识结构、专业学科背景的规划设计人员和环评人员在互动式评价过程中面对面的交流、互相交换信息等各种互动方式,并运用针对互动模式下的各项具体评价技术方法,使规划环评融入规划编制全过程,以保障最终的规划成果能实现环境可持续性目标,是互动的最终目的。即"融合"是互动的结果。互动是为了充分提高规划环评的效率和效力,而规划环评的成效直接体现在规划决策过程和决策成果中。

通过互动式规划环评模式的实施能使规划设计方和规划环评方两个互动主体的工作成果均产生"积极"的改变。在分离式规划环评模式下,规划环评的工作成果主要体现为环评报告,报告中有哪些评价建议和评价结论真正反映在规划成果中,即使环评成员也无从知晓,或者缺乏跟踪了解的动力。导致规划环评工作长期停滞在某一较低的水平。互动式环评模式下,由于和评价对象规划文件的编制者直接交流,环评工作开展过程中不断获得规划设计单位和环评委托方的信息反馈,有助于规划环评持续改进工作成效。不断改进的环评技术水平反过来又有助于提高规划成果的环境可持续性。互动式规划环评模式是一个良性循环、持续改进的工作模式。以上均是互动模式带来的效益。

4.2.3.2　互动的成本

互动在带来效益的同时,也必然要发生成本或付出代价。这是在倡导互动模式时必须积极预见并进行把控的,否则,过高的成本或代价会影响互动的推行。

笔者对利害相关方开展的访谈中,有环科院环评所负责人表示:(全过程互动模式)现实操作有一定困难。时间跨度大,投入精力大,经费也会制约。目前规划环评机构尚未从事过时间跨度如此大的环评项目。时间是最主要的困难❶。

笔者访谈了云南省环境工程评估中心的规划环评技术人员,其参与过具有早期介入、互动融合特征的中瑞合作试点项目——大理 2007 版总规环评(见 3.1.7 节)。目前其参与的云南省风电规划环评项目也尝试了环评与规划全过程互动、全过程多模式的公众参与、资料共享的

---

❶　面对面访谈,访谈时间 2011.4.14。

工作模式❶。虽然其肯定互动模式下"与规划单位沟通得好,将会对规划实施有很大的实效",但并不否认互动式规划环评存在"协调任务重,工作开展慢,没有分离式环评来得快"等问题,作为具体评价人员感到"精力投入很大、很累"❷。

可见,尽管互动模式的正效应有目共睹,但增加时间成本、经费成本等负效应是难以完全避免的。对于第三方环评模式,抓住互动关键点,进行节点互动是避免互动成本过高的解决之道,可通过设置合理的法定互动程序,明确重要时间节点要求,为决策效率的提高提供制度保障。同时,可通过提高流程管理、沟通管理、会议管理等管理水平,借助现代化的沟通技术和工具,提高工作效率,减少无效工作。

有从事规划设计研究工作的若干人士认为:(规划人员和环评人员)不接触反而客观、公正一点。早期介入,(接触频繁)会形成利益共同体,最后对这个规划进行评价就没有意义了。本来,我俩不认识,你拿个东西让我评,为了显示我的水平,我会一一指出你哪不对,现在以合作的形式做了,大家关系好了以后,我就不指出规划的缺陷了❸。另外,就城市总规而言,目前的总规已是内容繁杂、程序过多、时间过长,也需要精简。互动式总规环评模式是否会进一步增加总规的负担呢?

上述受访者的说法或担忧在实际操作中都是可能发生的情况,有些是互动在发挥正效应同时必须付出的代价,是必要成本,但也有一些是完全可以通过各种手段避免的无效成本支出。

4.2.4　互动的层次

互动式规划环评模式下,蕴含两个互动层次:体制性互动(institutional interactivity)和操作性互动(implementary interactivity)。

4.2.4.1　体制性互动

体制性互动是评价对象"相关规划"涉及的法律法规、技术规范、部门机构与"规划环评"涉及的法律法规、技术规范、部门机构之间的互动。即规划和规划环评在制度层面进行衔接、协调,将互动原则体现在具体、可操作的制度条款中。体制性互动是操作性互动得以有效实施的前提和保障。目前,国内城市规划与规划环评之间的体制性互动严重缺失,城市规划已有的法规和技术规范丝毫不涉及与城市规划环评的衔接。沈清基曾在 2003 年《中华人民共和国环境影响评价法》正式施行之初撰文谈及"城市规划对规划环境影响评价的应对"时,认为"原有的《城市规划法》并无规划环境影响评价的相关内容,现正在修订中的《城乡规划法》应适当注意与《环评法》的协调,在《城乡规划法》中适当体现规划环境影响评价的内容"。事实上,2007 年

---

❶　云南省能源局在规划开展早期即委托云南省环境工程评估中心开展规划环评,并组成了云南省能源局、规划单位、环评单位等相关单位的工作领导小组(能源局局长任组长,规划环评负责人任副组长)。云南省环境工程评估中心为云南省环保厅直属事业单位,主要是为省内建设项目环境审批提供技术审查服务。笔者询问云南风电规划环评技术人员,该环评能以早期介入模式开展的契机在哪里? 其提到能源局意识到云南环境敏感,风电项目涉及敏感区,有的项目环评很难批。

❷　电话访谈(访谈时间 2011.3.28),辅以网络在线交流(2011.6.8)。

❸　面对面访谈,访谈时间 2011.4.12,受访对象在同济大学城规学院从事教学和规划设计工作。该院数名教职人员有类似看法。

公布的《城乡规划法》对规划环评只字未提。沈清基在该文中还指出:"在城市规划编制程序上,城市规划编制单位应与环境评价技术服务机构紧密合作,使环境评价机构适当参与到规划编制程序中,……"❶显然,城市规划环评的实际发展历程与相关学者的预期有很大的差距。

4.2.4.2　操作性互动

操作性互动是在"相关规划"和"规划环评"具体实施过程中,就具体"规划"和"环评"工作中涉及的"过程、内容、方法、信息"等要素产生的互动。本书重点探讨"操作性互动"程序,探讨操作性互动如何在城市总体规划过程中实现,提出了城市总规与环评之间过程互动、内容关联、方法共用、信息共享的操作后互动模式。

4.2.5　互动的实施保障

我国现有的规划环评的管理和技术力量尚不强,促进互动式规划环评模式的法规、行政等支撑不强,为了促进互动式规划环评模式能早日有效实施,需要建立系列保障机制,在现阶段宜从以下方面推进。

4.2.5.1　法制保障

1. 完善立法,将互动式规划环评模式制度化

目前,国内涉及规划环评制度的法规,仅有 1 部法律《中华人民共和国环境影响评价法》和 1 部法规《规划环境影响评价条例》。而上述两部法律法规由于在立法进程中遭受过巨大阻力,最终出台的法规条款,尚存在较多缺项,难以有效指导规划环评工作的有效开展。因此,继续强化规划环评的法制化进程是主要的保障条件。尤其是早期介入的互动式环评模式更是需要首先从法规条款上做出规定,并严格执行。

目前,上述两部法律规章对于环评报告、篇章或说明,仅做出了"有即可"的要求,尚没有制度条款对环评工作质量予以保证,导致分离式、事后式模式长期盛行,仅是形式上执法,实质上并没有实现立法的宗旨。因此,未来相关法规应增加保障环评有效性的条款,把互动式规划环评模式制度化予以明确。如可明确要求:规划组织编制机关在提出编制城市总体规划前,必须对现行城市总体规划进行回顾性环境影响评价。使规划环评"在城市总体规划编制前的前期研究阶段介入"不再仅仅是倡导的原则,而是刚性制度要求。技术导则和技术规范需对总规编制前的前期研究阶段如何进行回顾性环境影响评价做出技术指导,评价结论需作为下一步拟提出的"进行编制(城市总规)工作的报告"的指导依据。

虽然早在 2003 年出台的《规划环境影响评价技术导则(试行)》(HJ/T130-2003)已提出"早期介入原则",但当前大多数城市(总体)规划环评是在规划成果即将报批、征求各部门意见阶段,由环保主管部门指出该规划尚未开展环评后,才开始委托进行规划环评工作。因此,相关法规应明确要求:城市总体规划在组织编制前,必须委托规划环评技术机构,与规划编制同步开展规划环评工作。这是互动式规划环评模式得以实现的法制保障。

---

❶　沈清基.规划环境影响评价及城市规划的应对[J].城市规划,2004,28(2):52-56.

2. 部门衔接：体制性互动

另外，互动式规划环评模式要得以有效、顺畅推行，必须要求相关规划的法律法规、技术规范必须包括如何与规划环评衔接的条款。目前，《中华人民共和国城乡规划法》、《城市规划编制办法》、尚在征求意见稿阶段的《城市环境保护规划规范》等城乡规划的法规体系和技术标准体系都未涉及与规划环评制度如何衔接，规划的法定程序中没有与规划环评的制度接口，体制性互动严重不足。部门之间难以合作和达成共识，将极大阻碍互动式规划环评模式的推行。以《规划环境影响评价技术导则　城市总体规划》的制定为例，该导则的征求意见稿是由环保部独自委托研究机构编制完成，并没有按照《规划环境影响评价条例》第九条的要求"会同"住房和城乡建设部共同制定，导致住建部对已出台的征求意见稿持较大异议，使导则迟迟难以正式推出。显然，改进已有的制度，使国家各部门之间、地方各机构之间有效互动，摆脱合作困境❶，使城市规划和规划环评的相关法律法规、技术规范高度融合、紧密衔接是互动式总规环评工作得以开展的前提。

前述美国和英国的规划环评的制度背景分析表明，规划环评应早期介入、与规划过程同步、规划环评应与规划过程紧密结合等，在英美两国的规划和环评的法规中都是明文强调的内容。英国在 2004 年修订的《规划和强制性收购法》以及 2008 年生效的《规划条例 2008 》(*Planning Act* 2008)中明确要求区域空间战略(Regional Spatial　Strategies (RSSs))、地方发展规划文件(Local Development Documents (LDDs))、国家政策申明(National policy statements)均要进行包含了战略环评(SEA)在内的可持续性评价(SA)。美国加州的 2003 版的《总体规划指南》(*State of California General Plan Guidelines* 2003)也以极大的篇幅阐述总规应如何实施环评、总规与《加州环境质量条例》(*the California Environmental Quality Act*, CEQA)应如何衔接。

4.2.5.2 管治能力建设

1. 体制改革与健全

推行并有效实施互动式城市总规环评模式的主要障碍不在于技术手段的困难，而主要取决于国内政治经济体制全局(context)。在当前的政治经济体制氛围中，存在"城市规划角色被扭曲，作用被异化"❷等现象。如果不解决导致"城市总规角色异化"的根源，本书倡导的互动式环评模式在理论上是合理可行的，但实践中会是"乌托邦"，至少难以全部实现。目前，国

---

❶　合作困境是掌握着资源的行政单元由于在合作过程中围绕着某些具体问题而难以在目标设定、资源配置、信息流通的规则，以及合作的成本本收益分配等方面达成一致。其被视为一种理性选择，即追求自身利益的部门之间在交互性行为中无法就合作达成一致的后果。相关学者从理性选择、沟通技术、信任关系建构等角度出发对合作困境的生成及应对作出了富有成效的讨论。参见：马伊里.合作困境的组织社会学分析[M].上海：上海人民出版社，2008.

❷　王新哲等认为："基于体制特点，特别是市场力作用影响下，城市规划角色被扭曲，作用被异化的现象屡见不鲜，如：城市规划管理作为行政过程，但政府的行政力借道规划过度延伸，模糊了政治与技术的关系，过度地干预限制了规划技术的自主性。规划成为实现领导意愿、理想和政绩的载体，这当然有主、客观多方面原因，但是少数城市大权在握的领导过多地对城市规划强加了个人意志，因随意性而造成问题的现象确实存在。城市规划作为圈地、土地储备的遁词，或以'概念规划'等之名，行改变原有城市总体规划之实，巧用'擦边球'方式等。作为招商引资的道具，规划的作用只是作为展示和诱显。作为某种规划理念的试验田，不问实效，但求'亮点'。上述现象的产生是过程性的，乃是出之于体制现实，权力与利益的博弈，以及市场行为的待规范等问题。随着体制的改革与健全，法制的完善与严肃施行，这些非常现象的改变是可以期待的。"参见：王新哲，裴新生.朱锡金教授谈城市规划[J].理想空间(第二十辑)新形势下的城市总体规划，2007.

内规划环评仍处于"有法不依"、规划环评实施率非常低的状态。规划审批机关还不能严格执行《环评法》，违反《环评法》审批通过了大量没有开展规划环评的规划项目。部分规划即使开展了规划环评工作，也由于规划环评委托方（规划组织编制机关）的消极应对，主观上并不支持互动式总规环评模式的推行，而以分离式、事后式模式开展环评工作，导致规划环评缺少实效[1]。因此，互动式城市总规环评模式要得以推行并有效实施，必须与政治经济体制全局建设配套结合起来。

2. 规划组织编制机关积极主导互动式规划环评

2006 年 4 月 1 日起施行的《城市规划编制办法》明确由"城市人民政府负责组织编制城市总体规划。具体工作由城市人民政府建设主管部门（城乡规划主管部门）承担"。因此，城市人民政府建设主管部门（城乡规划主管部门）是互动式规划环评模式的组织者，是互动模式能否实现的关键角色，其决定了规划环评能否真正发挥实效，对规划环评行业的健康发展起着主导作用。规划设计机构和规划环评机构需要其共同的委托方——规划组织编制机关搭建沟通、交流的平台，并在委托合同中明确要求规划设计方与规划环评方必须以全过程互动的模式开展规划和环评工作。如果规划组织编制机关没有意识到环评早期介入的重要意义，把开展规划环评工作仅仅理解为形式上执法的需要，就不可能主动倡导互动式环评模式。

Stoeglehner 和 Brown 等规划学科背景的战略环评研究者认为，规划编制机关（planners）对战略环评（SEA）的主导状况（ownership），是战略环评是否能取得实效的关键因素[2]。

3. 政府环境管理能力提高

通过对政府机构成员定期开展规划环评和可持续城市发展为主题的培训、讲座等，使城市最高决策者（市委书记、市长）了解规划环评的价值以及应如何组织开展规划环评工作，提高政府的环境管理能力，是规划环评工作有效开展的保障。对不直接从事规划环评业务的规划技术人员和规划行政人员也需定期开展规划环评基础知识培训，令其了解规划环评的法定程序和基本工作内容。Scott Wilson 咨询机构于 2010 年 3 月完成的《空间规划的战略环评和可持续性评价如何更有效力和效率》研究报告指出[3]：除有必要对规划环评从业人员进行培训，规划设计人员、规划主管部门、政府主管部门都需接受 SA/SEA 的指导与培训，以增进 SEA 能力建设。

---

[1]　目前各城市常有的情形是：在规划审查过程中，各城市规划局会通过委局联席会议等方式征求市环境保护主管部门的意见。在征求环保局意见时，环保局会指出所审查的规划尚未依法开展规划环评工作的问题，直至此时规划组织编制机关才不得不启动规划环评程序。

[2]　Stoeglehner 和 Brown 等发表了题为"战略环评和规划过程：规划编制机关对 SEA 的主导状况是 SEA 有效性的关键"的文章，其指出：Integrating SEA into the planning process is a necessary precondition for effectiveness, but per se is not sufficient. Even when SEA is nominally integrated with planning, there are still two parallel processes effectively taking place：planning and assessment. Without ownership of SEA, SLB planners are unlikely to accept it as a useful tool and are more likely to regard it as an additional bureaucratic activity with little added value. 参见：Gernot Stoeglehner, A. L. Brown and Lone B. Kørnøv. SEA and planning：'ownership' of strategic environmental assessment by the planners is the key to its effectiveness. Impact Assessment and Project Appraisal, 2009, 27(2)：111-120.

[3]　Department for Communities and Local Government. Towards a more efficient and effective use of Strategic Environmental Assessment and Sustainability Appraisal in spatial planning Final report[R]. London. 2010：64.

4.2.5.3　环评机构建设

1. 个人执业资格制度

互动式城市总规环境评价模式下规划环评流程的设计,需要组织多学科背景的团队共同参与才能完成。尤其需要既掌握城市规划学科理论和实践知识,又具有环境影响评价理论和实践经验的多学科背景的复合型人才。因此,亟待颁布条例对规划环评机构的规划环评项目负责人等核心成员的执业资格提出具体要求,并采取相应的教育和培训体系。如:可充分利用城市规划和环境影响评价已建立的成熟的执业资格准入制度,规定城市规划环评项目负责人必须持有双证"注册城市规划师执业资格证书"和"环境影响评价工程师执业资格证书"。并由国家住建部和环保部共同主持城市规划环境影响评价人员的岗位培训和继续教育工作,高等学校中开设相关课程,确保城市规划环评从业人员的知识结构和技术水平与时俱进,不断更新。

目前,对于规划环评或战略环评人员的从业资格,尚未出台国家或地方部门规章进行限定。

2. 规划环评机构准入制度

对规划环评机构,目前仍延续 2003 年以来"单位自荐和地方(或部门)推荐相结合的方式",由国家环境保护主管部门不定期推荐部分单位编制规划环境影响评价文件❶,尚未实行"资格审查制度"❷。

当前,住建部和环保部应联手共同推进对城市规划环评个人执业资格和单位从业资质的规范化管理工作,不断深化完善个人和单位资格的准入制度,尽早成立规划环评行业协会,加强行业自律、规范行业收费、倡导公平竞争、规范有序的行业业态。

4.2.5.4　方法和技术支撑

1. 建立城市总规环评技术支撑网络平台

从部分已完成的城市总体规划环评报告的案例研究表明,不同评价机构对各项具体评价内容涉及的基本概念理解有分歧,采取的评价技术路线大相径庭,各自选取的相关定量标准取值随意性较大。如:个别的环评报告为了迎合地方政府的圈地需求,有意曲解土地资源承载力的内涵;在进行水资源承载力评价时,将"境外调水"不加区别地全部纳入可供水量范围,使水资源承载力评价失去意义等。

虽然早在 2003 年已发布《规划环境影响评价技术导则(试行)》(HJ/T130——2003),2009 年 11 月 9 日发布了《规划环境影响评价技术导则城市总体规划(征求意见稿)》。但作为技术导则不可能,也没有必要对每一项评价内容的细节做周密、详细的规定,而且上述导则从起草

---

❶　环办函[2006]211 号"关于推荐第四批规划环境影响评价文件编制单位的函"要求"所推荐单位须具备以下条件中的至少一项:(一)长期从事国家和地方有关行业规划的编制、研究等工作,具备一定数量环境保护专业人员,并具有独立法人资格的规划和设计单位;(二)具有规划环评相关工作基础(包括科研成果、课题、专著、论文等)的科研院所和大专院校;(三)在环境影响评价方面有良好的实践基础、具备一定规划环评技术储备,致力于在规划环评方面有进一步拓展的环评单位。"

❷　许多发达国家和发展中国家并没有"资格审查制度",但是有明确的从业者要承担的法律责任。

到正式发布历时较长,调整滞后。因此,由住建部会同环保部建立、维护动态更新的城市总规环评技术支撑网络平台尤为重要。技术平台在定期检讨城市总体规划环评实践(分析总规环评报告的编制质量、存在问题,调查总规环评的实施效果)和吸收公众意见的基础上,对涉及总规环评的原则和技术方法进行规范、统一。在技术平台上既发布刚性技术规范,要求所有的总规环评工作必须强制性遵照执行,也发布供总规与环评技术人员自主选用的推荐技术方法。该技术平台向从业人员提供优秀的规划环评报告案例,以探索城市总规环评的最佳实践模式为宗旨。目前,规划环评已有的技术方法和评价思路是立足于分离式、事后式环评模式,适合于早期介入、与规划过程互动的规划环评技术由于实践机会较少,亟待发展丰富。

2. 环境信息共享制度的完善

规划环评在进行环境现状分析和趋势预测时,需要获取所规划城市大量的环境监测数据。但所需的环境监测资料往往难以全面获取,原因有:监测机构不无偿提供数据;监测机构不愿把数据向外披露,尤其是有环境要素不达标的城市,即使支付数据费也不提供;监测机构的数据有限,常规监测点位、监测频率不足以满足规划环评的要求。监测数据不足将影响评价的客观、科学性。《规划环境影响评价条例》(2009 年 10 月 1 日施行)第四条规定:"国家建立规划环境影响评价信息共享制度。县级以上人民政府及其有关部门应当对规划环境影响评价所需资料实行信息共享。"但环境信息共享制度仍需进一步推出可操作的程序办法加以落实。

另外,应尽早组建规划环评学术委员会,以促进规划环评技术水平的稳步提高。规划和环保行业主管部门应积极搭建平台,促进规划设计研究机构和环境科研院所的合作交流,组织规划设计机构和环境研究机构合作开展规划环评相关专题研究。

4.3　城市总规自身对环境考量和规划环评的关系

2008 年 1 月 1 日起施行的《中华人民共和国城乡规划法》与上一版《城市规划法》相比已大大增强了环境保护的原则要求;2006 版《城市规划编制办法》增加了"空间管制"等与环境保护相关的规划内容要求。住房和城乡建设部主持编制的正处在征求意见稿阶段的国家标准《城市环境保护规划规范》也试图指导"城市总体规划中的环境保护规划"篇章的编写。

目前,城市总规自身对环境的考量与规划环评之间,在工作内容和技术方法上有部分重叠,这也是城市规划界部分机构或个人对规划环评必要性提出质疑的重要原因。民革中央在全国政协十一届一次会议上"关于改进规划环评工作方法的提案(0022 号)"中对目前规划环评工作中存在的问题与不足中指出:"二、技术方法上存在问题。……三是难以处理规划自身内容与规划环评之间的关系。一部分规划尤其是综合性的规划,本身就进行了生态环境影响的考虑,存在生态环境保护的内容。"❶笔者在进行相关方访谈时,一位环科院技术负责人在提到当前规划环评现状时说:"目前,环保部和住建部都觉得各自做得很好。如:住建部认为自己有一套很严格的论证体系,你环保部再从中间插一杠,等人家的规划方案定下来了,再去开规

---

❶ 下载自:中国人民政治协商会议全国委员会网址 http://www.cppcc.gov.cn/page.do? pa＝2c904895231929950123193e623202a2&-guid＝5a3441d7917e4ca2a8709362a6361327&-og＝402880631d2d90fd011d2deb20bd033b。

划(环评)审查会,给他提修改意见,这个从程序上讲,几乎没什么效率。"❶可见,对"城市总规自身对环境的考量与规划环评的关系"有一个恰当的说法关系到规划环评是否有必要存在以及能否被广泛接纳。

4.3.1　城市总规自身对环境考量

4.3.1.1　总规编制前的环境分析

目前大部分总规编制之前都有包括对资源(水、林地等)、环境要素(二氧化碳排放量等)、生态承载力、生态廊道等方面的分析。某些城市总规项目组甚至主动邀请专业的环境科学研究机构负责城市总规前期的生态专题研究,试图将总规方案建立在充分考虑了自然生态环境支撑能力的基础上。由于生态专题研究人员是受总规项目组的主动委托,与规划成员沟通顺畅,能充分了解总规自身的需求,专题研究成果更具有针对性。近年,已出现了很多高质量的、针对某一关注点的总规前期专题研究成果。但总体而言,总规编制前环境分析的系统性、全面性、规范性仍显不足。

如果与国外相关技术规范进行比较,目前国内的城乡规划技术体系尚缺乏对城市总规如何体现环境可持续原则的具体指导文件。已有法规、技术规范对于环境保护要求的寥寥数语不具有可操作性,不足以指导编制完成一个充分体现可持续发展原则的城市总规。以专门指导总体规划如何编制的美国加州 2003 版《加州总规指南》(*State of California General Plan Guidelines*, 2003)为例,其共有 10 个章节,有多个章节直接涉及环境可持续发展议题。其中第 2 章专门谈"可持续发展(Sustainable Development)、环境公正(Environmental Justice)、公共交通引导发展(Transit-Oriented Development)"3 项规划原则如何在总规中具体落实。在第 4 章"必需包含的规划内容(Required Elements)"中,有 3 项直接与资源、环境保护相关,即:自然资源保护(Conservation Element)、开敞空间(Open-Space Element)、噪声(Noise Element)。在第 6 章"可选规划内容(Optional Elements)"中,有 3 项也直接与资源、环境要素相关,即:空气质量(Air Quality)、能源(Energy)、水(Water)。除了上述直接涉及资源、环境要素的规划内容,《加州总规指南》在论述如何编制其他规划内容时,也对各项规划内容如何体现环境可持续原则做了具体要求,如:在住宅规划(Housing element)中会建议如何有效保存能量(Analysis of energy conservation opportunities)等❷。

而目前国内的城市总规成果中,噪声和空气质量等环境要素是在环境保护规划篇章中以极小的篇幅提及,且只是空泛地罗列环境质量规划目标、环境功能区划、污染治理对策等条款,并无实质性的规划内容。而在除环保规划篇章以外的其他规划内容中,基本是按照传统的规划技术方法进行设施规划和布局,没有真正贯彻环境可持续的目标。

4.3.1.2　城市总规中的环保篇章

目前,城市规划界一部分反对规划环评的人士认为,城市总规成果中已包括环保篇章了,不需要再进行规划环评。剖析众多城市总规环保篇章的具体内容,可见:自 1995 年后编制的

---

❶　面对面访谈,访谈时间 2011.4.14。
❷　Governor's Office of Planning and Research . STATE OF CALIFORNIA General Plan Guidelines 2003 .

城市总规的"环境保护规划"篇章基本上是按照 95 版《城市规划编制办法实施细则》的要求编写，其基本按照"环境保护规划 = 环境质量规划目标 + 环境功能区划 + 污染治理对策"的模式完成。呈现出千篇一律，流于形式的状态。环保篇章是以一种生硬、机械的方式塞到了总规成果中。其"环境功能区划"与"土地利用规划图"可能并不兼容、甚至冲突；按照总规中提出的人口规模、用地规模、产业规模发展，可能难以实现总规环保篇章中未经论证、随意罗列的"环境质量规划目标"。环保篇章中的"污染治理对策"是泛泛空谈，没有任何约束力的条款，没有任何部门以此为依据开展工作。

实际编制中，总规的环保篇章多由规划编制人员照搬范本草草完成，或者从收集到的当地环境保护专项规划中断章取义，按照《城市规划编制办法实施细则》的要求，把相应内容摘抄到规划文本中。在总规各轮成果的历次评审中，除了环保主管部门会发表个别意见，对总规方案具有主要定夺权的主管领导几乎不会关注总规的环保篇章。城市总规组织编制机关（规划委托方）对城市总规中环境保护目标的"漠视"是造成总规中环保篇章流于形式的主要原因。总规编制工作任务繁杂，规划设计人员在时间、精力有限的条件下，往往只能选择规划委托方或城市主要领导关注的规划内容进行深化完善。环保篇章中的不足之处虽然会被环保主管部门或个别技术专家指出，但多被视为总规的细枝末节。

可见，目前城市总规已开展的环保篇章编制工作并未能体现规划环评的工作内涵。

试图指导"城市总体规划中的环境保护规划"、正处在征求意见稿阶段的国家标准《城市环境保护规划规范》（以下简称《规范》）也难以有效指导总规成果如何体现环境可持续目标。该《规范》在如何实现城市环境可持续性目标方面仍处在粗浅的认知水平，仍把关注焦点放在环境污染的末端治理措施以及环境质量标准的执行等层面。同时，在我国条块分割的现行体制下，规划事权划分不清、规划内容的执行主体责任不明，以及制度上顶层设计的缺失等，导致该《规范》无法对自身准确定位。技术规范由于制度缺陷显得"先天不足"、无所适从，规划内容试图无所不包，却忽略规划的实施主体，显得无的放矢。如：《规范》仍将"确定城市环境功能区划"作为城市总规的规划内容，而环境空气质量功能区划等环境要素区划工作已然是地级市以上（含地级市）环境保护行政主管部门的工作职责。如：《环境空气质量功能区划分原则与技术方法》（HJ 14—1996）中明确指出："环境空气质量功能区由地级市以上（含地级市）环境保护行政主管部门划分，并确定环境空气质量功能区达标的期限，报同级人民政府批准，报上一级环境保护行政主管部门备案。"另外，该《规范》只字未提规划环评，其包括的"对城市环境承载力进行分析"等多项规划内容要求，与目前开展的规划环评工作重合。技术规范"回避"总规的环境保护规划与规划环评的关系，会导致总规实践和规划环评实践工作的重叠混乱。

比较而言，美国加州 2003 版总规指南专门论述交代各部分规划内容涉及的相关部门机构，对各个部门机构之间的规划事权关系和规划实施中的工作衔接关系进行描述。《加州总规指南》第 7 章专门叙述总规与《加州环境质量条例》及条例中要求的规划环评工作应如何衔接。

另外，规划环评中的一项重要工作，即对备选方案及最后推荐方案的规划环境影响的预测分析，即环评的预测功能是目前总规自身没有涉及的。

4.3.2　总规环境考量与规划环评的关系

综上分析，城市总规自身对环境的考量与规划环评的关系不仅需要好好探讨，还应以制度化文件对两者的关系予以明晰。

笔者以资源、环境承载力分析为例,对实践中总规和规划环评的重复分析问题对相关方进行访谈,以下是一位城市规划设计从业人员❶对该问题的看法。

笔者:资源、环境承载力分析在目前的总规专题研究中涉及,规划环评也作为必备内容,两者存在一定的重复。如何看待这个问题?

受访者A:不管谁做这部分工作(资源、环境承载力分析),只要做了就可以了。最后都是交到专家那去评审。如果规划环评能早期介入,规划环评机构把这部分工作做了,作为总规的前置条件,总规编制单位就可直接拿来用,不需要再做了。

而笔者访谈过的另一类受访者❷,其认为规划环评就应采取分离式、事后式评价模式,评价的主要目的就是对规划成果"打分"。规划环评只有采取"背对背"的评价模式方显客观、公正,环评不需也不能卷入规划过程,规划人员和环评人员不需要也最好不要交流,否则容易变成"一个鼻孔出气"。按照这一类受访者的逻辑,城市总规自身对环境的考量是规划编制机构自身的工作,规划环评按自己一套独立的程序和技术方法对规划成果进行评价。比如:总规编制单位在规划编制前按自己的技术方法体系开展了资源、环境承载力评价工作,规划环评机构按自己的一套技术程序再开展一次资源、环境承载力评价工作,对规划成果合理性进行评价。你做你的,我评我的,即使两者的实际工作内容极为雷同。有受访者将其类比为两家不同的研究机构针对委托方委托的同一研究课题,分别独立开展研究,以此互相验证研究成果是否合理。

这里其实涉及对规划环评的角色定位问题。朱坦等认为:"规划环境影响评价应对规划起着'评判员'的作用,目的不是编制规划,更不能用环评代替规划。现阶段,对规划环评人员的角色定位认识上还存在两种错误的倾向:一是环评人员和规划人员一起做规划,环评人员从'评判员'转化为'运动员',削弱了评价存在的价值;……"❸

笔者访谈的另一位规划设计人员对规划环评如何"定位"的看法截然相反。

受访者B❹:希望规划环评是引导性的。规划的诉求、规划环评对保护自然生态环境的诉求,通过规划和规划环评的互动,尽量满足,使两者均实现利益最大化。

我不希望规划环评单独去做,我更希望规划环评要和规划融合在一起,不是说让你做规划环评,你就评价这个方案的优劣,对于规划环评从业者而言,不应该有这个思路。

笔者:你认为规划环评不应只是"打分"?

受访者B:你凭什么给我打分,打分有意义吗?……你认为评价一个规划文本有意义吗?纸上谈兵。

归纳规划环评利害相关受访者的看法,对于"总规对环境的考量与规划环评的关系"目前

---

❶ 该受访者是一规划设计研究院副院长,其对早期介入的互动式规划环评模式基本不排斥。其在开展含有生态敏感区域的城市总规或概念性规划时,经常委托环境科学研究机构承担前期的生态专题研究工作。访谈时间2011年4月14日。

❷ 笔者访谈的同济大学建筑与城规学院4位教职人员和1位城规博士生均表示类似观点,访谈时间2010—2011年。

❸ 朱坦.我国战略环境评价的特点、挑战与机遇——《环境影响评价法》颁布五年之后的思考[C].// 国家环境保护总局.第二届环境影响评价国际论坛:战略环评在中国会议论文集.北京,2007.

❹ 受访者是上海某规划设计院规划项目负责人,城市规划专业,有8年左右从业经历。访谈时间2011年4月14日。

有两种观点。

观点一:互动协作关系

目前,国内环境影响评价工作,正在逐步由行政事业性质转为中介咨询性质,作为在市场经济条件下提供技术咨询服务的中介机构,与编制规划的规划设计咨询机构一样,同属于技术咨询服务提供者,是依托其环境科学领域的专业技术积累提供相关的专业服务。其提供环评咨询服务的根本宗旨是促进形成一个体现环境可持续原则,充分考虑环境影响的城市总规成果,从这个角度而言,环评咨询服务机构不是"评判员"的定位,而是"运动员",其必须与规划编制技术机构紧密合作,才能有效完成这部分工作。这时候,回答"城市总规自身对环境的考量与规划环评的关系"这个问题的答案就如同受访者 A 的思路,大家是一个"分工协作"的关系。理想状态下,(规划和规划环评的)咨询服务的委托方自身应意识到:我既然单独花钱请了一个专门的环境咨询机构,当然应使其价值最大化,应使其在总规的不同阶段向城市总规设计单位提供不同的专业信息。在委托方已经专门委托环境咨询机构的条件下,城市总规编制单位自身对环境的考量可以"弱化",相当于原来自己完成的这部分工作已"外包"给了环评机构。就如目前一些城市总规的若干专题研究工作,如:经济产业专题、交通专题、生态专题,由规划设计机构或规划委托方再委托一家专业研究机构完成一样,但专题研究需要与总规工作紧密衔接。

如果委托方或规划设计机构委托专业环境咨询机构进行生态等专题研究是"自选动作",是一种主动的追求。那么,城市总规环评任务的委托,则是国家或地方规划环评制度规定的"必选动作",带有一定的"被动"性。但如果制度要求和内在诉求能取得一致,规划环评就完全可能以本论文倡导"内容关联、方法共用、信息共享"的互动式总规环评模式开展。

观点二:各自独立工作关系

这一观点是建立在将规划环评定位于"评判员"角色的前提下。当规划环评定位为"评判员"时,规划环评的重要职能主要是给规划成果"打分"。此时,总规自身对环境的考量仍是总规自身的事,规划编制者该怎么做(按照建设部的相关法规、技术规范)或者想怎么做(一般对于生态环境较为敏感城市或经济发展程度较高,地方政府环境意识较高的城市,规划编制机构对总规成果的环境可持续性有更高的诉求),仍照旧进行。规划环评更多的仍是在总规成果完成后按照规划环评的一套体系,独立开展评价工作。"总规对环境的考量与规划环评"两项工作之间没有直接关联。虽然,总规对环境的考量越充分,评价"打分"越高。但是这种"末端"评判"高分"的环评工作价值大大降低。

4.3.3　倡导形成互动协作关系

目前大量已完成的城市总规环评工作是按照"观点二"的模式完成的。其规划环评实效在论文其他章节有相关实证分析。笔者更为支持"观点一",倡导总规和规划环评建立分工协作的关系,总规自身对环境的考量与规划环评工作应充分整合,充分利用环评机构的专业优势,将其对城市环境问题的深入分析融合到规划方案的形成过程中,总规自身负责生态与环境规划的人员应充当规划和规划环评之间有效沟通的"桥梁"。因为无论是总规自身对环境的考量还是规划环评的技术手段和方法都还在发展中,都有很大的提升空间,采取分工协作的关系,而不是"背对背"独立工作,有助于不同学科背景的专业技术人员加强对相关行业领域的了解,充分发挥彼此的优势,既有助于城市规划学科自身的发展,又有助于规划环评有效性的提高。在双方充分的互动交流中,会萌生出一些新的想法和做法,能更快地破解目前规划和规划环评遭遇的技术瓶颈。

受访者同济大学环境学院陆雍森教授[1]认为:"做好资源(水、矿藏等)、环境要素、生态承载力以及生态安全格局等方面的分析,需要很强、很宽的经济、社会、政治文化和资源、环境方面综合性的专业知识和技能。采取互动协作模式,有助于互相取长补短、共同完成一项困难的任务"。

4.4 城市总规自身困境和规划环评的应对

4.4.1 困境1:面面俱到、重点却不突出

城市总规被喻为"城市建设发展之纲"。翻阅任何一个城市总规成果,都会发现城市建设的方方面面尽在其中。近年,逐步强调城市总规的公共政策属性,所以除了保留大量物质层面的规划内容,总规成果中又增加了很多阐述公共政策的条款;另外,总规应强化发展战略研究,把工作要点放在城市定位、发展战略等方面也已是业界日益达成的共识,因此总规文本中也会有阐述城市发展战略的条款。柳意云等曾系统归纳了转型时期城市总体规划面临的诸多困境[2]。

随着06版城市规划编制办法的出台,有关总规编制现状及其存在问题的讨论更为热烈。如:2007年第二十辑《理想空间》推出了"新形势下的城市总体规划"专题,业界人士各抒己见。其中,裴新生认为:城市总规编制的内容过于庞杂,面面俱到,但往往重点不突出。总体规划需要突出和强化的内容没有重点研究,而许多与总体规划阶段关系不大或其他专项规划可以解决的内容却割舍不去。但凡城市发展中遇到的问题无论轻重缓急,均需要规划特别是总体规划来协调,造成总体规划不堪重负,规划成果越编越厚,真正能解决问题的却不多。[3]

的确,城市总规高度综合性和整体性的内在要求,需要其"面面俱到"地去识别与今后城市发展相关的各种问题。重要的是在识别的基础上,确定重点,由繁到简做出具有地方特色和可持续性的规划决策。

规划环评的应对:

城市总规自身内容繁杂,迄今对于什么是总规的核心要素?总规到底要舍弃什么、保留什么,某些方面仍未达成清晰的共识。如果不加甄别,对总规成果提及的所有内容都展开规划环

---

[1] 受访者首先是以电子邮件交流上述看法,随后在2011年6月10日面对面访谈中进一步交流与此相关问题。

[2] 柳意云认为,转型时期城市总体规划面临的困境包括:①城市总体规划编制(修编或调整)频繁。②城市总体规划编制内容不符合城市发展要求:内容复杂,面面俱到,既深又细;规划重心偏离,规划操作性不强;规划年限内城市规模的确定难度大;现有的城市用地分类与规划建设用地指标不符合现代城市发展的要求;城市总体规划作为法定文件是否合适。③城市总体规划编制方法的缺陷:精英还是全才——缺乏协作的总体规划;集中还是民主——缺乏公众参与的总体规划;多变还是永恒——缺乏弹性的总体规划;趋近还是实现——缺乏连续性的总体规划。④城市规划实施的障碍:规划审批周期长;经济发展的快速变化冲击着城市总体规划的实施;规划执法不严,法规弹性大,难以保证总体规划的实施;经济利益大于社会效益。参见:柳意云,闫小培.转型时期城市总体规划的思考[J].城市规划.2004,(11):35-41.

[3] 裴新生.当前总体规划编制中的若干问题研究[J].理想空间(第二十辑)新形势下的城市总体规划,2007.

境影响评价,将耗费大量的精力,结果也会和评价对象"城市总规"一样,极易面面俱到,却没有重点和针对性,无法解决当务之急。目前的分离式总规环评模式下,评价工作由环境科研院所承担,由于对城市规划缺乏必要认知,往往难以把握总规环评的要点。其与规划决策过程各自独立地平行开展,虽然总规编制可以"顺利完成"、不增加规划工作量,却缺少实效,徒增规划环评费用等制度成本。互动式环评模式下,环评介入规划过程,要注意有的放矢。但是,互动模式也可能进一步增加总规工作的繁杂程度和工作量,仍是需要解决的问题。以下初步探讨可能的缓解途径。

(1) 抓住总规核心内容展开互动。互动式规划环评旨在将环境和可持续发展因素纳入规划决策过程中,在增进规划成果环境可持续性、科学性的同时,必然要增加论证环节,原来一笔带过的工作需要专门论证,并作为规划决策的依据,总规工作繁复程度的增加是不可避免的,此为互动的必要成本。对此,仔细权衡、识别并且抓住总规的核心内容开展环评,就可能最大限度降低互动的无效成本。比如,总体规划的主要任务之一是统筹安排城市各项建设用地,进行空间合理布局,是城市总体规划工作的核心内容,这已广泛达成共识,可据此设计环评互动节点和互动内容。

(2) 因城市制宜。由于我国各地区发展差异较大、部门事权不同,城市总规所能发挥的调控作用因城市而异。作为规划和规划环评人员,要充分了解所规划城市的规划实施运作体系,总规对城市建设的实际指导效力。据此决定规划环评的关注重点。如:总规中所涉及的很多内容的实施主体并非城市规划和建设部门,而是其他行业主管部门,这些行业主管部门未必遵照总规的部署开展工作。总规环评应抓住总规真正发挥实效的相关内容展开评价。

(3) 总规中的各项专业规划。总规内容庞杂,亟待精简,尤其是涉及各个行业主管部门的专业规划内容。对于各行业发展完备的大、中城市,各行业主管部门已把主持编制行业发展规划列为部门职责之一。总规不必按照《城市规划编制办法实施细则》逐项编制专业系统规划,而是在进行"规划协调性分析"的基础上,把行业主管部门已有的专项规划"纳入"、整合到总规成果中,总规的工作重点在于:a.分析评价该专项规划与总规其他内容是否衔接、一致;b.该专业系统发展建设所需用地,总规能否予以满足,对其提出的设施、管线用地规模、用地选址进行复核并提出调整意见;c.提出该专业系统的设施与其他专业设施优化整合的方案,并经各相关专业机构确认;d.总规编制单位向行业主管部门书面提出对该专项规划的调整建议,作为专项规划再次修编的正式依据;e.行业主管部门对总规提出的调整建议进行分析,对调整方案达成共识,再以书面正式文件反馈给总规编制单位;f.总规将该调整后的专项规划编制方案"纳入"到总规成果中。专项系统自身的合理性由行业主管部门及其上级主管部门把关,相应的由行业主管部门委托环评机构对专项规划开展规划环评保证专项系统规划自身的环境可行性。这样,总规环评阶段对总规专业系统规划的环评可另有侧重和分工,不具体剖析专业系统内部的问题,而是根据上述总规的 6 项工作内容考虑评价要点。由于国内各城市发展不平衡,对于一些尚没有完善的专项规划编制体系的小城市,如果总规编制时无专项规划可"纳入",仍需要总规按照《城市规划编制办法实施细则》的要求进行专业系统规划。此时,专业系统规划本身的环境合理性则需要在总规阶段进行环境影响评价。

4.4.2　困境 2：编制、审批周期过长

城市总体规划由于内容多、综合性强，编制周期长，一般大中城市需要 1-3 年时间，而小城镇也要半年到一年的时间。另外加上规划审批程序周期长，批准之日就是修编之时已是普遍现象❶。根据笔者访谈❷了解到，造成规划编制周期长的具体原因有：交通方案（铁路、高速公路）调整导致规划方案重新调整；为了与土地利用规划对接而影响总规进度；在规划编制过程中，一些工业或基础设施等重大项目落地，使已初定的用地布局和产业结构需要调整；有些城市希望法定的总规跟着招商项目调整，所以使总规始终处于编制状态中；领导意见不一致或中途更换领导而使规划方案频繁调整。受访者提到，目前尚没有出现因考量生态环境问题而延长总规编制周期的情形。

规划环评的应对：

规划环评目前虽然不是造成总规编制审批周期长的原因。但可以预计，未来随着国民环保觉悟提高，公众参与程度的提高，对于侵占生态敏感区等环境影响大的规划方案将持更加审慎的态度。采取互动式规划环评模式，可能会出现因为考量重大生态影响延迟总规方案决策。这样的延迟是合理的、是互动的和非互动的规划过程都必须付出的成本。而通过有效管理和制度保障，可尽量缩减所需付出的无效时间成本。

4.4.3　困境 3：长远规划的不确定性

有从事规划设计研究工作的受访者认为：总规要改革，目前总规有极其多的弊端，总规要做出长远、全面的预测是超出能力、超出水平的；总规不应该是一个法定规划，作为法定规划很不严肃，只能是一个政策建议，供决策者参考，不是用来执行的，不能作为法定内容。对于总规环评，其认为：总规基础薄弱，做规划环评需要很多具体数据，如果（总规提供的）具体数据本身不正确的话，就很难预测准确。总规的规划期限太长，对 20 年的规划很难环评，对 1—5 年规划可以做环评。10—20 年变化有多大，简直是不能预测的。

规划环评的应对：

对不确定的未来做出前瞻性的预测是总规和规划环评共同面临的困难，也是 21 世纪的全球化时代所有城市必须应对的问题。作为技术咨询机构，一方面，可以采用多种新兴科技手段，特别是研发出更可靠和有效的工具以解决目前的困难，如：大连案例尝试采用蒙特卡罗采样的情景分析方法解决规划的不确定性问题。另一方面，调整总规或总规环评自身的内容和定位，做一些"力所能及"的工作可能更为务实。有研究者早已指出：战略环评（SEA）发展趋势中重要的一点就是，在整个 SEA 过程中越来越注重战略决策形成过程及互动的作用。不必过分强调规划环评"准确定量预测"的职能，定量预测只是规划环评的评价内容之一。

4.4.4　以"过程互动"解脱总规困境

针对"总规本身内容繁杂，程序过多，时间过长，也需要精简等总规存在的困境。互动式规

---

❶　柳意云,闫小培.转型时期城市总体规划的思考[J].城市规划.2004,(11):35-41.
❷　受访者有 15 年城市规划教学研究和设计经历,承担过多项总规项目.访谈时间 2011 年 4 月 12 日.

划是否还会进一步增加总规的负担?"这一问题,笔者补充访谈了某规划设计研究院负责规划环评工作的总工❶,其认为:

目前的程序大部分都是形式上的,没有达到真正的作用。只有一开始的互动参与模式才能解决总规现在面临的问题。如果在编制过程中就注入这么一个其他部门都来参与的程序的话,由于过程中就参与了,把环评的很多意见和要求,都融入到规划方案中,只要达到目的了,这个程序的作用就已经实现了。

过程性、互动式环评是很好的方法,可以解决目前总规的一些弊端。不能简单说总规现在程序很复杂、内容很繁琐,再加上互动式环评就是"添乱"。就比如:吃药帮助消化一样。本来不消化,吃药不是吃得更多了吗? 但这个药是帮助消化的。我用互动式程序("吃药")是来解决目前总规存在的问题("不消化")。互动式环评不是"添乱",而是"治疗"总规目前不能自身完善、自身不能解决的一些"病症"(问题)的一剂"良药"(对策、方法)。

如果全过程参与的话,某些程序是可以简化的,某些流于形式的征求意见、翻来覆去的争论等程序就可以简化,很多问题一开始就可以得到解决。现在往往是到后面没有退路了(事先已经走了很长一段路,如果由于规划环评的意见而把前面的工作重新来过,让人觉得这样很难接受),刚开始先是妥协,到后面矛盾暴发了,再全部重新来过。

_____

❶　访谈时间为 2011 年 9 月 29 日。

第 5 章
城市总规和环评的过程互动

5.1　流程管理工具在规划设计行业的应用

规划设计流程管理是城乡规划学与管理学两个学科的交叉专题。当前,规划设计行业常忽视流程、缺乏流程经验的总结。规划设计经验丰富的一线规划师往往没有时间以书面形式归纳其工作套路,详细地描述合理的设计流程。项目组织工作多数是由规划师依据其固有的经验来完成,而不是执行科学设计的流程。目前很少有设计公司在某个设计阶段开始前,对本阶段的工作流程进行较为系统、翔实的计划,即使有类似的工作计划,也仅仅局限于制定"时间进度表"、"人员安排"、"工作安排"等,仅仅规定阶段性目标,而缺乏针对设计行为和低层级设计任务的统筹计划。且设计行为关联性差,发散性强,不能起到控制行为时序,提高设计工作效率和质量的目的。《城市规划编制办法实施细则》等文件对规划设计各阶段的设计成果内容和深度提出了要求,但没有阐述该如何去完成一个设计:通过何种途径、考虑何种因素、解决何种问题来形成这些成果。这些计划没有触及"流程"的本质。规划设计团队成员尚没有"做好自己的事,同时心中装着整个流程"的全局意识❶。

5.1.1　关于流程管理工具

5.1.1.1　基本概念

1. 流程

流程(Process),通常又称业务流程(Business Process),是把一个或多个输入转化为对顾客有价值的输出的活动。

流程包含 6 个要素:流程的输入;流程中的若干活动;流程活动的相互作用;输出结果;顾客以及流程最终创造的价值。流程的输入包括:各种人、财、物、信息的投入。流程活动的相互作用,即流程的结构,是指流程活动串行、并行、先做、后做的关系。流程是一个嵌套的概念,流程中的若干活动也可以看做是"子流程",可以继续分解成若干活动,即组成流程的活动本身也可以是一个流程❷。

2. 流程管理❸

流程管理,全称业务流程管理(Business Process Management,BPM),是一种以规范化地构造端到端的卓越业务流程为中心,以持续提高组织业务绩效为目的的系统化管理方法❹。

---

❶　王晶. 我国居住地产项目规划与建筑设计流程研究[D]. 天津:天津大学建筑学院,2008.

❷　王玉荣,彭辉. 流程管理(第 3 版)[M]. 北京:北京大学出版社,2008.

❸　葛星,黄鹏. 流程管理理论设计工具实践[M]. 北京:清华大学出版社,2008.

❹　导致组织认真考虑建立或者再造项目管理流程的原因有:①由于没有实现流程化管理,使得各职能部门各自为政,缺乏对业务全局的考虑与关注。虽然各个职能部门内部现有的业务流程相对比较清晰,但从企业全局来看,仍然没有实现有效合理的协调与衔接。企业的信息系统割裂、孤立,形成信息壁垒,各个部门自成体系,没有形成统一、协调的信息共享。②企业初创的时候,决策的执行依赖领导的个人魅力和个人执行力,效率很高。当企业发展到一定规模时,需要从人治向系统管理过渡,这个过渡过程中需要建立流程。让高层领导更关注外部市场变化,对内的事情通过流程把它固化下来。③当企业规模发展到几百人的时候,有很多事情需要跨部门决策。这个时候需要协调的东西太多,时间一长会降低协调的效率,这时需要通过流程把管理经验固化下来。④当组织的某个或者某几个核心员工流失的时候,很多关键的技术和项目文件就流失了,项目目前的状态没有一个人能够清晰地描述。让管理人员直接想到需要用流程将很多知识固化下来。⑤当项目出现问题或者发现风险之后,组织需要考虑通过完善流程来提高风险防范能力。参见:周全,卢毅. 组织级项目管理体系规划建构与 IBM 全球实践[M]. 北京:电子工业出版社,2009.

　　流程管理包含三个层面:流程规范、流程优化和流程再造。对于已经比较优秀,符合卓越流程理念,但不够规范的流程,可以进行流程规范;如果流程中存在一些冗余或消耗成本的环节等问题,可以进行流程优化;对于一些积重难返、完全无法适应现实需求的流程,就需要进行流程再造。

　　流程管理不是一步到位的,需要不断地进行循环、反复,持续提升和创新。这样,才能保证业务流程始终是卓越的。

5.1.1.2　流程优化步骤和方法

　　流程优化工作可以按照:流程描述(或称"流程梳理")、流程诊断、流程建议 3 个步骤进行❶。

1. 流程描述

　　流程描述(或称"流程梳理")是立足整体,对整个业务流程情况进行详细描述。流程描述要的是"现场实录"版本的描述,而不是几个管理人员在办公室里想象出来的、抽象美化过的简洁流程图。不要流水账似的流程,而要给流程图多一些维度和信息❷。

2. 流程诊断

　　流程诊断的目的是分析流程是否合理,并说明原因,提出流程优化的方向。流程诊断常用方法有:

　　1) NVA/VA 分析法:分析增值(Value Added,VA) 活动与非增值(Non value-added,NVA)活动在所有活动中所占的比重,判断整个流程是否合理。

　　2) 5W1H 分析法:为什么要开展这项工作(Why)? 工作内容是什么(What)? 具体安排谁去做(Who),即流程各个环节工作的执行者,由哪个人完成,还是需要几个人一起完成,执行者所需素质,项目成员数量、分配? 从什么时候开始做(When)? 应该在什么地方做(Where)? 怎么做(How)?

　　流程优化的方向包括:①业务部门(流程的关键责任部门)自己谈流程现状存在的问题,以及可以改进的方向。②流程的服务对象(客户或相关部门)谈流程的问题和希望改进的方向。③标杆的借鉴。社会上标杆的业务部门,相应的流程是怎么做的,与我们在哪些地方有区别,可借鉴的是什么。

3. 流程建议

　　(1) 取消。不能增加附加值,又不是必要的活动环节,可以建议取消。

　　(2) 合并。对流程中性质或程序类似的,且所用到的资源基本相同的环节,可以建议合并。

　　(3) 重排。对流程中的那些运作效果不佳的串行环节,可以建议变为并行,另外,对各项活动的顺序也可以进行重新排列。

　　(4) 简化。如果流程中的环节过多,程序太复杂,则可以采用新技术、新方法来进行简化。

　　❶　田智慧,王玉荣.流程管理实战案例[M].北京:机械工业出版社,2007.

　　❷　流程描述过程中常出现的错误有:①不是真实的描述现状,而是从制度要求的流程或者自认为正确的愿景流程进行描述;②画图时,范围不清晰,一直画到别的流程里去,或者两个部门在画同一个流程,画得还不一样;③到了描述的后期,仍然按照职能部门分工画,而不是形成流程的小组去画。导致流程图成为部门职能说明。参见:王玉荣,彭辉.流程管理(第3 版)[M].北京:北京大学出版社,2008.

5.1.2 流程管理运用于城市总规

5.1.2.1 流程管理提供了一个突破条块分割的工具和跨学科合作的平台

一般企业积极引入流程管理的目的是:建立跨部门、跨岗位分工与协作的理念和共识。打破"科层制"中部门之间的壁垒,建立"以客户为导向"的思维方式,建立"以流程最终产出为导向"的行为方式。流程管理试图打破传统职能部门的隔阂,提供一个突破原有条块分割的工具。

在具有全面、综合和高度复杂特性的城市总体规划及其决策过程中引入流程管理思维,可以使不同学科背景的规划设计人员之间、设计机构内、外部团队之间(如:规划环评和规划设计机构之间)跨学科合作与交流有序化、逻辑化。使不同利益相关方(政府、各行业主管部门、企业集团、非政府机构、专家、个人)的利益诉求都纳入流程管理的框架,在透明、开放的统一平台中进行相互交流和整合。

5.1.2.2 知识管理的效益通过流程管理的渠道加以流通和发挥

规范的流程是企业形成知识沉淀和快速复制能力的重要基础,是以规范运作代替经验主义的重要标准化工具。流程管理是对企业最佳实践经验和教训的不断反思和总结,是采取最好的路径、最低成本去做正确的事。用流程将知识固化下来,将管理经验固化下来以充分发挥知识的效益。

在全球气候变化、国内环境污染和生态破坏日益严重的背景下,"生态城市"、"低碳城市"的规划和建设在国内已有广泛的探索和实践,理论和技术方法上已有一定积累。亟需规范、梳理、整合,并最大限度地纳入并固化到具有较高法定地位、影响力较大的城市总体规划编制规范和方法体系中。以减少编制了城市总规以后再编制各类生态、低碳类非法定规划的成本,同时避免法定规划和非法定规划两层皮的局面,即:法定规划编制和技术规范体系仍沿用传统理念编制和实施。非法定规划虽然有好的理念和先进的规划方案但因没有法定地位无法落实并且有效实施。

5.1.2.3 以流程可以细分的思维促进城市总规更具体、细致地落实环境可持续性目标

流程是一个嵌套的概念,流程中的若干活动也可以看做是"子流程",可以继续分解成若干活动。即规划编制流程是可以往低层级细分的。在细分的工作环节中可以发掘出需要考量环境、生态、资源等限制因素的诸多节点。即在城市规划工作中能"无微不至"地考虑城市规划的相关子目标。

5.1.2.4 借鉴流程优化和流程改造的思维推动城市总体规划变革

转型时期,城市总规面临多重困境,如:内容过于庞杂、面面俱到,但往往重点不突出等。城市总体规划变革的呼声已持续数年,并不断有学者提出变革方案。可以借鉴流程描述、流程诊断和流程建议的流程优化思维,以流程管理为工具推进城市总体规划的变革。

5.2　城市总规工作流程梳理和环评程序的契合与互动

5.2.1　城市总规工作流程梳理

在现阶段,城市总规编制人员较少按照书面化、制度化流程指导城市总规编制工作,也鲜有研究者按照管理学中"流程管理"的思维和"流程优化"的方法、步骤对城市总规的编制流程进行系统全面地检讨[1]。本书采用访谈归纳法和文献分析法对目前城市总规常规编制流程进行梳理(又称"流程描述")。

访谈归纳法:和有多年总规编制经验的城市规划师面对面交流,记录其当前实际工作中总规编制过程、各分项工作开展的先后顺序。为了避免一家之言的片面,笔者对多家不同背景的设计机构、不同阅历和工作背景的多位规划人员进行访谈,可以归纳出代表近阶段特点的常规总规编制流程。这套流程是规划工作人员在长期规划编制实践中约定俗成、行之有效的套路,是把《城市规划原理》等教科书传授的规划知识与实践结合,具有现实可操作性。而作为规划技术人员,遵从技术规范是其工作的首要原则。2006 版《城市规划编制办法》是近阶段规划技术人员编制总规的主要依据。

文献分析法:从讨论城市总规编制方法的期刊、学位论文中了解当前城市总规编制方法的动态,结合现行《中华人民共和国城乡规划法》、《城市规划编制办法》等文件中对总规编制内容的要求,对访谈法归纳的总规编制流程进行完善,提炼绘制总规编制总体流程图和各关键规划要素编制流程图。

城市总体规划的全生命周期包括:城市总规编制→城市总规实施→新一轮城市总规修编前的研究论证 3 个持续渐进的过程。

5.2.2　城市总体规划环境评价的互动的阶段和内容

城市总体规划编制过程可分为:基础资料收集和调研、专题研究、总规纲要编制、总规技术成果编制 4 个阶段(图 5.1)。

5.2.2.1　基础资料收集和调研阶段

1. 阶段描述

城市总体规划的基础资料收集和调研阶段的特点是:①受支持力度最大。城市总体规划修编动员大会往往由市长、市委书记亲自主持,各行业行政主管部门必须给予大力配合,按编制单位要求提供各类资料。与编制其他单项规划或技术文件遭遇的资料收集难、"被踢皮球"等困境大不一样。②牵涉部门多,沟通、协调充分。城市总规牵涉到城市建设的各个领域,规

---

❶　纽心毅在城市总体规划中的土地使用规划支持系统研究中,出于建立规划支持软件系统的需要对城市总体规划工作流程进行了粗线条梳理。参见:纽心毅. 城市总体规划中的土地使用规划支持系统研究 [D]. 上海:同济大学建筑与城市规划学院,2008.

王晶在我国居住地产项目规划与建筑设计流程研究中对规划建筑设计行业的设计流程进行了系统研究,并绘制了房地产项目修建性详细规划阶段、初步设计阶段等不同阶段的设计流程图。本书较多借鉴了王晶的流程梳理方法。参见:王晶. 我国居住地产项目规划与建筑设计流程研究[D]. 天津:天津大学建筑学院,2008.

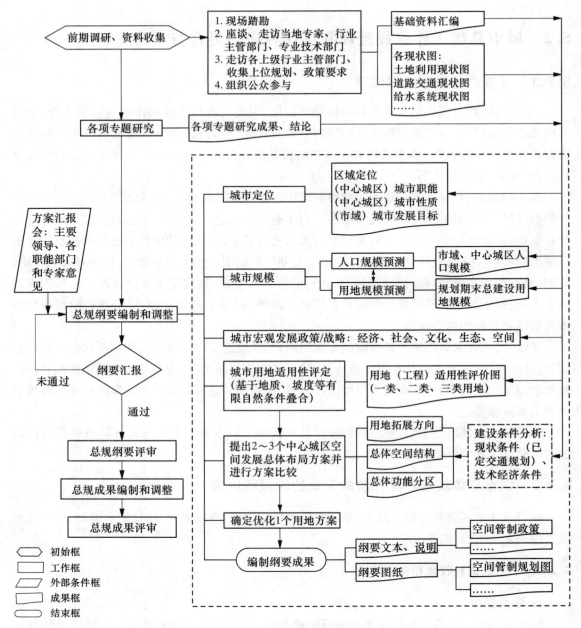

图 5.1　城市总规常规编制总体流程图

划编制人员能够与各职能部门、重要企业和社会团体通过座谈会、走访等多种形式,进行全方位沟通和交流。

　　本阶段的成果是形成"基础资料汇编"和相关现状图。"基础资料汇编"是对城市现状的记录和分析,其中会包含"环境保护现状"章节,包括:对环境质量现状、环境污染和生态保护与破坏现状的陈述,对环境保护中存在主要问题的总结等内容。

　　2. 互动内容分析

　　在分离式总规环评模式下,为了开展环境评价工作,通常环评人员需要独立开展资料收集工作。他们能从环保行政主管部门获取深层次的资料,但往往难以获取其他部门的相关信息。

因此,基础资料收集的全面性远不如城市总规。环评和总规分别开展资料收集和现场调研,易导致:①两者获取的信息不对称(规划环评人员掌握的资料和信息远不如总规编制人员)、基础数据出现不一致,易出现数据可靠性引发的分歧和争议;②大量的重复工作。如,各自进行公众参与问卷调查,既浪费双方的精力和时间,也增加相关行业主管部门配合工作的负担,浪费了社会资源。

在互动式环评模式下,规划环评和总规的资料收集、现场踏勘工作可以合并、同步地开展以下工作:

(1) 向委托方提供一份经过整合的开展城市总规和总规环评共同需要的《拟收集资料清单》,实现所收集原始资料的共享;

(2) 共同组织召开部门座谈会,听取相关行业主管部门的意见;

(3) 整合公众参与程序。共同发布《告市民书》,设计出同时符合城市总规和规划环评工作要求的公众调查问卷,向不同类型的公众发放;

(4) 整合"环境现状调查与评价"工作。

前期调研和资料收集阶段涉及土地和自然资源利用、环境质量现状和环境污染情况等的调查收集工作。主要可以由规划环评人员承担,系统全面的资源承载力和环境质量现状分析等内容在环评报告中呈现,简写版内容放在《基础资料汇编》中。规划环评对资料收集处理后输出的与自然生态和环境保护有关的深层次信息可作为总规下一步工作开展的直接依据。

5.2.2.2　专题研究阶段

1. 阶段描述

城市总规专题研究是根据城市现实情况和规划编制任务的要求,针对特定专题所进行的研究。可分为:与资源、生态环境直接相关的专题;与资源、生态环境间接相关的专题。各专题研究结论将指导总规纲要成果。近年,城市总规常设的专题研究内容有:人口规模专题研究、用地规模专题研究、产业发展专题研究等。

如:深圳 2007 版总规共设置了 20 个专题研究课题,其中"城市综合交通与公共交通发展布局研究"、"城市公共服务设施发展与规划布局研究"、"密度分区与城市设计研究"、"全球生产方式演变下的产业发展转型研究"等 14 个专题是与资源、生态环境间接相关的。由于城市环境现实问题日益突出,深圳总规设置了 6 项与资源、生态环境直接相关的专题研究内容,包括:"城市可持续发展决策支持系统研究"、"城市环境容量与合理规模预测研究"、"生态城市建设与环境保护研究"、"城市可持续的能源发展战略研究"、"城市水发展战略研究"、"城市建设的气象影响评估"。其中有些内容与规划环评常规评价内容是重叠的。

2. 互动内容分析

开展规划环评工作时,需要处理好与总规专题研究工作的关系。规划环评与总规的专题研究应注意彼此的分工协调,避免重复。规划环评应以共同认可的途径建立两方面专题研究人员和机构的沟通、互动渠道,为专题研究提供环境支撑或制约条件,对各项规划专题研究的初步成果从资源和生态环境角度提出建议,尤其是经济产业专题。否则,如果专题论证研究中对某些重大环境影响缺乏考量,导致其论证结论与资源环境承载力不兼容,以该研究成果和结论作为总规纲要的指导依据显然不合适。

5.2.2.3   总规纲要编制阶段

1. 阶段描述

按照《城市规划编制办法》第二十九条,城市总体规划纲要阶段基本明确了总规的核心内容,包括区域定位、城市性质、发展目标;城市宏观发展策略;人口和用地规模等。在此阶段,将进行城市用地适用性评价,提出2～3个用地布局方案,并经过几轮方案汇报会,确定并优化1个用地布局方案,最终提出空间管制的禁建区、限建区、适建区范围。

在实际总规编制过程中,由于规划编制委托方的要求,或设计人员一味地追求中间成果的数量效果,总规纲要阶段往往已囊括了城市总体规划的全部内容,即成为"全盘覆盖式的规划纲要"❶。由于纲要编制的时间有限,无所不包的纲要成果往往较为粗浅,重要问题缺乏周密论证。

2. 互动内容分析

纲要阶段总规的核心内容基本确定。因此,纲要阶段是规划环评的重点,尤其是其中的"用地适用性评价和空间管制规划",其编制是否合理是确保城市生态安全,城市发展方向符合环境可持续性原则的重要前提,规划环评以互动模式介入,将有力促进总规纲要阶段全面考量环境可持续性目标。另外,在此阶段要参与用地布局多方案比选,参与规划方案比选和优化是国际上规划环评的核心工作,也是互动的重点内容。规划环评人员应将注意力置于纲要阶段必须明确的核心规划内容开展互动式环评,而不能对纲要成果做面面俱到的评价。

5.2.2.4   总规技术成果编制阶段

1. 阶段描述

总规技术成果编制阶段是对纲要阶段最终确定的规划方案的深化过程,并进行详细的用地布局。一些细节的要素在此阶段考虑。最终的城市总规技术成果包括:文本、图纸和附件。文本是系统表达规划意图,便于规划管理,以条文形式对规划的有关内容提出的规定性要求;附件包括:规划说明书、基础资料汇编、专题研究。规划说明书的内容主要是分析现状、论证规划意图、解释规划文本等❷。规划成果中各部分规划内容的编制流程详见第6章。

2. 互动内容分析

在节点互动模式下,规划环评应对最终确定的规划方案所带来的环境影响进行预测、分析和评价,并提出调整建议和减缓措施;在融合互动模式下,规划环评可进一步渗透进入各个关键规划要素的编制流程中,在更低层级的工作环节中,与规划过程产生互动,可为规划方案的细化提供一些定量的依据,如距离控制指标等。

综上,在城市总规编制阶段,结合目前城市总规环评工作内容,可初步设置如图5.2所示5大环评互动节点。

5.2.3   互动式总规环评工作程序

互动式环评模式下,要求委托方同时对规划编制任务和规划环评任务进行委托。任务委

---

❶   郑文含. 中小城市总体规划编制方法探讨[D]. 上海:同济大学建筑与城市规划学院,2006.
❷   上海同济城市规划设计研究院. 城市总体规划成果技术规程(ZG-TJGC)[S]. 2009.

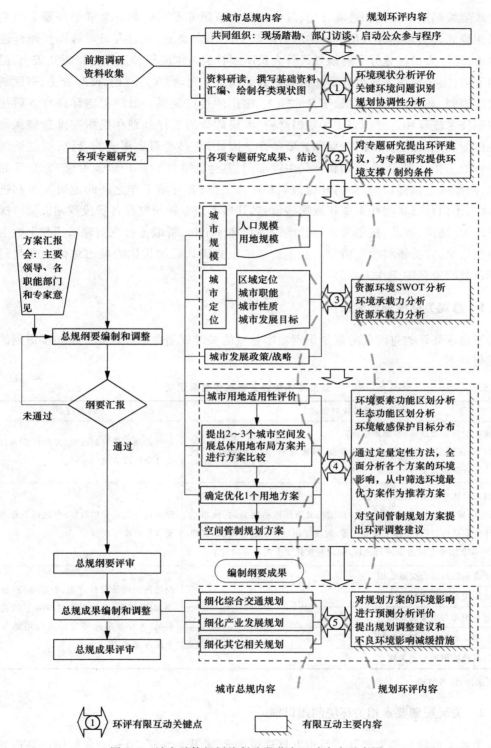

图 5.2　城市总体规划编制阶段节点互动内容示意图

托后,规划和环评互相融合的工作可参照以下程序开展:①首先由城市总体规划编制机构结合所规划城市的特点和委托方的编制内容和进度要求,以及规划设计人员自身的经验做法,制订初步的规划编制技术流程和进度计划,其中包括类似第 6 章归纳的各关键规划要素的编制流程。②在规划人员和环评人员组成的项目团队的工作会议上,规划人员对该初步流程进行介绍并讨论,环评人员在充分了解规划设计人员所制订的技术流程和工作思路的基础上,提出环评互动节点,提出环评工作拟打算如何与规划编制工作互动,双方讨论,彼此分工,书面制订更为细致的规划、环评之间的数据、信息的输入、输出的接口关系。最终拟定环评介入后优化的总规编制技术流程和进度计划。③逻辑严密、考虑周全的工作计划和组织安排是确保规划和环评工作能如期、如质完成的前提和必要条件。因此,有必要召集正式的会议,对这份规划和环评共同的工作计划,听取规划和环保主管部门、其他行业主管部门以及专家、公众等的意见和建议,向相关方阐述:打算如何开展规划和环评工作;各分项工作之间的逻辑关系和进度安排;具体描述拟打算从哪些渠道获取哪些信息,开展哪些专题研究和各阶段预期成果。提出拟以哪些政策、法律、规范、规划为依据开展规划和环评工作,听取各行业主管部门和上级主管部门的补充意见,完善资料收集清单。经主管部门正式确认后的优化的城市总体规划流程是规划和环评共同遵循的工作大纲。

5.2.3.1　总规关键规划要素识别

开展总规环评的首要任务就是识别城市总规的关键规划要素。表 5.1 是初步识别的总规关键规划要素。

表 5.1　城市总体规划关键规划要素识别

序号	关键规划要素	规划过程
1	城市宏观发展战略(非物质层面) 包括:区域定位、城市性质、城市职能、城市规模、城市发展目标、城市宏观发展政策等	经过前期调研资料收集、专题研究和总规纲要 3 个阶段完成
2	城市总体空间格局(物质层面) 包括:城市用地适用性评价、空间管制、城市用地拓展方向、城市总体空间结构、城市总体功能分区等,对城市用地做出初步安排,提出 2～3 个用地布局方案进行比选,确定并优化 1 个用地布局方案	经过前期调研资料收集、专题研究和总规纲要 3 个阶段完成
3	交通用地与综合交通规划 居住用地与住宅发展规划 工业用地与产业发展规划 公用设施用地与相关规划 公共设施用地与相关规划	经过前期调研资料收集、专题研究、总规纲要、总规成果(确定城市各专业系统的发展政策;各分类用地类型详细的用地布局)4 个阶段完成

资料来源:作者整理。

5.2.3.2　关键规划要素相关环境问题识别

按照各关键规划要素涉及的城市发展建设内容,分别归纳近 10～20 年间国内城市发展过程中出现的相关环境问题,根据国内外发展趋势,预测未来可能出现的环境隐患。这些环境问题与城市总体规划的关系可以分为三类:①城市总体规划制定的内容本身是正确的,但城市建设没有按照规划实施,导致的现实环境问题;②城市总体规划本身内容有错误,按照其规划方案落实会直接引发的环境问题;③城市总体规划关键内容有缺失,或者称"规划无作为",对环境问题的出现,没有提出有预见性的政策引导和规划措施。本书主要关注后两种情形。其一,由于城市总体规划内容缺陷导致的环境问题;其二,在现有的认知水平下,尽力制定出环境友好的规划方案,并严格按规划实施,仍可能造成显著环境影响,对此,规划环评需识别此类环境影响的性质和大小,提出替代方案和采取减缓措施。

本书第 6 章逐节归纳了当前各关键规划要素相关环境问题(表 5.2),结合城市总体规划自身的规划内容缺陷进行分析,引用了若干城市案例加强论证,为城市总规环评如何开展提供启示。城市环境问题具有阶段性,是动态变化的,可采用专家判断法(Expert Judgment),公众参与法(Public Participation)等方法进行识别。

表 5.2　　　　　　　　　　　　　　　关键规划要素相关问题汇总表

序号	关键规划要素	识别的相关环境问题
1	城市宏观发展战略(非物质层面)	①目标定位雷同 ②超越资源环境承载力
2	城市总体空间格局(物质层面)	①城市用地拓展方向缺乏前瞻性或四面出击 ②用地结构和功能分区不合理
3	交通用地与综合交通规划	①选线过分追求机动交通可达性,破坏生态敏感区 ②交通模式选择厚此薄彼,过犹不及,非机动交通长期受到漠视 ③未以降低交通需求为规划目标 ④用地规划不合理导致交通需求剧增 ⑤部分地域交通运输能力过剩 ⑥交通噪声防护距离控制不足
4	工业用地与产业发展规划	①产业结构:轻视农业在产业发展中的地位 ②用地规模:工业用地规模增速迅猛,利用低效 ③产业布局:产业布局不合理导致环境风险加大 ④产业定位与分工:产业定位雷同、产业分工不合理 ⑤内涵问题:缺少工业共生系统设计
5	居住用地与住宅发展规划	①"环境隐患住宅用地"日益增多 ②住宅建设规模过大,用地透支严重 ③居住就业不平衡 ④居住空间贫富分化
6	公用设施用地与相关规划	①"以需定供"使设施规模缺乏约束,过度建设 ②"人定胜天"跨域调度工程使自然环境过度改造和破坏 ③环境不可持续的专业系统设计 ④缺乏区域统筹、设施共享与整合 ⑤忽视邻避公用设施扰民问题
7	公共设施用地和相关规划	①行政中心随意迁移助长城市蔓延 ②"大学城"泛滥侵占大量自然地表 ③商业用地规模、布局失衡 ④第三产业环境污染日益突出

资料来源:作者整理。

5.2.3.3　关键规划要素现有编制流程梳理和分析

本书采用访谈归纳法和文献分析法对各关键规划要素的常规编制流程进行了梳理,详见第6章。各个规划编制机构具体的规划编制流程和方法可能各有差异,而且编制流程会随着技术进步和新出台技术规范的要求而不断调整。

5.2.3.4　环评互动节点和互动式规划环评流程设计

本书所提出的环评互动节点,应该根据现实的环境问题和预测未来拟出现的环境隐患以及经济社会发展条件,动态调整,未来随着外部条件发生变化,会出现新的城市环境问题,规划环评的侧重点也应发生转向,形成新的评价视角。

本书归纳的各关键规划要素的环评互动节点也仅结合近年的国内城市的现实环境问题和规划缺陷而提出。

互动式总规环评工作程序如图5.3所示。

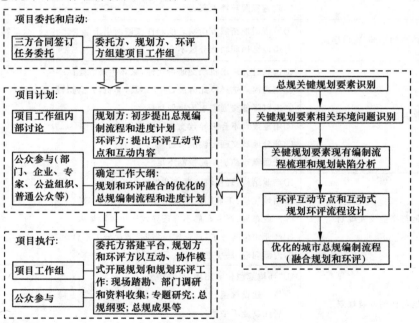

图5.3　互动式城市总规环评工作程序

资料来源:作者自绘。

第 6 章
关键规划要素互动式环评模式

6.1 城市宏观发展战略

"城市发展战略"是一个复杂、难以清晰界定的概念。本节定义的"城市发展战略"是指城市总体规划中具有全局性、整体性、结构性、政策性、方向性、长远性等战略❶属性的相关规划内容,这些内容在城市总规纲要阶段明确。在本书中特指图 6.1 涵盖的非物质空间层面的"城市宏观发展战略"和物质空间层面的"城市总体空间格局"两部分。

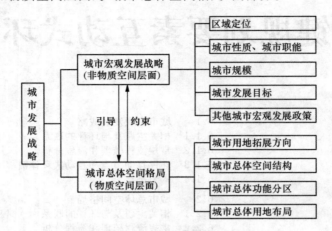

图 6.1　城市总规的城市发展战略涵盖内容

资料来源:作者整理。

城市需要进行符合自身情况的宏观战略管理,把握大的发展方向,在区域中赢得竞争优势。作为"城市发展之纲"的城市总规应强化发展战略研究,把编制要点放在区域定位等发展战略方面,着眼于长远考量,做出宏观的结构性控制,要为城市发展提供战略导向和政策指引,这些在城市规划业界正日益达成共识。

因此,按照城市发展可持续性要求对总规确定的"城市性质、城市职能❷、城市发展目标、城市总体空间结构与功能分区"等进行评价是总规环评的首要任务。目前,在国内对此部分内容进行环评存在诸多困难,其困难不仅在于国内尚缺乏此类环评实践积累,技术方法体系尚不完善,更由于当前国内的政治经济体制的约束。在对一些重大战略问题进行决策时,地方政府的政治利益、经济利益、局部利益、短期效益往往占主导地位;环境效益、社会效益、全局利益、长远利益考虑不足。环评工作容易被政治势力所左右,评价标准、评价结论难以客观合理。因此,这部分内容应是总规环评的重点,也是操作的难点。

---

❶　迈克尔·波特认为,战略就是确定什么可以做,什么不可以做的取舍(trade-off)。战略具有目标导向、长期效应、资源承诺等特点。参见:周全,卢毅.组织级项目管理体系规划建构与 IBM 全球实践[M].北京:电子工业出版社,2009.

❷　城市性质是(城市)最主要、最本质职能的反映,是对城市职能中的特殊职能、基本职能、主要职能的综合概括。城市性质一般表示城市规划期内的目标或方向,带有明显的未来发展指向。城市职能一般是通过城市现状资料的分析,对城市现状客观存在的职能的描述。参见:吴志强,李德华.城市规划原理(第四版)[M].北京:中国建筑工业出版社,2010:263-266.

6.1.1 相关主题及与环评的联系

6.1.1.1 目标定位(雷同)

1990 年代以来,我国不同城市之间、同一个城市中不同城区之间各自为政、抢占资源、混乱竞争、缺乏上级层面的统筹或协调,目标定位雷同已是一种普遍现象。在市场机制下出现的上述区域协调发展问题,反映出建立完善我国城市、区域协调发展机制的客观必要性和紧迫性。各级地方政府多借助城市总体规划这一法定平台,宣告各自的、但与周边城市又多有雷同的城市发展战略,暗藏着相邻城市间激烈而无序的竞争态势和发展冲动(其潜在原因是多年来以 GDP 增长考核市、区领导政绩的体制助推❶)。雷同的城市目标定位导致不同城市之间基础设施的重复建设、重复性的产业布局、为争夺投资的恶性竞争行为,最终造成两败俱伤的结果和自然资源的浪费。加速区域、流域环境恶化和生态破坏。建设部部长汪光焘曾在国务院召开的相关会议上透露,全国有 183 个城市为了刻意追求国际大都市目标,以牺牲群众利益、影响社会和谐做代价,透支和浪费已经日渐匮乏的发展资源,提出建设"现代化国际大都市"的目标,30 多个城市提出要建中心商务区。

[与环评的联系]进行规划协调性分析

仇保兴在 2007 年 6 月 10 日接受《中国环境报》记者采访时曾指出:"我国的环评现在还停留在实物性环评阶段,对城市规划的影响(应)主要是战略环评,城市总体规划如果按照传统建设项目的思维方式很容易陷入规划的细枝末节,而忽略了大的缺陷。城市总体规划环评的首要任务是站在更高的层次上论证规划的总思路和目标是否正确、合理。"显然,城市总体规划的战略属性和公共政策属性,要求对城市总规的非物质性内容采用战略环评的方法体系。而就城市目标定位而言,其关乎重大的政治、经济利益及国家层面的战略、政策或区域层面的战略、政策导向。因此,总规环评在论证一个城市的定位是否合理时,一方面从客观资源、环境承载力等限制性因素来加以判断;另一方面,对于其是否存在定位雷同等问题,则应主要从与上位政策、规划的协调性入手。

6.1.1.2 (超越)资源、环境承载力

2005 年,针对城市总规频繁修编现状,汪光焘曾指出:有的城市在城市定位和经济社会发展目标上不切实际,大大超越了经济发展阶段和资源及环境的承载能力,盲目追求高速度和高标准,随意扩大城市人口和建设用地规模❷。多年来,城市发展战略与资源、环境承载力不符的案例在国内比比皆是,最为典型的就是早年的北京(下述"[案例]北京的'经济中心'城市定位")和近年的天津滨海新区。天津滨海新区的开发开放是目前国内城市发展极大突破水资源

---

❶ 2013 年 12 月 6 日,中共中央组织部发布《关于改进地方党政领导班子和领导干部政绩考核工作的通知》,提出:"政绩考核要突出科学发展导向;完善政绩考核评价指标(加大资源消耗、环境保护、消化产能过剩、安全生产等指标的权重);对限制开发区域不再考核地区生产总值;实行责任追究(造成资源严重浪费的,造成生态严重破坏的,要记录在案,视情节轻重,给予组织处理或党纪政纪处分,已经离任的也要追究责任。"随着政绩考核评价制度的改革,以 GDP 考核干部论政绩搞排名的状况将逐步扭转。

❷ 汪光焘.建设部部长汪光焘:城市规划修编不要一哄而起[J].中华建设,2005(6):45.

承载力的典型案例。至于环境承载力,国内很多城市早已无水环境容量或大气环境容量可言。对这类城市而言,当务之急本应是进行生态修复和污染治理。但是,在其开展新一轮的城市总规修编时,仍会制定东、南、西、北四面出击的城市空间发展战略,产业定位或确定城市职能时完全没有限制相关污染产业发展的政策措施。资源、环境的硬约束效力丝毫没有发挥。

[与环评的联系] 进行资源承载力、环境承载力分析

汪光焘在《中国城市发展报告 2006》中指出,未来城市发展必须根据资源环境和生态环境的承载力来制定计划,城市规划要改变过去仅从城市发展需要考虑资源配置的做法。制定规划的时候要对土地资源、水资源、能源等基本要素进行综合分析,研究合理的城市人口和用地规模。

在城市发展战略制定之初,首先分析资源、环境承载力,这项工作无论由规划编制人员开展还是规划环评人员负责,其重要性已达成共识,并已有广泛的实践。但是,考察其实际效果,却并不理想。其分析评价的结论往往没能明确提出对城市发展战略的调整,其制约力并没有真正发挥。已有的总规编制实践或总规环评实践表明,必须制定规范、科学的资源承载力和环境承载力计量方法,并制定相关刚性的评价标准和具体、严格的禁限制度供规划和环评人员作为评价工作依据。否则,规划和环评技术人员将很难在规划和环评中制约地方政府的发展冲动。

[案例]北京的"经济中心"城市定位

北京直至 1983 年始,才在《北京城市建设总体规划方案》中对北京定位进行调整,提出北京是中国的政治中心和文化中心,淡化了经济中心的职能,工业发展不再象原来那样受到鼓励[1]。而这之前,从建国以来,建设经济中心,成为中国强大的工业基地一直是北京的城市发展目标之一。而当时的时代背景是:解放伊始,中国是落后的农业国家,要想强国富民,势必选择工业化发展道路。当时受意识形态和前苏联规划理念的影响认为,为了突出社会主义国家首都中工人阶级的地位和作用,必须安排一定数量的工厂,提高工人阶级的比重。因此在城内,特别是在郊区安排了大量工业。这种认识左右了北京近 30 年。虽然当时梁思成等提出:国家的工业化不必局限在北京考虑,北京应该像华盛顿那样建成优美的政治和文化中心。并提出了"梁陈方案",但其方案并未被采纳。

梁思成是从保护古城风貌、历史文化遗产的角度反对发展工业基地,避免工业生产运输等活动对既有城市空间肌理的冲击。事实上,从自然资源和环境承载力的角度而言,北京也不具备发展工业尤其是重工业的先天优势,水资源(北京市曾经不顾水资源的限制,兴建了许多大耗水工业,造成工业用水争夺生活用水的紧张局面,不得不又回过头来限制某些大耗水产业的发展)、能源、大气环境容量等均是其限制因素。设想如果当年北京不把发展强大的工业基地作为城市发展目标,而是采纳了"梁陈方案",北京的古城保护成效和生态环境质量会远胜于目前的状况,无需花费大量的动迁成本把首钢等大型工业企业再搬迁出去,也没有必要急切地启动"南水北调"工程、奥运期间为了改善环境质量的环保投入也可大为减少。设想如果当年对

---

❶ 杨保军.北京城市定位与空间嬗变[J].中国建设信息,2009(2):6-11.

建国初期编制的《改建与扩建北京市规划草案要点》等城市总规文件中的城市定位进行环境影响评价,当时能得出怎样的环评结论? 规划环评对当时的政府决策又能发挥多大作用? 或许会面临同"梁陈方案"同样的结局。

6.1.2　常规流程梳理和流程分析

6.1.2.1　城市宏观发展战略制定[1]

1. 流程梳理

城市总规中的城市宏观发展战略的制定,主要通过设置并进行与发展战略相关的专题研究,在总规纲要阶段完成。部分大、中城市会在总规修编前委托咨询机构进行独立于总规之外的"城市发展战略规划"研究,其研究结论可以直接指导总规纲要的编制。

盛鸣[2]等总结我国已完成的若干城市的城市发展战略规划实践成果,将其技术流程归纳为:问题推导型、目标引导型、问题目标互动型、条件归纳型 4 类(表 6.1)。其中,"问题推导型"首先要提炼城市发展存在的主要问题和症结。所列问题应与战略思想的形成高度相关,不可把无关紧要的问题罗列陈述;症结的分析应切中要害,有助于战略思想的形成[3]。

表 6.1　　　　　　　　　　几种城市发展战略规划技术流程的分类比较

序号	类型	研究核心	主要内容	逻辑线索
1	问题推导型	城市发展问题	基础分析、(用地和空间)发展战略	问题→战略
2	目标引导型	城市发展目标	(基础分析)、发展目标、发展战略	(基础)→目标→战略
			基础(竞争力)分析、发展战略	竞争力→战略
3	问题目标互动型	城市发展问题和目标	基础分析、发展目标、(空间)发展战略	问题+目标→战略
4	条件归纳型	城市发展基础条件	基础分析、发展战略	基础(条件)→战略

资料来源:盛鸣,顾朝林.关于我国城市发展战略规划技术流程的思考[J].城市规划,2005,29(2):46-51.

本书根据总规编制实践中的常规流程,并结合单独开展的城市发展战略规划积累的经验做法,对城市总规的常规宏观发展战略制定流程梳理如图 6.2 所示。

专题研究的结论是总规制定宏观发展战略的直接依据。如:深圳 2007 版总规开展的"全球新地缘政治经济下的深港合作研究"、"深圳与珠三角城市协调发展研究"、"全球生产方式演变下的产业发展转型研究"3 项专题研究是确定该市发展战略的重要依据。由于产业定位与城市职能、城市定位关系密切,因此总规中一般必设的"经济与产业发展"专题的研究结论也直接影响城市定位。

---

❶　图 6.1 所示"城市宏观发展战略"中包含"城市规模",因人口和用地规模预测工作较为独立,因此在"二、城市规模预测"部分单独阐述。

❷　盛鸣,顾朝林.关于我国城市发展战略规划技术流程的思考[J].城市规划,2005,29(2):46-51.

❸　上海同济城市规划设计研究院.战略规划成果技术规程(TG-03-2011[1.0])(试行)[S].2011.

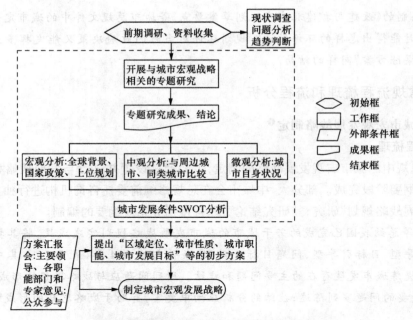

图 6.2　常规城市宏观发展战略制订流程图

资料来源：作者自绘。

2. 城市发展战略制定流程分析

1) 内在逻辑性（不强）

吴志强❶总结战略规划极易出现的规划缺陷有：战略与目标脱节、战略与核心问题脱节；（规划报告）前半本精彩的问题研究与后半本精彩的发展方案无法严密地拼接到一起；徒有技术路线体现的"表面的逻辑性"，规划报告各部分的内在逻辑性不强。战略性规划各阶段最终落入相互分离的研究，不能建立各阶段、各部分的内在相互关联性。

2) 理性决策机制（尚未形成）

规划制定过程中，过分迁就委托方的意愿，根据当地政府主要领导者的喜好来进行城市定位，是当前比较普遍的现象。这样容易造成城市定位贪图虚名、目标超前、与城市现实脱节，难以承担起引导城市发展的功能。直接导致实践中急功近利、超越经济能力搞形象工程、政绩工程，浪费城市资源、破坏自然和人文环境。目前，政府、市民、专家、投资企业、外来游客多方主体积极、理性参与城市定位的决策机制仍未形成。

3) 上位政策规划的刚性约束力（没有发挥）

规划编制过程中，必须收集哪些上位政策和规划？哪些是法定的、必须严格遵循的上位政策、规划？具体如何遵循？实际规划工作开展过程中，规划人员对上述问题并不是全面了解，经常是根据所能掌握的资料信息，随意进行取舍。或者对一些明知应该遵照的上位规划由于与委托方的规划意图有冲突，而故意忽略；或者一些法定上位规划由于本身编制得不够规范、严谨，无法起到应有的刚性约束作用。另外，目前国内规划体系较为混乱，尤其是部门之间的

❶　吴志强,于泓,姜楠.论城市发展战略规划研究的整体方法——沈阳实例中的理性思维的导入[J].城市规划,2003,27(1):38-42.

规划文件的接口关系缺乏法律明文规定,给规划编制者带来困惑。

6.1.2.2　城市规模预测

作为计划经济的产物,几十年来城市规划在中国被当作国民经济和社会发展计划的延续和手段,即先预测人口和经济发展趋势和规模,确定城市性质,然后根据国家规定的人均用地指标,确定城市的各类土地利用和基础设施规模,再应用一个理想的城市空间模式,进行城市空间布局。进入社会主义市场经济时代后,传统的建立在"规模-性质"为依据,沿用计划经济时代的传统规划模式愈来愈不适应市场经济多变的需求❶。

1. 人口规模预测

目前,人口规模预测是总体规划编制工作的首要任务,常作为必备专题研究内容之一。按现行技术规范,人口规模直接决定用地规模。另外,各行业系统在编制行业专项规划时直接依据城市总规预测的人口规模推算设施规模,如:市政公用设施的供水量、水厂规模;污水量、污水厂处理规模;用电负荷、电源和变电站规模等。因此,该数据的合理性对城市发展意义重大。然而,通过总规修编,人为做大规划的总人口规模以达到增加建设用地的目的,是近年国内各地方政府惯用的手段,已是业内的公开秘密❷。

牛慧恩❸等收集了国内近 50 个城市的总体规划文本和说明书,对其中人口规模预测的相关内容进行了分析,识别出城市总规中人口规模预测存在 4 方面的不规范。①基本概念不统一。例如人口概念包含:总人口、非农人口、实际居住人口、常住人口、城市人口等。人口所对应的空间范围概念有近 10 种,包括:市域、市区、规划区、主城区、建成区、规划建成区、中心区、中心城区等。城市总规中论述的人口规模与统计部门的人口概念也不统一。②统计口径不一致。除人口普查和年末统计公布人口数据,城市规划中还常采用公安、计生等部门的管理人口数据,相互之间的差别时常会很大。③方法运用随意。表现在四个方面:一是方法选用上比较随意,一般倾向选择比较简单的方法,缺乏有针对性慎重考虑和选择方法;二是不同方法选用上比较随意,最多的用了六种方法,多数选择了两三种方法,也有些只选用一种方法;三是在参数赋值上随意,对于预测方法中的参数和自变量,多数是不加说明地直接赋一个值,有的采用了高、中、低不同方案,个别案例是由期望的预测结果反推参数值;四是对预测方法及结果缺乏必要的校核。如运用相关分析方法预测,没有说明相关性或给出相关系数,更没有说明预测结果是否经过了必要的统计检验。④ 预测结果难追溯。在城市总体规划的文本和说明书中,对人口规模预测的表述都非常概略,多数缺乏必要的过程和依据性说明,有的甚至直接给出了预测结果。由于人口规模预测的依据性内容缺失或者表述不清,从中很难辨别预测结果的可信度或可靠性。原则上讲,文本的表

---

❶　俞孔坚,李迪华,刘海龙."反规划"途径[M].北京:中国建筑工业出版社,2005:15-16.

❷　在我国城市总体规划编制的实践中经常可以看到,地方政府在城市总体规划编制前就对技术人员提出规划人口规模的要求,这主要根源于我国城市总体规划编制中的技术要求,即规划城市用地规模来源于规划城市人口规模和规划人均建设用地两项指标。实际上,地方政府更关心的未来城市发展的空间规模。城市土地成为政府招商引资的最主要的条件,也成为经营城市的主要财政来源。因此,地方政府扩大城市用地规模成为编制城市总体规划的主要动力,在规划人均城市建设用地受到国家标准严格限制的情况下,扩大规划城市人口规模成为扩大城市发展空间的唯一渠道。参见:彭震伟.科学发展观指导下的城市总体规划编制[J].理想空间(第二十辑):新形势下的城市总体规划,2007:6-8.

❸　牛慧恩.城市规划中人口规模预测的规范化研究——《城市人口规模预测规程》编制工作体会[J].城市规划,2007(4):16-19.

述力求简明扼要,但在说明书中应尽量做到使预测结果可追溯,要至少表述人口规模预测的基准年份、基础数据来源、统计口径、采用的预测方法、参数赋值及其来源或理由、必要的检验结果等内容。但是,在目前的城市规划成果中,很少能够满足上述要求。

2. 用地规模预测

现阶段总规编制是在规划最初阶段,预测出总人口规模,乘以规划人均建设用地指标,直接得到当地政府期盼的总用地规模(图 6.3)。然后再自上而下地把总用地规模分配到工业用地、居住用地等各种用地类型,经过调整、校核,最终得到既符合规范要求,又满足地方政府对各类用地具体需求的"规划用地平衡表"。仅仅简单化地按照"规划人均建设用地指标×规划人口规模"得到"规划总用地规模",往往无视存量建设用地大量闲置、低效利用的现状,也没有建立城市各项事业发展规划与用地需求的准确定量关系。

图 6.3

6.1.3　环评互动节点和互动式环评流程

6.1.3.1　环评互动节点

1. 规划协调性分析

在规划环评中,避免城市宏观发展战略制定中出现与周边其他城市"目标定位雷同"的最有效途径就是进行规划协调性分析。国内目前已完成的总规环评报告虽然均进行了"规划协调性分析",但由于其均属于事后环评,基本上在总规成果完成后才介入。因此分析内容主要是拿总规基本明确的规划内容和相关规划政策进行比对,验证是否一致。

互动式环评模式下,由于规划环评与总规编制同步进行、密切合作,因此规划协调性分析工作在前期调研和资料收集阶段即可开始启动。基于城市总规综合、复杂的特点,总规自身有必要借鉴规划环评的思路设置类似"规划政策法规协调性分析"专题,规划环评则重点从实现环境可持续目标的要求,参与完成该"规划政策法规协调性分析"工作。将总规必须遵从、衔接的相关政策、规划、计划、法规识别出来,共同完善协调方案。作为总规整个编制工作的重要依据,其中也包括识别出制定城市宏观发展战略必须衔接的上位政策、规划文件。

进行周密的规划协调性分析是避免城市宏观发展战略制定过程中出现不同城市间"目标定位雷同"的基本途径。但规划协调性分析要能有效发挥作用必须具备以下条件:①具有完善的指导"确定入选规划和入选规划协调方案"的法律依据和技术规范,并有法律监督和问责机制杜绝不允许发生的规划不相容情形,以确保上位政策规划的刚性约束力;②上位政策、规划具有可操作性和执行力,能有效指导下层次规划;上位规划之间不存在自我矛盾和互相重复;③该城市的上位政策、规划本身是"环境友好"的,已经通过战略环评,对环境影响已进行充分考量。

就城市总规而言,在城乡规划体系中,其宏观发展战略制定的直接依据之一是省域城镇体系规划。早有学者提出需认真研究省域城镇体系规划中对城市的评估,高度重视省域城镇体系规划对城市定位、功能和规模的预测,坚持充分依据省域城镇体系规划,总规只是在省域城镇体系规划的基础上进行细化和深化。但实际总规编制时,由于缺少约束机制,任意突破、无视上位法定规划的情形极为普遍。

在欧盟国家,由于"战略环评指令(2001)"统一要求环评报告中必须包括规划协调性分析相关内容,并且要在规划编制前期准备阶段纳入考量(The Environmental Report should provide information on the plan's 'relationship with other relevant plans and programmes' and 'the environmental protection objectives established at the international, EC or national level, which are relevant to the plan…and the way those objectives and any environmental considerations have been taken into account during its preparation(Directive Annex I a d e)),因此其规划环评的规划协调性分析工作做得较为细致、全面,且为早期介入方式,值得我国借鉴。如:《英格兰西南区域空间战略规划(2006—2026)》的战略可持续环评报告❶中对与该规划相关的74 项政策规划文件采用列表对比分析法进行了协调性分析,协调对象上至国际、欧盟相关文件,如《约翰内斯堡可持续发展世界峰会协定(2002.9)》,下至国家和区域层相关文件。对比国内目前已完成的总规环评报告,不及其全面、细致。

2. 资源、环境承载力分析

目前,城市总规中并不是完全没有考虑在总规方案形成前进行资源承载力和环境承载力分析,已完成的很多城市总规已将其列为专题研究对象,经常针对城市突出资源环境问题开展资源承载力、环境承载力等相关研究,试图对城市宏观发展战略起到指导作用,但由于各种主、客观因素导致该项分析工作并未能发挥实效。在进行城市发展条件 SWOT 分析、或对多情景方案进行描述分析时,资源环境的考量相对较弱,占有的权重较小。而已开展的若干城市的总规环评由于介入时机过晚,或环评与规划过程缺乏交流互动,环评人员无法介入城市宏观发展战略方案形成阶段的 SWOT 分析或情景分析工作。对此,除改善外部实施环境,形成理性决策机制外,就技术方法而言,应发布专门针对城市总规的资源承载力和环境承载力分析的技术规范,适度统一分析方法,对总规方案形成或调整具有具体的指导、约束作用。同时,应强化分析论证结论与城市宏观发展战略形成的内在逻辑性,其分析结论应对城市宏观发展战略的形成具有明确的指导意义。

经过 20 多年的发展,环境容量的定量分析技术从无到有,从定性理念到定量测算,已取得一定进展,尤其是国家环保总局自 2003 年 8 月开始在全国展开环境容量测算、校核、核定工作,实现了以总量控制作为环境管理的有效手段。

但对于城市总体规划环评的环境容量分析技术路线和技术方法,需要以如何与规划评价对象-城市总体规划的编制过程和规划内容衔接互动,为规划方案提供有力支撑等为着眼点和努力的方向,不可照搬和完全直接沿用总量控制为目标的环境容量测算工作的技术方法。

如果说 2003 年全国环境容量测算工作的目标是为推行污染物总量控制制度和排污许可

---

❶ Levett-Therivel sustainability consultants. STRATEGIC SUSTAINABILITY ASSESSMENT MAIN REPORT of The Draft Regional Spatial Strategy for the South West (England)(2006—2026)[R]. March 2006.

证制度提供技术基础,那么在城市总体规划中开展环境容量分析也应该有特定的分析目标,并围绕特定的分析目标制定针对性的技术路线,该技术路线与城市总规的规划过程、规划内容和核心规划成果应紧密相关。需要针对城市总规的需求和特点专门化"定制"环境容量分析方法,而不仅是把某几项污染因子的最大允许排放量(吨/年)算出来,容量分析工作就告结束。现阶段需深化和强化结合定量计算过程和计算结果,辅以定性分析并与规划决策过程密切衔接的工作❶。

3. 城市发展条件 SWOT 分析

已完成的城市总规在进行城市发展条件 SWOT 分析时,主要从城市竞争力的角度谈规划城市与潜在竞争对手比较的优劣势和机遇挑战。较少将资源、生态环境条件纳入考量要素,如表6.2 案例所示。规划环评可介入该分析过程,强化城市发展资源、生态、环境条件的 SWOT 分析。

表 6.2　　　　　　　　　　　案例:某城市总规 SWOT 分析表

	主要因素	说明
优势	生产要素价格优势	强化洼地效应
	置身西部腹地大市场	
	两江汇合	城市品牌、经济动脉
	历史人文底蕴	
	有一定的产业基础	8 家企业跻身本区域工业 50 强
	多样性的资源	可持续发展的基石
	区位交通优势	航铁公水,综合交通潜力较大
劣势	山地城市	物流成本高、城市建设不便
	粗放式经济发展	产业链短、技术贡献低
	外向型、非公经济发育不足	项目、资金供给不足
	城乡二元差距严重	制约地区的协调、持续发展
	人力资本禀赋匮乏	初识禀赋不足,后天净流出
机遇	市域城镇发展战略	对本地的定位:区域中心城市
	国家宏观经济继续向好	高速发展的前提
	海关有望在短期内建成	提升城市的战略地位
	产业区位选择与新型工业化	逆梯度转移与充分的工业化
	区域合作与政策变迁	接受多层面的辐射,加入区域分工
		平衡-极化(不平衡)-平衡;西部获得适度政策倾斜
挑战	三峡库区建设	水位标高 175 米后,对生活、生产是一个重新适应的过程
	区域同构导致竞争激烈	行政区划调整后的长期负面效应
		项目和资金是稀缺的,全力争取

　　资料来源:某城市总体规划专题报告之一:经济产业发展战略研究。

---

❶ 欧阳丽.城市总体规划环境容量分析实践探讨[C].//重点领域规划环境影响评价理论与实践(第二辑)[M].北京:中国环境科学出版社,2012。

4. 城市发展战略情景分析

对于规划期限较长、具有较大不确定性的城市总体规划,情景分析法既是一种有效的规划方法,也是规划环评的技术手段。目前国内城市总规编制中仍主要采用传统的方案比选法,对情景分析法并无深入应用。

已完成的 2007 版深圳总规环评较多地应用了情景分析法,但其情景的设置是环评机构孤立设计的,并不是总规方案形成过程中替代方案研究时共同设置的情景方案。因此,只有早期介入,并采用互动式规划环评模式,才能使规划环评充分介入总规的情景设置和分析工作中,丰富情景分析工作的环境可持续性内涵,一些明显违背环境可持续目标的情景方案可能刚被提议就因其造成的重大生态与环境后果被否定。规划环评机构也可以提出新的情景方案,或帮助规划人员对提出的情景进行优化,并推荐环境效益最优的情景方案。

吴志强对情景分析法(其称为"多场景方案决策法")在城市发展战略规划中具体运用的描述是:首先针对城市的现状,结合几种典型的、不同理论指导下的、以不同的目标为首要导向的发展模式,勾勒几种城市不同的发展可能,其前提是各种可能在特定的条件下都可能是合理的;其次对各种可能所代表的价值取向、形式(势)判断、优势条件和缺陷做一个全面而客观的评述。但这仅仅是第一步,多场景的模拟不同于传统的方案比选,正因为这些可能在特定的条件下都可能成为一种现实,在推荐最理想状态的同时,也必须承认,在某些难以抗拒的因素下,其他的发展模式同样可能成为一种现实。所以对这些方案的实现手段和优化途径还需要做相应的研究,保证城市在面临变化的时候有调整的空间和时间。多场景方案提供的是几种真实,而不是一群陪衬。其在沈阳城市发展战略规划研究中,对沈阳提出了三种可能的场景,分别为:圈层式发展、沿河东西轴向发展和南北轴向发展,并分别进行了实施手段和优化模式的研究,根据理想的发展条件,对南北轴向的发展进行了深化❶。

5. 城市规模预测

1) 人口规模预测

鉴于人口规模预测的重要性和复杂性,笔者认为应该委托常设的专业人口研究机构❷协助总规编制单位进行人口规模预测,单由城市规划设计单位在总规编制前期短短数十天内得出人口预测结论是极其不易的❸。人口研究机构负责长年跟踪统计城市人口的各类数据,研究其变动规律,向各行业主管部门提供各类人口的数量和空间分布信息,作为包括城市规划在

---

❶ 吴志强,于泓,姜楠. 论城市发展战略规划研究的整体方法——沈阳实例中的理性思维的导入[J]. 城市规划,2003,27(1):38-42.

❷ 以上海为例,应有专业的常年进行人口跟踪、统计、预测并制定人口政策的常设机构,如可由社科院和统计部门牵头开展这项工作。按照各行业需要的口径进行分类统计,如:城市规划设计时,不仅需要不同规划年限总人口规模的预测数据,还需要居住人口分布及密度、就业人口分布及密度、不同收入群体的数量和比例及空间分布等具体人口信息,以辅助进行用地布局规划等规划决策工作。

虽然原建设部早在 2005 年已将《城市人口规模预测规程》作为国家行业标准(CJ)纳入制订计划(现已出台讨论稿),试图规范城市总体规划阶段的人口规模预测工作(参见:《关于印发〈2005 年工程建设标准规范制订、修订计划(第一批)的通知〉(建标函[2005]84 号)》)。但笔者以为人口规模预测不仅是单个行业的技术工作,还是一个城市重要的管理调控政策。

❸ 总规人口数据一般从公安部门收集,是很原始的数据资料,并不是按照城市规划需要的口径统计,需要经过处理。总规从现场收集资料回来到向委托方第一轮方案汇报之间往往只有不到 2 个月时间,短短 2 个月对于要同时完成其它规划内容的规划人员来说(一般是在接受规划任务后才开始接触所规划城市),要准确预测 20 年后的人口规模,绝非易事。

内各行业进行各项决策的依据。其预测的规划人口规模应由城市人民政府批准,一旦生效即应作为城市发展目标之一加以引导和控制,通过各类政策、措施保证规划期末达到预测人口规模或不超过预测人口规模,人口规模预测时已充分考虑城市资源、环境承载力。即不仅仅是按照历史趋势和根据未来发展情景进行被动的预测,还应有主动的调控内涵❶。此时,总人口规模仅作为外部变量,在资料收集阶段从专业常设人口研究机构获取。

2)用地规模预测

对用地规模预测流程进行优化,建立基于存量用地现状分析和合理用地需求分析为前提的总用地规模预测流程(图6.4)。

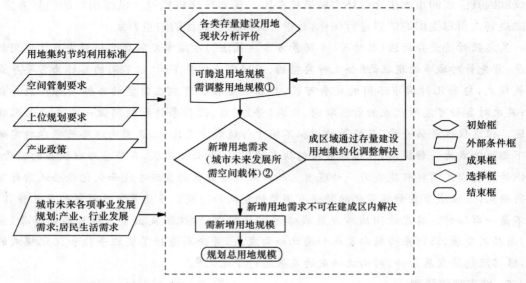

①:调整原因:各类用地之间环境不兼容等;
②:各产业、行业发展新增用地需求如何推求详见第6章。

图 6.4 优化的总用地规模预测流程示意图
资料来源:作者自绘。

---

❶   由于人口集聚能有效扩大城市内需,快速带动所在城市房地产、服务业等第三产业发展,为第二产业提供充足的劳动力资源,因此目前各级政府并不排斥外来人口规模的无限扩大。如上海,尽管资源、环境承载力已达极限(土地资源紧张,城市已经拥挤不堪,燃气、电力等能源供应都来自外部输入,水环境污染严重,早无水环境容量可言,城市供水是靠远距离供水水源和管网调度)。但在2009年金融危机期间,为稳定经济增长、扩大内需,上海市政府仍推出了鼓励外来人口留沪政策,该政策的推出显然会导致常住人口规模的进一步增加。又如在水资源严重短缺的北京,虽然已然面临外来人口高速增长和建成区面积不断蔓延所导致的众多城市问题,由于城市政府未采取有效控制人口增长的措施,至2010年,北京市常住人口加外来人口总数已达2200万。而在2004年左右,中国科学院生态环境研究中心的一个基于北京自然资源承载力的分析表明,北京市的人口不宜超过1750万。专业研究机构关于最大警戒人口规模的研究结论或警示并未上升为政府的人口调控政策和法规文件。参见:王如松,吴琼,包陆森.北京景观生态建设的问题与模式[J],城市规划汇刊,2004(5):43-37。

6.1.3.2 互动式环评流程设计

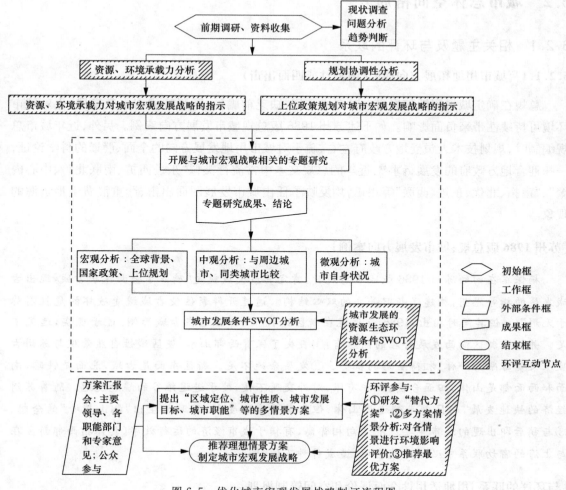

图 6.5　优化城市宏观发展战略制订流程图

资料来源：作者自绘。

6.1.4 本节小结

城市总规中的"城市宏观发展战略"包括：区域定位、城市性质、城市职能、城市规模、城市发展目标等，其在总规纲要阶段制定明确。

（1）相关主题：①目标定位（雷同）；②（超越）资源、环境承载力。城市宏观发展战略制定过程存在：①研究论证缺乏内在逻辑性；②理性决策机制尚未形成；③上位政策规划的刚性约束力没有发挥等问题。

（2）互动式环评流程。在城市宏观发展战略制定阶段，互动式规划环评可从环境可持续性角度进行规划协调性分析、资源承载力和环境承载力分析、共同参与城市发展条件 SWOT 分析和城市发展战略情景分析，对城市宏观发展战略的制定提供环评建议。

6.2　城市总体空间格局

6.2.1　相关主题及与环评的联系

6.2.1.1　城市用地拓展方向(缺乏前瞻性或四面出击)

　　总规在确定城市用地拓展方向时考虑不周、缺乏前瞻性,既影响城市未来发展,也对城市环境可持续性带来负面影响。如下述苏州1986版总规城市发展方向案例。另外,近年城市总规编制时,规划技术人员受地方政府左右,疏于对城市用地发展方向的全面、严谨的科学论证,一味迎合地方政府的发展诉求❶,近年的总规文本中常流行类似"东进西扩、南联北跨、中心内聚"、"南拓、北优、东进、西联"等用语,均反映了任由城市发展四面出击、严重浪费土地资源的现象。

[苏州1986版总规:城市发展方向案例]

　　杨保军在回顾苏州1986版城市总规时,肯定其最大成就是"确立了全面保护古城,跳出古城发展的指导思想,构建了新旧并立的双心结构。通过开辟新区使古城遭受破坏的危机消弥于无形"。但其同时指出,1986版总规在新区选择上(新区选在古城西侧)过于现实,远见不足。并指出新区向西发展存在的问题有:①丧失了保育西部山水,使区域性自然景观与苏州古城人文资源融为一体、相得益彰的机会。②发展余地不足。新区东面是古城,北面是铁路,南面和西面都是山体,四面合围,面积有限,对外交通不便,处于进退维谷的尴尬境地。随着苏州经济的快速发展,新区越来越逼近山体,但仍苦于空间受制,不时萌生出"翻山越岭"的念想。③与稍后即出现的城市主要经济流向相背离,有损于城市经济的运行效率(具体指西部新区在与上海的密切联系中必须跨越古城,造成种种不便)❷。

[与环评的联系]用地适用性全面评价和空间管制规划

　　确定城市发展方向时,应避免侵占生态用地、破坏生态安全格局,应以用地适用性评价结论为依据、不侵占空间管制禁建区为前提;其次,城市发展方向直接影响城市运行的效率,要充分预测城市未来运营产生的各项活动的流向、流量,错误的规划发展方向如同"南辕北辙",导致巨大的无效能耗、物耗。因此互动式规划环评时,环评人员应从实现城市环境可持续性目标出发,对城市向东、南、西、北4个方向发展的利弊、环境合理性进行比较,为规划决策提供更为翔实的依据。在总规纲要阶段,会提出若干个用地布局方案,规划环评应将"替代方案"(alternatives)的提出和比选作为总规环评的重要工作内容。

---

　　❶　1994年分税制改革极大调动了地方政府的积极性,发展权力下放的"诸侯式"经济导致城市空间发展各自为政。各级地方政府往往充分利用城市总规这一法定平台,积极争取辖区内新增更多的建设用地。如:很多行政区政府在总规修编期间,如果获知所辖行政区被初步规划为生态敏感区等非建设用地,往往会积极游说总规编制单位修改规划方案,甚至提前委托另一家规划编制机构按照其发展意图编制非法定的战略规划,然后将此书面的战略规划成果交由总规编制单位,力争将充分体现其扩张意图的战略规划"纳入"到总规正式成果中。
　　❷　杨保军.人间天堂的迷失与回归——城市何去?规划何为?[J].城市规划学刊,2007(6):13-24.

6.2.1.2　空间结构和功能分区(不合理)

空间结构和功能分区不合理不仅会影响城市各项职能的正常发挥,也必然带来恶劣的环境影响。如:北京回龙观社区和天通苑社区作为国内典型的"卧城"❶,带来难以承载的通勤交通量,同时导致巨大的交通能耗、尾气和噪声污染。目前,国内部分城市总规编制时盲目提倡多中心的城市空间布局,对不同空间结构的形成机制和适用条件缺乏科学论证。一些中小城市,未能因地制宜、因城制宜、因产业制宜,盲目追求多中心的用地结构,导致城市集聚效应大大降低、能耗大增、土地利用效益下降、基础设施建设成本成倍增加❷。机械的功能区划,中央商务区(CBD)、科技园区、大学园区、居住组团、工业园区、行政中心区等单一功能的城市开发,导致城市过分依赖功能体间的交通,最终使本来作为工具的汽车变成了城市的主人,而市民日常工作和生活变成了依附❸。孙斌栋指出,改善交通出行的多中心结构必须以就业和居住就地平衡为前提。在规划多中心结构过程中要统筹考虑就业用地和居住用地的平衡,不仅要注重住宅和就业岗位总量上的平衡,还要对住宅的类型和工作岗位的类型进行统筹平衡❹。

[与环评的联系]参与用地布局规划多方案比选

城市用地布局规划是城市总体规划的核心内容。确定城市用地拓展方向、总体空间结构和功能分区,即城市总体空间格局,是总规纲要阶段的核心规划内容,其充分体现了城市总规的空间属性。在这个阶段通常会形成 2—3 个中心城区用地布局规划方案,并会进行方案比选。目前的事后环评模式几乎不会参与用地布局规划方案的比选。当采用互动式环评模式后,介入到用地布局规划方案的比选显然是总规纲要阶段环评的工作重点。

6.2.2　常规流程梳理和流程分析

6.2.2.1　用地评定、空间管制

1)用地评定

用地评定❺是城市总体规划编制工作中一项重要的前期基础性技术工作,其评定成果是城乡规划选择发展用地的依据❻。

---

❶　卧城难题:解决了卧,没解决行.经济(网络版).2010(12):52.下载网址:http://www.dooland.com/magazine/article_99480.html

❷　高路.建设部副部长仇保兴把脉:8 种城建"盲目症"[N].人民日报海外版.2005-12-10(5).

❸　俞孔坚,李迪华,刘海龙."反规划"途径[M].北京:中国建筑工业出版社,2005:15-16.

❹　孙斌栋,潘鑫.城市空间结构对交通出行影响研究的进展——单中心与多中心的论争[J].城市问题,2008(1):19-28.

❺　在《城市规划原理》第一版至第三版教材中均称为"用地适用性评价",但近年期刊文献多用"用地适宜性评价"表达,已完成的城市总规成果中,常见"城市建设用地综合评价"、"城市空间发展的土地适宜程度分区"、"城市发展用地评价和选择"、"各区建设适应性评价"等表达方式。本书采用"用地评定"一词,以与 2009 年 9 月 1 日施行的《城乡用地评定标准》(CJJ132-2009;J866-2009)统一。2001 年出版的《城市规划原理》第三版教材对城市用地适用性评定的解释仍偏重、局限于工程经济性目标,教材表述:"城市用地的自然环境条件适用性评定,是对土地的自然环境,按照城市规划与建设的需要,进行土地使用的功能和工程的适宜程度,以及城市建设的经济性与可行性的评估。其作用是为城市用地选择和用地布局提供科学依据。"未来,《城市规划原理》教材和相关技术规范有必要对"用地适用性评价"的内涵重新界定。

❻　调查发现,我国 20 世纪 50 年代重点城市总体规划和 80 年代第一轮城乡总体规划,尚能在城乡用地评定成果的基础上进行编制;及至 90 年代第二轮城乡总体规划,部分总规编制过程中忽视了用地评定工作,以致出现危害城乡人居用地环境的安全事故。参见:中华人民共和国住房和城乡建设部.CJJ132-2009 中华人民共和国行业标准 城乡用地评定标准 条文说明[S].北京:中国建筑工业出版社,2009.

用地评定的常规流程如图 6.6 所示。目前,城市总规中的用地评定工作尚存在以下问题:

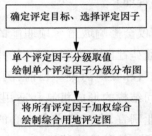

图 6.6　用地评定常规流程图

资料来源:作者自绘。

(1) 评定因子(选取随意、不全面)

从已有城市总规用地评定成果可以看出,评定因子选取随意性较大。虽然大多数总规抓住了影响土地使用的若干主要评定因子,抓住了主要矛盾,但缺乏全面系统性,挂一漏万。2000 年以前完成的城市总规比较偏重于围绕工程建设可行性选择评定因子,如山地城市多选取坡度、高程、地质灾害易发程度作为评定因子。2000 年以后开展的总规工作中已逐步意识到,不适宜修建用地(非建设用地)的范围除了考虑工程建设技术可行性和开发建设成本,还应从保护自然生态环境、历史文化遗产、城市安全等多因子进行综合考虑。如:重庆市城乡总体规划(2007—2020)在"土地适宜性评价"中不仅考虑地面坡度、地表海拔高程、岩性、地质灾害,还将森林绿地、湿地、自然保护区、风景名胜区、文化遗迹等列为评价因子。

(2) 评定方法(不科学)

以山地城市为例,山地城市在总规编制时通常选取海拔高度、地形坡度和地质灾害 3 个评定因子,将地形图进行数字化,在 ARCVIEW 等 GIS 软件下进行高程、坡度、坡向分析。将地形坡度分析结果与地质部门提供的"地质灾害调查评价报告"中的地质灾害分区结果进行栅格图叠加分析,得出初步用地适用性评价结果。叠加分析取值通常如下案例(表 6.3)所示:

表 6.3　　　　　　　　　　　　　　　**案例:用地适用性评价表**

	地质灾害低易发区	地质灾害中易发区	地质灾害高易发区
坡度 0%～15%	最佳	一般	禁建
坡度 15%～25%	一般	一般	禁建
坡度 25%～35%	慎建	慎建	禁建
坡度 35% 以上	禁建	禁建	禁建

注:500m 以上为禁建区。

资料来源:某城市总规用地适用性评定专题研究报告。

目前在进行用地适用性评价时,最后均会对各评价因子赋权值进行综合评定,最终的成果体现在一张"综合用地评定图"上,该图通常将规划用地最终分为一类、二类、三类用地(或禁止、限制、适宜城市建设用地)。这种将复杂问题综合简化处理的方法,虽然对快速规划决策有一定意义,但无法对限制、适宜建设区内的各小地块的土地使用进行精确的指导,决策的精细度不够。

（3）评定依据（的基础数据不足）

通常城市总规编制中评定需要的数据资料很难收集全或者缺失,如:工程地质方面的特殊岩土、断裂、地震液化、滑坡崩塌等要素资料难以掌握,数据资料不全直接影响评定结果的全面、科学性❶。

2）空间管制

2006 年 4 月 1 日起施行的《城市规划编制办法》正式提出了"空间管制"、划分"禁建区、限建区、适建区"范围的要求和"蓝线、绿线、紫线"(下称"三线")控制要求。随后编制的城市总规文本、说明书中均新增了市域或中心城区的空间管制内容、三线❷控制内容,并绘制了空间管制规划图、"三线"规划图。目前,城市总规的空间管制规划成果尚存在以下问题❸。

（1）文字表述不严谨,编制成果中对管制要素的选取随意性较大

目前已完成的城市总规成果划分管制区的依据各有侧重,编制成果所涵盖的管制要素不全面,规划文本中常以"等"字结尾。本应"穷举"的管制内容和管制范围成了"列举"。规划文本中的文字表述多为宽泛的原则要求,约束性不强,"禁"什么、"限"什么不明确。且无后继相关附件对此进一步明晰❹。

空间管制成果缺乏与相关政府主管部门已颁布的法律法规、技术规范或相关规划的呼应和对照。对"禁、限、适建区"(以下简称"三区")划定过程和划定方法缺乏严谨、细致的交代。目前国内城市总规成果,无论是文本还是说明书、专题报告常常忽视对所引用资料来源的交代,对各类图纸的绘制过程、依据、背景缺少书面注解。

目前国内颁布的指导城市总规编制的《城市规划编制办法》仅仅提到总规要确定空间管制原则、措施,进行"三区"划定,具体应如何划定,空间管制可能涉及哪些相关部门,需要与哪些现行法律、法规和技术规范相衔接等,却缺乏技术规范进一步加以明晰和指导。由此,国内的城市总规习惯就空间管制规划内容论管制内容,不考虑未来相关实施主体(政府各级行政主管部门),不具体交代总规编制时需遵循各相关部门已施行的哪些法律法规、技术规范或相关规划❺。对规划依据,即各类数据、资料是如何获取的、由哪些部门提供,图纸成果是如何绘制完成的(引用了哪些已有规划成果、方案形成过程中与哪些部门进行了沟通协调、哪些成果是在现场踏勘基础上绘制完成的)缺乏正式书面文件加以清晰地交代。不严谨的规划编制过程将直接削弱空间管制内容的可实施性。同时,由于国内尚没有一部法规或技术规范对各主管部

---

❶　叶斌,程茂吉,张媛明.城市总体规划城市建设用地适宜性评定探讨[J].城市规划,2011,35（4）:41-48.

❷　2002 年 11 月 1 日起施行《城市绿线管理办法》;2004 年 2 月 1 日起施行《城市紫线管理办法》;2006 年 3 月 1 日起施行《城市黄线管理办法》和《城市蓝线管理办法》。除了上述绿、蓝、紫、黄线 4 线有部门规章明确规定外,其他"线"并不统一。如:深圳 2007 版总规另外列出了"橙线"(城市橙线是指为了降低城市中重大危险设施的风险水平,对其周边区域的土地利用和建设活动进行引导或限制的安全防护范围的界线。划定对象包括核电站、油气及其他化学危险品仓储区、超高压管道、化工园区及其他须进行重点安全防护的重大危险设施)。黔江 2009 版总规另外列出了"红线"(用于界定中心城区范围内城市主、次干路路幅和道路交叉口用地范围的边界线)。

❸　欧阳丽等.城市总体规划空间管制内容编制实施现状回顾分析[C].//2012 中国城市规划年会论文集.昆明:云南科技出版社,2012.

❹　如 1999 版上海总规,仅在总规文本中描述了生态敏感区和建设敏感区的大致范围,没有提出禁止或限制的具体内容,仅一句"这些地区原则上应控制开发建设"带过。总规说明书也未对此 2 区的具体范围和控制要求有任何补充。可见,1999 版上海总规虽较早意识到进行空间管制的重要意义,但总规成果仅是点到为止、语焉不详,同时缺乏后续配套制度。

❺　陈晨.试析当前我国空间管制政策的悖论与体系化途径[J].国际城市规划,2009,（24）5:61-66.

门编制的相关规划之间应如何互相遵从、彼此衔接进行规定,各规划文件之间存在彼此重叠、矛盾的现状。规划依据不足也使规划编制人员无所适从,顾此失彼。目前,规划编制人员在撰写空间管制这部分内容时,仅仅考虑如何符合城乡规划法规或技术规范体系(主要是《城市规划编制办法》)的要求,却较少考虑自己绘制的这张图纸未来如何交给相关部门去实施、图纸怎样才能落地。因此,虽然 2006 年后完成的大多数总规成果中都按照《城市规划编制办法》绘制了市域或中心城区的空间管制图,但却只是一张概念图或示意图,大多数在未来的规划实施管理中未发挥实效。

与国外城市总规对应编制内容相比较,如:1993 版美国加利福尼亚州首府萨克拉门托总体规划,其在汇编关于开敞空间(open space)部分(类同于国内的空间管制的部分内容)的基础资料时❶,绘制了 10 幅针对不同管制要素的图纸,将其叠合得到一张关于开敞空间范围的规划成果图。图纸文字说明部分仔细交代了图纸绘制过程中参考了哪些相关部门的资料和意见或者直接引用了某个报告的图纸。其 2009 年 3 月修编的总规中❷分别考虑农业用地、动植物栖息地用地、洪水控制用地、休闲娱乐和社区隔离带用地 4 类开敞空间类型,分别绘制了图纸,然后进行叠合得到一张总图。总图分成了 5 类用地,第 1 优先级的开敞空间用地重叠了 4 种开敞空间类型,第 2 优先级的开敞空间用地重叠了 3 种开敞空间类型,以此类推。

(2) 已建区与"禁、限、适建区"(简称"三区")并列,不合理

《城市规划编制办法》中提出"中心城区规划应当划定禁建区、限建区、适建区和已建区,并制定空间管制措施。"彭小雷❸等据此提出的城市总体规划"四区"划定程序中把划定已建区列为第一步。笔者认为,把已建区与"禁、限、适建区"并列并不合理,已建区中可能含有不合理开发用地,可能已把应列为"禁建区"用地作为建设用地开发,在规划中应该进行用地调整,把部分已建区用地调整为"禁建区"或把应限制开发规模和用途的"已建区"用地限制开发规模,调整为"限建区"。即已建区也应按"禁限区、限建区、适建区"进行核定和调整。总规编制时不应对"已建区"用地现状照单全收,而应纠正不合理开发用地,把本应属于"禁建区"和"限建区"的用地剔除出来,在新一轮总规修编中进行用地性质的调整,如对侵占河道滞洪区的不合理建设用地应进行取缔纠正。

(3) 在"三区"划定时未作仔细斟酌,缺少现场调研和对现状用地进行仔细分析,未考虑可操作性

以 1986 版上海总规为例:

许健等指出:早在 86 版上海总规中已在各个分区之间规划了楔型绿地和隔离绿带,即属于空间管制的内涵。当时这些构思是很好的,但对于这些结构和要素的可实施性却未予充分考虑,以致将有上万人的传统老镇规划为楔形绿地。这些绿地在规划用地范围上没有明确界定,在经济手段上没有保证,对于现有用地发展特别是农民住宅,乡镇企业没有具体的措施,因

---

❶ General Plan Open Space Element. BACKGROUND TO THE 1993 GENERAL PLAN AS AMENDED. SACRAMENTO COUNTY GENERAL PLAN OPEN SPACE ELEMENT. OPEN SPACE RESOURCES BACKGROUND REPORT. County of Sacramento Planning and Community Development Department.

❷ SACRAMENTO COUNTY GENERAL PLAN OPEN SPACE ELEMENT. Draft April 13, 2009. County of Sacramento Planning and Community Development Department.

❸ 彭小雷,苏洁琼等.城市总体规划中"四区"的划定方法研究[J].城市规划,2009,33(2):56-61.

此实施的可行性较低。进入九十年代后,这些先前被市级规划管理部门强制保留的城市园林绿地,已被各级区、县政府批准用于房地产开发。这其中固然有区、县政府不按总体规划自行其是的问题,但规划编制时没有考虑实施可能性、适应性也是原因之一❶。

(4) 三区划定空间层次不一,图纸精度和准确度不够

"三区"有在"市域"层面划定,也有在"规划区"层面划定,也有仅对"中心城区"划定或兼有 2~3 个层次。

目前国内能在较大比例尺(如北京限建区规划以 1∶500 比例尺制图得到近 30 万个斑块)甚至地理坐标上(如深圳市基本生态控制线)清晰界定"三区"的城市为数不多,而能正式进入规划管理操作的城市更少。虽然《城市规划强制性内容暂行规定》提出:"城市规划强制性内容("空间管制"属于强制性内容)是省域城镇体系规划、城市总体规划和详细规划的必备内容,应当在图纸上有准确标明,在文本上有明确、规范的表述,并应当提出相应的管理措施。"但大多数已完成的总规成果与此要求差距甚大。显然,图纸精准是空间管制落地的技术前提。

以《郑州市城市总体规划(2007—2020)》成果为例,其在市域范围绘制了一张 1∶20 万的《市域空间管制规划图》,区分了城镇建成区、适宜建设区、限制建设区、禁止建设区。这样的图纸精度显然无法直接指导实施空间管制要求,后续应进一步开展准确界定管制范围和管制具体内容的工作,以使总规提出的空间管制要求真正落地。

(5) 欠发达地区空间管制工作基础薄弱

由于我国地域差异显著,各城市资源禀赋、辖区面积、基础资料完备程度等千差万别,能投入用于支持空间管制工作的财力和技术力量不一,城市管理水平有精细型(深圳市每 3 个月进行一次遥感监测用地变化)和粗放型(如:玉溪市对国家自然保护区都无法确定界线),短期内很难在全国都达到像深圳、北京这样的管制深度和广度。据此,有规划师提出:在法定城乡规划体系中,"四区"划定应以城市规划的总体规划阶段为主,其中"城市"指按国家行政建制设立的市,县人民政府所在地镇的总体规划编制中"四区"划定可参照执行"❷。这样区别对待虽然可能与现实各规划范围内行政主体的经济、技术能力相符,但目前仍有广域自然地貌、未遭城市化破坏的用地大都分布在县、镇、乡、村所在区域,这些区域亟需通过空间管制措施对自然生态环境等进行保护,以免重蹈各大、中城市肆意开发,侵占生态敏感用地的覆辙。这些区域本应未雨绸缪,列入空间管制的重点,其空间管制工作应该强化,深度和广度不应逊于城市。然而,目前国内发达地区空间管制工作比欠发达地区要深入,实际上走的是类似环境保护工作"先污染后治理"的老路。欠发达地区或远离城市的乡镇区域如果目前阶段弱化空间管制规划工作,则意味着会有大量的生态服务功能尚好的自然地表,由于缺乏有效空间管制措施,而随时可能被转化为人工地表。

---

❶　许健、宋小冬探索特大城市规划实施的新机制[J].规划师,1998,14(3):86-89.

❷　彭小雷,苏洁琼等.城市总体规划中"四区"的划定方法研究[J].城市规划,2009,33(2):56-61.

6.2.2.2 用地拓展方向

影响城市用地拓展方向选择的因素较多,包括:经济地理条件、交通运输条件、用地(地质)条件等。城市总规在确定城市总体空间格局时,会首先定性比较城市分别向东、南、西、北 4 个方向拓展的优、劣势。如郑州 1907 版总规列表比较了 4 个方向发展的区域空间发展条件和自然环境限制条件,提出"以东为主,兼顾西部,培育南部,控制北部"的规划发展方向。事实上,如果能够对用地适用性进行全面评价,并按照环境可持续性原则精确划定空间管制的禁建区、限建区以及蓝线、紫线和绿线,严格在适建区内考虑用地拓展方向,即能有效保障用地拓展方向选择时充分考虑自然生态系统的空间需求,不随意蔓延至自然山水等生态用地。如:前述苏州 1986 版总规编制时,如果当时进行了空间管制分区,把"西部山水"划为禁建区,城市向西发展的局限性即会一目了然。除此之外,还需要从与相邻城市、地域之间的经济、文化等交流的便利度、交往效率等角度对不同的城市发展方向进行比较,流通便利同时意味着能源、资源消耗的大大降低。苏州 1986 版总规将新区选在古城西侧,使城市拓展方向与"城市未来主要经济流向相背离"(指西部新区在与上海的密切联系中必须跨越古城),既不利于区域经济交往,也付出了额外的资源、环境成本。

因此,在互动式规划环评模式下,环评人员可以参与到用地拓展方向的选择过程中,从实现环境可持续性目标角度比较不同发展方向的优、劣势,为规划决策提供参考。

6.2.2.3 总体用地布局方案比选

城市总体用地布局是反映城市各项用地之间的内在联系,是城市建设和发展的空间战略部署,关系到城市各组成部分之间的合理组织,以及城市建设投资的经济性。城市总规纲要阶段,一般会提出 2~3 个用地布局规划方案,并综合分析各方案的优缺点,最后采纳并优化一个方案。如:某城市总体规划专题研究之一的《功能与空间布局研究》从交通因素(高速选线;高速出入口联系;片区联系道路;跨江设施;物流组织;港口设置;公共交通发展;市区道路建设)、用地因素(地质、地形条件)、景观环境因素、社会经济因素(搬迁;公共设施分布;产业发展)、可持续因素(近、远期协调;远景发展空间)5 大方面对 3 个总规布局方案进行比较。其"景观环境因素"具体包括以下考虑因子:①沿江面功能布置:岸线功能比(居住、商贸、污染企业、绿化等);②城区开敞空间:开敞空间规模及比例、保护山体规模;③污染程度:污染企业分布与城市风向关系,与城市主要景观点的关系(沿江面、高速出入口、大桥口等)、污染企业分散程度。④环境门槛。

显然,在对城市总规用地布局方案进行方案比选时,环境因素一般会被列入必要考虑因子之一,但分析可能不够全面。在互动式规划环评模式下,规划环评成员可以更专业、细致深入地从实现环境可持续性目标角度对不同用地方案进行比选,并对最终确定的方案进一步提出优化建议。

6.2.2.4 常规城市总体空间格局规划流程(图6.7)

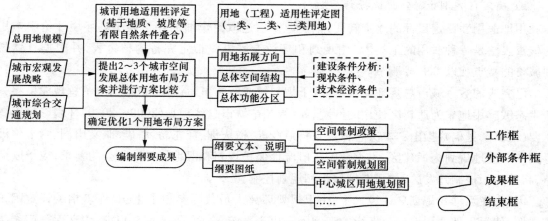

图 6.7 常规城市总体空间格局规划流程图

资料来源:作者自绘。

6.2.3 环评互动节点和互动式环评流程

6.2.3.1 环评互动节点

上述技术规范要求城市总规中包含的"用地评定"、"空间管制"、"三线控制"等三方面内容互有关联,且与实现城市的环境可持续性目标直接相关。原则上说,在编制时序上,用地评定、空间管制、三线控制的大部分内容应在考虑用地布局方案之前明确,作为考虑用地拓展方向、总体空间结构和功能分区的前置条件。并应在纲要成果编制阶段正式形成。只是现实的城市总规编制实践中,由于用地评定结果往往与地方政府的发展意图之间存在很大的矛盾,许多规划迁就地方政府意图,撇开了用地适用性的评价结果进行用地布局❶。

另外,上述三部分内容的常规编制过程还普遍存在以下问题:①由于委托方对这部分内容的编制质量比较放任,而数据资料获取不易等主、客观原因,使用地适用性评定要素不全,前置作用不突出,且缺少"追责机制";②空间管制规划编制不严谨、精确,难以保障后续有效落实;③"三线"控制要求表述不严密,未与空间管制规划进行有效整合。

因此,城市总规与规划环评互动式开展时,应针对用地评定、空间管制、"三线"控制的规划编制缺陷,直接参与并共同完善上述规划内容的编制,使城市环境可持续性目标通过空间管制等规划内容得到有效贯彻落实。另外,在环保部门组织完成的"生态(环境)功能区划"成果的基础上,围绕构建区域生态安全格局的目标,与市域和中心城区绿地景观系统规划相结合,进行生态基础设施规划。为了应对城市热岛效应、极端气候事件、空气环境质量恶化等问题,城市总体规划气候可行性论证工作已逐步开展,气候可行性论证工作贯穿于规划方案的形成前、后期,气候可行性论证分析的结论为上述空间管制规划、"三线"控制规划、生态基础设施规划提供依据和验证。

---

❶ 陈燕飞. 城市用地适宜性的组合分析[C].∥中国城市科学研究会.2008城市发展与规划国际论坛论文集.2008:266-269.

1. 用地适用性全面评定

1）确定评定目标、全面选择评定因子

用地适用性评定目标的逐步转变，相应地要求选取更全面的评定因子。环境评价中常用的核查表法是一种适用的工具❶。由规划和环评专家事先拟定完备的核查表，并根据具体规划城市的特点加以扩充或删节。

已完成的数个城市总规环评报告（属于规划完成后的事后评价）中均指出了总规成果将一些生态敏感用地作为适建区使用的问题，如《福州市城市总体规划（2009—2020）环境影响篇章纲要（征求意见稿）》指出："本次总体规划将芦岐洲、道庆洲、祥龙岛、塔礁洲、文山洲、六十份洲等闽江口湿地规划为适建区，不符合闽江口湿地保护规划和湿地保护国际公约要求，应予以调整，将其列为控制开发区，加强湿地保护和规划控制。"

因此，在互动式规划环评模式下，由于规划环评人员共同参与了生态、环境相关评定因子的选取，使得用地适用性评定考虑的评定因子更为系统、全面、不遗漏。目前，由环保部门牵头的全国、省级生态功能区划成果已编制完成，很多市级生态功能区划工作也已陆续完成并经当地政府批准❷。因此，应充分尊重和吸取已有的生态功能区划成果，提炼相关评价因子。

2）评定因子分析

大部分评定因子的分级分布图应该由各相关行业主管部门负责提供（如总规资料收集阶段，需获取已具有政府批文的自然保护区、风景名胜区、森林公园、地质公园等已建各类保护区的分布图）。不少城市的主管部门受经费和技术能力限制，在过去工作中未积累某些评定因子的数据信息，未对相关要素进行空间定位并测绘成图，总规编制单位无图为据，将影响其对用地适用性的全面评定。

规划环评人员应注重全面收集自然生态条件相关的各评定因子的图件资料，并复核图件是否精确无误，必要时需由城市人民政府或规划主管部门委托专业机构，围绕城市总体规划进行相关专题研究，制作与评定因子相关的专题图件。

用地适用性评定的结论应能对所分析的基本栅格单元的规划用地类型做出明确的引导。即针对每一个评定因子，应同时确定其不同级别分布区域内适合的规划用地类型。如：上述福州闽江口湿地，按照《闽江口湿地概念性保护规划》，湿地划分为自然保护区（绝对保护）、保护开发区、适度开发区3个级别的分区。其中自然保护区范围内禁止任何开发建设活动，只允许保留湿地形态；而保护开发区仅能实施生态修复性工程措施进行保护性改造，使它们与绝对保护区共同构成完整的湿地生态链和鸟类迁徙的通道和中转站，以保护湿地生态系统的完整性。可适度开发区是面积相对较小、湿地功能已遭到严重破坏，生物多样性和数量较少，以沙洲型为主的湿地，可以适当进行生态型项目建设，对应的规划用地类型可以是绿地（G）和耕地、园地、林地和牧草地（E2—E4）。而对"适度开发区"以外一定距离内并非就可以任意开发建设了，仍应对用地类型、人口密度和开发强度有所限制并具体明确。又如：对于"文物保护单位保护范围"应列为禁建区，禁止任何其他建设活动，而"文物保护单位建设控制地带"、文物保护单位控制地带以外的一定范围对规划用地类型应有具体清晰的限定要求，这些限制要求首先应

❶　陆雍森. 环境评价［M］. 上海：同济大学出版社，1999.

❷　如：厦门市环境保护局主持编制的《厦门市生态功能区划》已于2005年3月经厦门市人民政府批准发布。

遵照已有的法规、规范❶，如果尚无明确的法规依据，则应在总规成果中明确。

　　规划环评人员与规划编制人员应共同确定并落实与环境相关的各评定因子对用地类型、开发强度的具体控制要求。然后将各评定因子对用地的控制要求(用地类型、开发强度等)输入 GIS 平台，当考虑某一地块应如何规划时，可查询与该地块相关的评定因子有哪些、各评定因子对该地块的用地功能有何特殊要求，这样能有效保证用地适用性评定的结果能具体指导各单一小地块如何规划。即用地适用性评定结论不仅仅回答哪些地块是禁止任何开发建设的区域(保持现有的用地形态)或进行生态修复恢复为某种用地形态，还可查询各限制建设区域的具体限制要求是什么，适宜作为哪类用地类型，对开发强度有何定量限制，适建区内各地块适宜的用地类型是什么，以真正指导用地布局规划方案的形成。优化用地适用性评定技术路线见图 6.8。

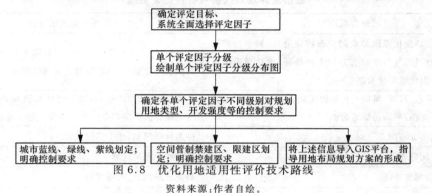

图 6.8　优化用地适用性评价技术路线

资料来源：作者自绘。

2. 城市总规气候可行性论证

　　传统的城市规划对气象因素的考虑仅局限于依据静态的风玫瑰图和污染系数玫瑰图。随着热岛效应、极端气候事件、空气环境质量恶化和全球气候变化等问题日益严重，城市规划与气象的关系日益受到重视。

　　2006 年发布的《国务院关于加快气象事业发展的若干意见》、2009 年实行的《气候可行性论证管理办法》均规定了与气候条件密切相关的城乡规划、重点领域或者区域发展建设规划必须进行气候可行性论证的要求。在总结实践经验的基础上❷，2011 年出台了《城市总体规划气

---

　　❶　如《北京市文物保护单位保护范围及建设控制地带管理规定》将"文物保护单位周围的建设控制地带"分为五类：一类地带：为非建设地带。地带内只准进行绿化和修筑消防通道，不得建设任何建筑和地上附属建筑物。地带内现有建筑，应创造条件拆除，一时难以拆除的，须制定拆除计划和年限。二类地带：为可保留平房地带。地带内现有的平房应加强维护，不得任意改建添建。不符合要求的建筑或危险建筑，应创造条件按传统四合院形式进行改建，经批准改建、新建的建筑物，高度不得超过3.3m，建筑密度不得大于 40%。三类地带：为允许建筑高度 9m 以下的地带。地带内的建筑物形式、体量、色调都必须与文物保护单位相协调；建筑楼房时，建筑密度不得大于 35%。四类地带：为允许建筑高度 18m 以下的地带。地带内靠近文物保护单位一侧的建筑物和通向文物保护单位的道路、通视走廊两侧的建筑物，其形式、体量、色调应与文物保护单位相协调。五类地带：为特殊控制地带。地带内针对有特殊价值和特殊要求的文物保护单位的情况实行具体管理。

　　❷　2002 年前后，受建设部和中规院委托，北京市气象局和广东省气象局联合参与了佛山市城镇体系规划编制工作。通过数值模拟，综合评估不同年代、不同规划方案的城市格局对局地气象环境，包括温度场、气流变化和空气污染物分布等方面的影响，并将模拟评估结果及时应用于规划方案的调整和决策中。参见：汪光焘，王晓云等.现代城市规划理论和方法的一次实践——佛山城镇规划的大气环境影响模拟分析[J].城市规划学刊，2005，(6):18-22.

　　2007 年，深圳市气象局、北京市气候中心与深圳市城市规划设计研究院联合开展了《深圳城市总体规划修编(2006—2020)》专题研究之一：《城市建设的气象影响评估》。2008 年，青岛开展了《胶州湾气象变化和城市规划关系研究》，并以该项科研成果为依据完善城市规划成果内容，加强青岛市新一轮总体规划的科学性。参见：王天青等.基于气象环境影响效应的城市规划-以青岛为例[J].城市规划学刊，2010(2):64-69.

候可行性论证技术导则(征求意见稿)》。其中规定,对城市总规进行气候可行性论证可在规划方案形成前和形成后两个阶段介入。

在规划方案形成前,将城市气候特征背景分析、气象灾害分析、气候资源分析结果进行汇总(表6.4),绘制现状各气象要素(温度、风速、流场等)空间分布图。结合规划需求,在空间上给出气温、扩散能力、气候资源情况、气象灾害情况的规划适宜性分布等级和分区(气候影响适宜区、次适宜区、不适宜区)。从气候角度对城市用地布局给出规划建议和优化意见。

在规划方案形成后,通过数值模拟,分析不同规划方案对当地及周边气候环境的影响及气候条件对城市各分区功能发挥的影响。进行规划方案比选,提供相应建议。

表6.4   **城市总体规划气候可行性论证要点**

	气候分析内容	规划方案建议内容
气候背景分析	气温:热岛变化规律和空间分布特征分析;城市边界层特征分析(大气温度垂直方向上的特征,统计逆温出现概率);温度空间分布图	绿地布局、水体布局、功能区布局;边界层特征分析应在污染型产业规模、选址布局方面提供建议
	风况(风速、风向、风频)、扩散输送能力判断;风速、流场空间分布图;平均污染系数图	产业布局、功能区布局;城市通风廊道规划;在小风区、气流辐合区要限制有大气污染排放的工业企业
	暴雨空间分布图	排水管网规划、地下空间规划
气象灾害分析	干旱空间分布图	城市产业布局规划
	雾、霾空间分布图	高速公路规划、机场规划
	雷电空间分布图	电力工程规划;通信工程规划
	分析大风、浮尘、扬沙和沙尘暴发生频率	大风灾害分析在街道设计、建筑物设计规划上提供建议;沙尘分析对城市绿地、部分产业规划提供建议
气候资源分析	风能、太阳能资源 风功率密度、太阳辐射总量空间分布图	新型能源产业布局规划;节能建筑

资料来源:中国气象局.中华人民共和国气象行业标准QX/T 城市总体规划气候可行性论证技术导则(征求意见稿)[S].2011.

国内已出台的规划环评技术导则和已有的城市总规环评实践主要侧重在大气环境容量分析、判断常规大气污染物排放总量能否满足国家、地方减排要求、预测规划方案实施后大气环境质量的变化趋势等方面。基于大气环境质量预测为主的规划环评工作应加强与气象部门合作,与日益兴起的城市总规气候可行性论证工作充分结合,在规划方案形成前和形成后均介入到规划编制过程,通过参与到规划用地布局方案的形成,从气象角度预防大气污染,而不仅仅是等到规划方案生成后预测主要污染物的大气环境质量是否达标。

3. 生态安全格局构建[❶]

构建生态安全格局(或称为生态基础设施(Ecological infrastructure)规划)。生态基础设施是维护土地生态过程安全和健康、维护地域景观特色的基础结构,是保障城市居民持续地获得高质量的生态服务的基础和关键性景观格局,是城市扩张和土地开发利用不可触犯的刚性限制。生态基础设施本质上讲是城市所依赖的自然系统,它不仅包括传统的城市绿地系统的概念,而是更广泛地包含一切能提供上述自然服务的系统,如大尺度山水格局、自然保护地、林

---

❶ 俞孔坚,李迪华,刘海龙."反规划"途径[M].北京:中国建筑工业出版社,2005:37-38.

业及农业系统、城市绿地系统、水系以及历史文化遗产系统等。具体形态上呈现为由基质、廊道和斑块所构成的完整的景观格局。

俞孔坚等以浙江省台州市为案例,在宏观、中观、微观三个尺度上规划台州市的生态基础设施。宏观尺度的生态基础设施即对应于城市总体规划层面。城市总规层面的生态安全格局构建(生态基础设施规划)流程如表 6.5 所示,即对市域进行生态基础设施的整体规划,作为城市建设总体规划的先决条件和依据,以进一步建立基于生态基础设施的城市空间发展格局。

表 6.5　　　　　　　　　　　　　构建生态安全格局(生态基础设施规划)流程

序号	步骤和描述	工作(研究)对象、内容
1	表述:如何描述生态系统 生态基底分析 (生态区位、地形地貌分析、植被覆盖分析、河流水系分析、生物多样性分析等)	历史资料与气象、水文地质及人文社会经济统计资料;应用地理信息系统,建立景观的数字化表述系统,包括:地形地物、水文、植被、土地利用状况等;现场考察和体验的文字描述和照片图像资料
2	过程:生态系统如何运作 生态系统服务过程分析	自然非生物过程:海潮过程、海岸及滩涂演变;降水、径流过程、洪水过程;生物过程:植被分布和扩散(植被生态);动物栖息和迁徙过程;人文过程:海塘、河道水利工程演变;城镇扩展和土地利用格局变迁;历史文化遗产保护;市民的游憩和通勤过程;景观感知和体验过程
3	评价:目前生态系统是否运作良好 评价现状生态格局(上述过程的价值和意义)	现状生态系统服务功能❶如何?生态格局之于生态系统服务过程的适宜性、对区域生态安全与健康的意义如何?根据区域整体生态格局的完整性和连续性(特别是山脉、水系、遗产廊道、景观多样性、游憩廊道),来评价其对上述自然过程、生物过程、人文过程的利害
4	改变:生态系统可能发生何种改变 提出为改善生态系统服务过程的健康和安全性,应如何进行规划和改造	判别对生态系统服务过程具有战略意义的元素和空间位置关系❷。 提出在不同层次的生态安全水平下,以防洪安全为目的的区域水系、湿地系统;以栖息地保护为目的的自然保护地系统;以乡土文化景观保护为目的的遗产廊道系统;以游憩功能为目的的游憩廊道系统;以城市感知和体验为目的的视觉控制系统
5	影响:改变会带来什么不同 对上述改变方案,或多个生态基础设施方案,进行生态服务功能的综合影响评估	比较各个不同方案之间的差异,以便决策者进行选择。进行基于生态基础设施的城市发展格局的生态服务功能及社会经济评估:对自然过程、生物过程、人文过程安全和健康影响的评估;对社会经济效益的评估
6	决策:确定如何改变 基于上述多种生态基础设施建设方案和评估结果,决策者最终确定生态基础设施规划方案,并作为刚性控制条件	规划的本质是各个利益主体之间的协调过程,如:水利部门对洪水等自然过程的关注;环保部门对生物过程的关注;文化部门对遗产保护的关注等。最终的生态基础设施规划是对各方利益综合权衡的回应

资料来源:根据(俞孔坚,2005)整理。

❶　2002 年 9 月 1 日实施的《生态功能区划暂行规程》对**生态服务功能**的定义是:指生态系统及其生态过程所形成的有利于人类生存与发展的生态环境条件与效用,例如森林生态系统的水源涵养功能、土壤保持功能、气候调节功能、环境净化功能等。参见:环保总局,国务院西部地区开发领导小组办公室.生态功能区划技术暂行规程[S].2002.

❷　俞孔坚等提出生态基础设施建设的一些关键战略包括(但不限于):维护和强化整体山水格局的连续性和完整性;保护和建立多样化的乡土生境系统;维护和恢复河流和海岸的自然形态;保护和恢复湿地系统;将城郊防护林体系和城市绿地系统相结合;建立无机动车绿色通道;建立绿色文化遗产廊道;开放专用绿地,完善城市绿地系统;融解公园,使其成为城市的生命基质;融解城市,保护和利用高产农田作为城市的有机组成部分;建立乡土植物苗圃基地,为未来城市绿化提供乡土苗木。参见:俞孔坚,李迪华,刘海龙."反规划"途径[M].北京:中国建筑工业出版社,2005:37-38.

生态安全格局构建,或生态基础设施规划与用地适用性全面评定、城市总规气候可行性论证、空间管制规划、绿地景观系统规划和历史文化遗产保护规划等规划内容紧密相关,有着部分相同的规划目标或出发点。上述规划工作内容需要厘清彼此的关系,进行有效整合。

4. 空间管制规划

由于空间管制的目标已涵盖保护自然生态和人文环境,即空间管制措施将对环境形成正效应,因此国内已有的环评报告对空间管制内容常是简单的给予正面评价、泛泛予以肯定。深圳、郑州、大连总规环评报告均是如此。事实上,如前所述,城市总规空间管制无论是规划编制内容本身还是实施实效方面都还存在很多问题,这些问题应通过互动式规划环评工作的开展予以修改完善。如:对空间管制要素是否全面进行核实;对各类空间管制要素范围、边界是否准确进行核对;对禁什么、限什么规定得更为清晰准确、具有可操作性;更重要的是对空间管制要求的可落地性、是否有完善的配套实施机制进行评价。

1)厘清空间管制规划、生态功能区划、主体功能区划的关系

目前,住建部通过城市总规推行的空间管制规划,与环保部已开展的"生态功能区划"工作及发改委主持的"主体功能区划"工作有异曲同工之处。显然,三大部委的这三项工作需要协调衔接、整合在一个技术框架内,并应制定专门的法规和技术条例明确三者的衔接关系。已完成的城市总规环评报告均注重将规划城市已有的生态功能区划与总规的空间管制内容进行比对,但对其中的不一致之处往往难以处理,这主要也是因为尚无明确的法规依据所致。

[对 S 市 2007 版总规"空间管制"内容的规划环评]

《〈S 市城市总体规划(2007—2020)〉环境影响说明》主要在"城市空间布局的环境影响分析"中对总规的空间管制内容进行了分析评价,重点是将 2006 年 12 月 26 日施行的《S 生态市建设规划》中的"生态功能区划"与总规"四区划定"进行比较分析。

《S 生态市建设规划》中对 S 市域进行了"生态功能区划",分成了重点保护区、控制开发区、优化开发区。其重点保护区与基本生态控制线范围和要求完全吻合。控制开发区"面积167.55 平方公里,包括重点保护区以外的饮用水源地水库二级水源保护区、丘陵园地、主干河流集水区和沿海滩涂等"。开发要求是:可适度开发,但应控制土地开发规模和开发强度;优先发展环境友好型产业,限制不符合生态功能要求产业的发展;调整生态组分结构,整体提升生态系统服务功能。在 2007 版总规环评报告中,对 S 市生态功能区划中的"控制开发区"与"四区"中的"已建区"和"适建区"通过列表进行了详细对比分析。表中可见,部分"已建区"和"适建区"的规划用地性质和规划方向与生态功能区划中"控制开发区"的主导功能有较大的不协调性。该总规环评报告同时指出:"控制开发区"在空间上大多分布在"重点保护区"周边,对维持最敏感区的良好功能及气候环境等方面有重要作用,是与整体生态维护密切相关的区域,调整土地利用结构是本类型区中生态建设和环境保护的重要内容。显然,生态功能区划的"控制开发区"范围应被列入总规"四区划定"中的"限建区"。遗憾的是,虽然该总规编制同时开展了规划环评工作,规划环评报告也指出了这一问题,但环评报告并没有提出"应调整扩大总规'限建区'"这样明确的评价结论。最后的总规文本送审稿也没有根据环评报告的阐述做任何调整,应该扩大的"限建区"范围未作任何调整。

该环评报告在"(土地利用空间布局)与相关法律法规相容性分析"中指出：规划的 GB 生态工业园与《G 省海洋功能区划》《S 市海洋功能区划》《S 市近岸海域功能区划》以及《中华人民共和国自然保护区条例》和《海洋自然保护区管理办法》等存在矛盾。但环评报告鉴于"该区域发展关系到 S 市发展的重要性"，仅建议"对该区域开发进行进一步环境可行性论证"。规划用地既然已严重违法了国家、地方的重要法律法规，评价结论不是"必须修改调整规划"，而是仍留有商量的余地，该总规环评报告的原则性显然不够。就此问题，笔者电话访谈❶了参与 07 版 S 市总规环评工作的技术人员，其回复为：该 GB 生态工业园规划，起初不仅环评单位提出了异议，就连规划主管部门也是竭力反对。但由于市领导的意志非常坚定，环保和规划部门，包括总规环评机构最后都不得不妥协。

2）落实保障机制，拟定空间管制规划的监测、跟踪评价计划

下述台州案例充分表明，空间管制规划是总规成果中最难以落实的规划内容，侵占空间管制"禁建区"的案例在国内屡见不鲜。因此，规划环评除注意弥补规划编制内容的缺陷，确保空间管制内容完整、严谨，还应注重评价空间管制规划实施保障机制的完善空间管制性，并将空间管制内容列入规划环评的监测、跟踪评价计划中。

[**2004 版台州总规的空间管制**]

在进行《台州市城市总体规划（2004—2020 年）》修编之前，台州市规划主管部门曾邀请北京大学进行城市生态安全格局规划，俞孔坚等进行了大量细致入微的工作，不仅圆满完成规划任务，还写就《"反规划"途径》一书，使台州成为其践行"反规划"的经典案例。2004 年 10 月完成的《台州市城市总体规划（2004—2020）》也充分吸收了俞孔坚等的研究成果，将城市规划区划分为城市化地区、开敞区和生态保护区等三类建设管理分区，实行不同的空间增长管理对策。

俞孔坚在《"反规划"途径》一书中特意提到其"为海潮预留了一个安全的缓冲带"，对这些"可能受到海潮侵袭的区域，建议作为不建设区域"。然而在 2005 年率先开发的 18km² 滨海工业区启动区块的控规图上，工业用地占到 56%，居住、公共设施等用地占到 24%。而按照 2004 版台州总规，该区块至 2020 年工业用地仅占 20%，80% 以上是生态绿地和生态协调区（总规要求生态协调区应"禁止大规模的产业开发"）。该 18km² 启动区块位于最东端，紧邻海堤和滩涂，正位于《"反规划"途径》一书"彩图 16　黑嘴鸥栖息生境适宜性分析"图中的（栖息生境）高适宜区域、"彩图 29　基于区域防洪 SP 的水系格局"中的沿海湿地保护区和 50 年一遇洪泛湿地区。滨海工业区之所以首先在远离建成区、紧贴海堤、现状 80% 为耕地和园地的最东端启动建设，完全是出于该区域动迁工作量小、拆迁成本低，能快速启动建设的优势。出于对台风、海潮的顾虑，开发者在开工建设前不得不委托设计机构进行"防潮、排涝、防台风专题研究"和"用地平均高程专题研究"，设计将现状 2.5—2.8m 的低洼农地填至 4.1m 的城市最低道路标高，试图一劳永逸地解决洪涝问题。这显然完全背离了俞孔坚为台州设计的"不设防"的城市洪水安全格局方案。国内类似台州这样先侵占本应进行空间管制的用地用于城市

---

❶　访谈时间 2008.8。

建设,然后采取人工补救措施的案例比比皆是。如:采取高填方的方案在防洪规划划定的滞洪区内进行城市开发;一方面把本来是雨水出路的湖泊填没用于开发建设,一方面修建人工雨水管道千里迢迢把雨水排至更远的水体。

2005年11月1日起施行的《深圳市基本生态控制线管理规定》(以下简称《规定》)是国内首部以地方政府规章形式明确对基本生态控制线范围内的土地实行强制性保护。《规定》指定由深圳市规划主管部门负责划定、调整基本生态控制线并实施监督检查。2008年7月29日,与深圳接界的东莞市城建规划局也推出了《东莞市生态控制线管理规定(草案)》,标志着国内城市规划的空间管制逐步进入规范化、法制化正轨。因此,总结深圳市在落实《规定》中所遭遇的困难和问题,对于如何在城市总规层面做好空间管制具有重要意义。

按照2006版《城市规划编制办法》,空间管制的内容不仅仅是《规定》中涉及的生态环境、水资源、土地资源等,还包括能源、自然和历史文化遗产保护以及从公共安全角度需要进行控制的用地。因此,《规定》仅涵盖了部分空间管制要素。

《深圳市基本生态控制线管理规定》自2005年至今的实施经验表明,生态控制线的划定仅仅是一个开端,其涉及面广,对部分地区、单位和个人利益将产生重大影响,实施难度较大,存在一系列需要明确并且规范的事项,如线内已建项目如何妥善处置、新增项目的准入制度、线内受控地区如何生存发展、如何采取生态补偿措施,线内新违法建设如何处理等。切实落实空间管制要求是一项系统工程,需要一系列配套法规规章予以强制执行,无论是空间管制方案形成阶段还是方案实施阶段需要投入大量的人力、物力、财力。仅凭总规文本中寥寥数语和一张缺乏精准度、欠调研勘察的示意图式的空间管制图,是无法把空间管制落地的。

深圳案例提供了城市空间管制的一种有效模式:即专门针对空间管制制定政府规章,条件成熟时由地方人大立法,进行专项管理。

但深圳案例的"基本生态控制线"主要以生态保护为目标,对于城市总规的空间管制而言,还应综合考虑其他子目标或限制性要素对城市用地的禁限要求。对于深圳而言,在未来条件成熟时,在其他限制性要素和禁限范围厘清的情况下,以实现生态保护、公共安全、历史文化遗产、矿产资源保护等多重目标为宗旨,应逐步颁布《深圳市空间管制管理规定》替代现有的《深圳市基本生态控制线管理规定》。

[深圳2007版总规"四区划定"❶评析]

①"四区划定"不全面

07版深圳总规把基本生态控制线内974km²面积分成了禁建区(860km²)和限建区(114km²),限建的管制要求中提到"只能建设符合基本生态控制线管理相关法规和规定、并经特别程序审批通过的国家、省、市的重大项目",并要对项目的开发功能和开发强度严格控制和监督。但对禁建区管制要求却语焉不详,泛泛而谈,没有大多实际约束意义,未对《规定》有进一步的深化和完善。如:对于"经特别程序审批通过的国家、省、市的重大项目"在禁建区内是否完全禁止没有明确说明。

---

❶ 徐源,秦元.空间资源紧约束条件下的创新之路——深圳市基本生态控制线实践与探索[C]// 中国城市规划学会.生态文明视角下的城乡规划 2008 中国城市规划年会论文集[M].大连:大连出版社,2008.

在"四区划定"目标和原则中,提到"工程地质状况和适宜建设标准"是四区划定的考虑因素,但总规文本中实际划定内容却完全囿于《规定》中对基本生态控制线的要求。而《规定》中的基本生态控制线是仅从生态环境、水资源和耕地资源保护的角度划定,并没有从保证公共安全的角度对地质灾害易发性进行全面评估、考虑蓄滞洪区等的占地,如果从综合防灾的角度对用地适建性进行全面评价,再加上历史文化遗产保护等的禁限要求,禁建区和限建区的总面积之和应该大于基本生态控制线内面积。

② 没有考虑线外用地与线内用地的协调

基本生态控制线线内与线外关系紧密,紧邻控制线的线外用地性质应充分考虑与线内保护功能的协调。但深圳 2007 版总规中并未考虑线内、外用地的协调。以水源保护区为例,《规定》仅把一级水源保护区列入了线内,二级水源保护区和河流、水库的集/汇水区或水源涵养区显然至少要列入"限建区"范围进行控制性开发,总规文本却未提及。又如曾被周边居民质疑"踩在"生态控制线上、紧靠深圳塘朗山郊野公园入口的城市假日二期工程(现已开发 9 栋 6～18 层高的商品房,占地面积近 4 万 m²),虽然被深圳市规划局以"其用地位于基本生态控制线范围之外、项目合法"回复周边居民。但周边居民提到的"高层密集住宅开发会破坏山体视觉景观、导致塘朗山原有边坡、挡土墙和地表排水渠遭受损坏、危害郊野公园生态环境"等问题却是客观存在的。该案例说明,对于紧邻生态控制线的线外项目开发强度和开发性质也应做限制。因此紧邻线外用地宜划分在"限建区"中。总规文本中也没有考虑线内用地调整如何与线外规划布局结合等《规定》实施时需要解决的问题,虽然细致的调整方案会在控规层面制定,但总规阶段应给出调整原则和总体规划布局。

5. 用地布局多方案比选和推荐优化方案

在国内首部关于规划环评的技术规范《规划环境影响评价技术导则(试行)》HJ/T 130—2003 中,强调对多个规划方案的环境影响识别与分析评价,以及替代方案的提出。在术语定义中专门对"规划方案"和"替代方案"进行解释❶,并有相关条款阐述规划环评中如何进行多方案比较。但目前实际已完成的规划环评工作都是在规划成果完全确定后进行的事后环境影响评价,仅能就规划成果已定的单一规划方案进行环评,多方案比选和确认替代方案根本就无从谈起。因此规划环评报告中基本没有规划方案比选和推荐规划方案等内容。有的环评报告书虽然采用了情景分析法,但均是环评机构自说自话提出的若干情景,并不是规划方案形成过程中提出的情景,有些设置的情景甚至不太合理。出于规划环评难以早期介入的现实无奈,2009 年 11 月出台的《规划环境影响评价技术导则 城市总体规划(征求意见稿)》大大弱化了专门针对多规划方案比选的条款。另外,即使在规划编制初期已经委托了规划环评单位,但由于规划和环评的委托方在制定工作程序时并没有设置环评与规划工作进行融合的必须环节,没有积极地创造条件,并形成制度化的沟通程序,规划人员与环评人员几乎没有面对面的交流。又由于专业的环评机构或环评专家不大了解总规的编制流程,规划环评工作难以融入总规自身的方案形成过程中,无法参与规划方案的比选和优化工作。

---

❶　HJ/T 130—2003 定义:"规划方案:符合规划目标的、供比较和选择的方案的集合,包括推荐方案、备选方案。环境可行的推荐方案:符合规划目标和环境目标的、建议采纳的规划方案。替代方案:通过多方案比较后确认的符合规划目标和环境目标的规划方案。"

　　在互动式总规环评模式下,环评工作和规划工作融为一体,规划环评人员全程参与到总规编制过程中,因此应共同进行用地布局方案的比选。

　　美国和欧盟等国家的环评相关法规都明确要求在规划环评或战略环评时要进行多方案比选并推荐环境可行的方案,方案比选内容是其规划环评报告的的主要章节。如,"战略环评指令:英国土地利用和空间规划环境影响评价实践指南"❶,将规划环评分为 5 个阶段❷,该指南明确要求,"阶段 B:SEA 范围确定、提出多个规划方案(Deciding the scope of SEA and developing alternatives)"必须与规划决策过程紧密结合,规划环评的多方案比选如果脱离规划编制过程,将难以奏效❸。该指南附录部分(Appendix 7. Identifying and comparing alternatives)具体介绍了如何识别和比较规划方案。

　　又以美国加州为例,其 2009 版《加州环境质量条例及实施指南》❹第 15126.6 条要求环境影响评价时必须提出多个方案并进行比选(15126.6CONSIDERATION AND DISCUSSION OF ALTERNATIVES TO THE PROPOSED PROJECT)并要求分析零方案("No project" alternative)的环境影响。如:加州首府萨克拉门托总体规划修编的环评报告中比较了 4 个规划方案的环境影响,方案 1 是零方案(No Project)是指仍按照修编前的总规实施;方案 2 是完全取消位于 the Grant Line East 的新增建设用地(New Growth Area);方案 3 是完全取消位于 the Grant Line East 的新增建设用地,同时减少位于 Jackson Highway Corridor 新增建设用地的面积,采用相对集中发展的模式;方案 4 是全部取消所有拟新增建设用地,采用混合土地利用模式,在未充分使用的土地(underutilized land)上进行开发活动,充分保护未开发用地。萨克拉门托总体规划修编环评报告分别从 14 个方面❺比较了 4 个方案的不同环境影响。

　　用地布局方案是城市总规的核心规划方案,其方案比选过程是互动式规划环评介入的关键节点。整个总规编制中还会就其他规划内容形成多个方案,规划环评人员均可以从环境影响的角度参与到各方案的比较分析工作中。

---

　　❶　该指南的英文全称是:The Strategic Environmental Assessment Directive: Guidance for Planning Authorities Practical guidance on applying European Directive 2001/42/EC 'on the assessment of the effects of certain plans and programmes on the environment' to land use and spatial plans in England.

　　❷　阶段 A:背景研究和建立基线(Setting the context and establishing the baseline);阶段 B:SEA 范围确定,提出多个规划方案(Deciding the scope of SEA and developing alternatives);阶段 C:评价规划方案的环境影响(Assessing the effects of the plan);阶段 D:规划草案和环评报告征询意见(Consultation on the draft plan and Environmental Report);阶段 E:规划的监测实施(Monitoring implementation of the plan)。

　　❸　其英文原文是:While the activities at Stage A can be carried out before work begins on the plan, those at Stage B are integral to the plan-making process and cannot be done effectively in isolation from it.

　　❹　2009 California Environmental Quality Act (CEQA) Statute and Guidelines.

　　❺　这 14 个方面分别是:土地使用(LAND USE)、公共服务设施(PUBLIC SERVICES)、污水设施(SEWER SERVICES)、供水系统(WATER SUPPLY)、水文和水质(HYDROLOGY AND WATER QUALITY)、生物资源(BIOLOGICAL RESOURCES)、交通(TRAFFIC)、噪声(NOISE)、空气污染(AIR QUALITY)、气候变化(CLIMATE CHANGE)、地质和土壤(GEOLOGY AND SOILS)、危险物料(HAZARDOUS MATERIALS)、文化资源(CULTURAL RESOURCES)、视觉美学(AESTHETICS)。

6.2.3.2　互动式环评流程设计

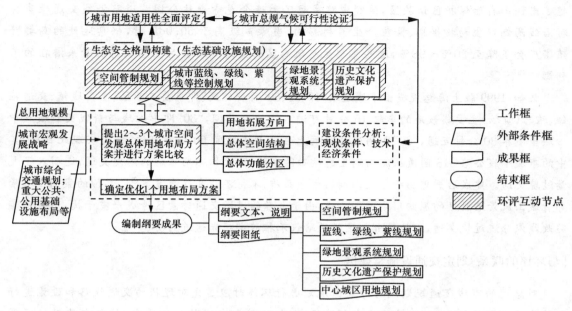

图 6.9　优化总体空间格局规划流程图
资料来源：作者自绘。

6.2.4　本节小结

确定城市用地拓展方向、总体空间结构和功能分区，即城市总体空间格局规划，是总规纲要阶段的核心规划内容，其充分体现了城市总规的空间属性。在这个阶段通常会形成 2—3 个用地布局方案，并会进行方案比选。目前的事后环评模式几乎不会参与用地布局方案的比选。

（1）相关主题：①城市用地拓展方向（缺乏前瞻性或四面出击）；②空间结构和功能分区（不合理）。

（2）互动式环评流程。规划环评应该早期介入到用地适用性全面评价、城市总规气候可行性论证，参与到生态安全格局构建（生态基础设施规划）工作。共同促进形成科学、合理、环境可持续的：空间管制规划，蓝线、绿线、紫线规划，绿地景观系统规划和历史文化遗产保护规划。并参与到用地布局规划多方案比选工作。

6.3　交通用地与综合交通规划

6.3.1　相关主题及与环评的联系

6.3.1.1　选线过分追求机动交通可达性，破坏生态敏感区

由于道路交通设施对经济巨大的拉动作用，同时为了弥补我国交通建设长期滞后的状况，近年来出现过分优先考虑交通设施"机动通达性目标"，而忽略对自然生态环境严重破坏的现象。部分道路选线无所顾忌，最终甚至面临不得不改线的结局。

　　如大连总规环评报告指出：大连旅顺口区的土羊高速公路、哈尔滨—大连—羊头洼铁路穿越了老铁山自然保护区试验区，旅顺中路穿越了大连金龙寺森林公园。道路沿线交通噪声会对沿线两侧野生动物栖息、繁殖产生不利影响，当噪声级高于 50.0dB 时，栖息地处的鸟类繁殖密度会下降至 20％～98％，这些穿越生态敏感区的交通线路会对生态敏感区带来潜在的不利影响❶。

　　又如：1999 版上海总规提出市域道路"15、30、60"目标（"15"即重要工业区、重要城镇、交通枢纽、旅客（货物）主要集散地的车辆 15 分钟可进入高速公路网，"30"即中心城与新城及新城及中心城至省界 30 分钟互通，"60"即高速公路网上任意两点之间 60 分钟可达）。为实现此目标，其中的市域干线公路 318 国道从淀山湖生态核心区穿越，除承担环湖旅游的到发交通，还引入了大量过境交通。建成后严重影响了淀山湖的生态品质，不得不研究改线方案❷。类似的案例还有紧邻青城山风景名胜区的原四川省道 106 线，由于大量的过境交通对景区造成严重干扰，不得不实施改线以分流过境交通，以使紧邻景区的道路仅承担旅游观光通道的功能❸。

［与环评的联系］划定交通设施禁建区

　　对总规的市域交通规划或对外交通规划进行环评时应首先对现状的交通线路和设施进行环境影响回顾性评价，分析是否存在环境隐患（如不符合空间管制的要求，侵犯自然保护区等国家明令保护的区域），提出线路调整清单；对规划的交通线路和设施的选线和选址，对照空间管制规划、生态功能区划、环境质量标准等相关文件进行核对，核查是否穿越了生态敏感区、是否对两侧的用地造成环境干扰，提出规划调整方案。由于城市总规的交通规划主要参照的是各专项交通规划成果，因此在资料收集时，应收集市域范围内相关交通专项规划的环评报告，这样可以充分利用已有的工作成果，避免重复论证的工作量，同时对各交通专项规划环评的结论和建议是否在城市总规中落实进行核实。应划定交通设施禁建区范围，并以地方法规等形式予以正式确认，避免一味地给交通设施建设开"绿灯"。

6.3.1.2　交通模式选择厚此薄彼，过犹不及，非机动交通长期受到漠视

　　以上海为例，在 20 世纪 80 年代前，受经济实力、居民收入水平的限制，开辟公共汽（电）车线路和发展自行车出行作为市民出行的主导方式是当时不得已的选择和必然规划的内容。1986 版上海总规对当时的非机动车流量和公交客运系统现状进行了分析和图示❹，但并没有基于对步行、自行车、公共交通方式❺具有能耗、污染少，环境友好等优点的认识而提出鼓励非

---

❶　陈吉宁，刘毅，梁宏君.大连市城市发展规划（2003—2020）环境影响评价[M].北京：中国环境科学出版社，2008.

❷　上海市城市规划设计研究院.环淀山湖地区总体规划纲要（2005—2020）[R]，2006.

❸　都江堰市城乡规划局.青城山——都江堰风景名胜区外围保护带青城山镇区控制性详细规划[R]，2004.

❹　1986 版上海总规分别绘制了 4 张相关图纸，分别是：上海市中心城公共交通日客流量图（表示 1981 年 11 月 23 日一日 24 小时的公共交通客流分布）、上海市中心城公共客运系统规划图、上海市公交月票客流居住地——工作地起讫线图（表示 1981 年本市 125 万张月票乘车职工的居住地点至工作地点联结线）、上海市中心城非机动车流量图。

❺　已有学者指出："高速公路建设短期内似乎比投资公共交通更能拉动经济增长，但从长远和全面的角度来看，这无疑是虚假的经济现象。道路建设投入仅是交通社会成本的一小部分——一个过度依赖小汽车的城市所付出的社会成本远高于基于公交系统发展的城市。"参见：安德里亚.伯德斯（美）.城市交通需求管理培训手册[M].温慧敏，刘莹，苏印译.北京：中国建筑工业出版社，2009.

机动交通发展的政策,更没有在用地布局和道路设计上为非机动交通和公共交通提供优先和便利,公交线路迂回较多、乘车效率低下等问题未首先从城市规划层面得到解决(如:在用地布局和居住区人口密度规划时就考虑公交线路的设计)。

进入 20 世纪 90 年代,随着开发浦东等中央决策的快速推进、建成区面积的扩张,上海开始了大规模的道(公)路、桥梁、隧道建设,以填补过去机动车道建设不足的空白,一度陷入边建边堵的困境❶。而同期伴随的却是公交客流和自行车出行量的大幅减少,非机动出行方式未受到当时政策的鼓励和资金的支持,城市规划界也把关注的焦点放在满足快速机动型交通需求、疲于应对机动车流量激增带来的道路拥堵,对非机动的步行和自行车出行方式所需要的用地尺度、周边环境和相应配套设施无暇顾及。1999 版上海总规涉及的地面道路交通项目是以大力完善市域和中心城道路路网结构,提高路网机动化服务水平为目标。整个规划成果关于非机动交通仅有只言片语的提及❷。

这一时期各大、中城市为了解决中心城区道路拥堵问题,都极力发展高架道路和建设快速环线,在为机动车提供便利的同时也带来了诸多问题。

[高架道路引发的城市问题]

高架道路引发的问题包括:①破坏城市原有的自然景观和人文风貌,使城市空间失去独特性和可识别性。②尺度失调(汽车尺度跟人的尺度相冲突)、"巨型钢筋水泥森林"造成视觉阻碍,使人心理压抑。如:2008 年,作为武汉市二环线建设项目之一的珞狮路高架桥因受到邻近武汉大学师生的反对(认为高架建设会破坏百年名校的人文景观)曾停工。③高架路两侧居民和建筑用户遭受严重的噪音、振动、空气污染、日照遮挡等环境问题(上海市中环和外环线沿线居民的频繁投诉充分说明高架沿线环境质量堪忧)。④"高架路下无旺铺"。高架截断街区空间,使人流不畅,导致所在街区商业萧条,沿线楼价下跌;快速交通对城市空间形成无形割裂,特别在旧城区,对传统社区、文脉产生严重的分隔。⑤交通效率难以长期保证:高架流量极易饱和,形成新的拥堵段。如:美国波士顿的高架于 2003 年被拆除,很重要的原因就是高架每天的交通拥堵时间超过 10h,交通事故发生率是其他城市的 4 倍,严重影响城市的生机和活力。2001 年广州拆掉东濠涌高架桥,原因之一也是它不仅不再缓解交通、反而还造成了交通的堵塞,虽然它一开始对缓解交通拥堵也起到了一定作用。⑥不便于开展公交服务,对步行和非机动交通形成阻隔。如:北京曾因以自行车为主导通勤方式而备受国外其他城市推崇,但近几十年环线一圈圈向外扩展,竭力为机动车快速行驶提供方便,而行人为了穿越马路必须攀爬间隔很远的人行天桥。高架和环线快速路的修建使步行和自行车出行环境更为恶劣。

进入 21 世纪,部分存在严重缺陷的高架道路开始拆除,城区道路交通发展逐渐由"上天"转为"入地",向"城市交通地下化"的趋势发展,国内各大中城市,机动车地下通道和地下轨道

---

❶ 顾煜. 上海综合交通发展和规划思路的一些转变[J]. 交通运输,2009(2):8-10.

❷ 1999 版上海总规文本中提到:"非机动车主要作为短程交通工具。远景承担全部客运量的 12%,建设非机动车道路网络。"完全不涉及步行交通方式,也没有关于非机动交通方式的具体规划内容和建设项目。"上海市中心城慢行交通系统规划研究"是在 2005 年底由上海市政工程管理局主持进行,随后形成了《上海市中心城慢行交通系统规划》,由此只能期待下一版上海总规提到慢行交通相关内容。参见:李晔. 慢行交通系统规划探讨—以上海市为例[J]. 城市规划学刊,2008(3):78-81.

交通线路的建设迎来了新的发展热潮。如:2008年设计寿命100年的延安东路高架外滩下匝道在使用11年后开始拆除,替代方案是新建一条双层双向的小车专用地下道路"外滩通道"以分流外滩过境交通。另外,该"上海外滩地区交通综合改造工程"还包括全长7.8km的浦东东西地下通道。2009年底,南京建成10年的城西干道高架也确定将拆除改建地下隧道,被称为"城西干道综合改造工程"❶。

纵观各城市交通发展历程所积累的经验和教训表明,采用任何一种交通模式都必须谨慎论证,不能大跃进似的一哄而上,交通模式选择上必须警惕过犹不及、顾此失彼。众多城市高架拆除案例表明,当初不顾沿线居民、单位强烈反对,不充分听取民意,不考虑对城市景观风貌破坏,执意兴建起来的高架道路最终会面临淘汰的结局。换言之,无条件牺牲个体和局部利益,并不能给社会带来真正的公平、效率和进步。

轨道交通建设同样如此,当前各大城市兴起了地铁建设热,大力延伸地铁运营里程,以此促进公共交通的发展,这本无可厚非,但却需要防止过度建设和盲目建设。纽约高架地铁的建设运营历史就是很好的例证,纽约曾在19世纪末建成1056km规模庞大、密密麻麻的高架地铁网,但时至今日,噪声导致民怨不断,翻修频率和维护费用高、有碍市容、过时等缺陷使其日益成为城市的负担❷。

目前国内在建的很多地铁线路在项目论证阶段对沿线住宅和建筑带来的地质风险以及噪声、振动等环境影响及其他负面效应轻描淡写,项目环境影响评价主要考虑施工期和运营期对外部环境造成的影响(其中的公众参与仅是程序上的应付,流于形式,并未认真回应沿线公众的质疑),交通工程建设和运营维护自身所耗费的能源、资源考虑较少,缺乏对项目整个生命周期进行分析评价。

[与环评的联系]交通模式全生命周期环境影响评价

应对某城市可能采用的各类交通模式的环境可持续性(如:资源、能源消耗、污染水平等)进行分析比较,对交通模式的选择和分配提出环评建议❸。对交通模式的选择要采用生命周期评价方法进行全面评价。即评价运输工具和燃料的生产、交通运输基础设施建设、交通运输系统运营、运输工具的报废和基础设施的拆除与处置,整个生命过程中能量和物质的消耗以及对环境的影响。试想如果在20世纪80年代即进行总规环评,并对各类交通模式进行全生命周期的环境影响评价,也许步行和自行车交通模式的环保价值能更早被重视。

---

❶ 王骏勇,戴劲松,何丰伦.城市规划浪费背后:有多少建筑可以推倒重来[J].半月谈,2009(10).
❷ 茅永刚.百年古董讨人嫌 纽约高架地铁噪声惹民怨[N].杭州日报,2009-7-5(3).
❸ 目前国内在综合交通模式选择上,还存在忽视水运交通的倾向。彭伯元总结我国综合运输体系中内河航运发展相对滞后的原因包括:一是对内河航运的宣传不够,对其优势了解较少,以致发展和利用运输时对内河航运的关注较少。二是经济发展和产业布局不合理导致水运利用程度不高。三是各级政府及有关部门在编制社会发展规划和进行产业布局时,对依托内河航运的导向不足,工矿企业和社会各界没能有效利用水运优势。四是在进行河流水电梯级开发过程中对航运兼顾不足,形成众多碍航闸坝,过分注重水电的经济效益,忽视航运的社会效益,严重阻碍了内河航运发展。五是国家投入水运建设资金不足。长期以来特别是对内河航运投入不足,港航基础设施薄弱,配套系统不完善,导致水运难以发挥规模效益。参见:彭伯元代表:产业布局要更好地依托内河航运[N].中国交通报,2010-03-08.

另外,一些符合环境可持续发展理念的好的规划政策,如:鼓励慢行交通等由于缺乏现实的经济驱动力往往难以落实。进入 21 世纪,提倡慢行交通已刻不容缓,国内新编制的总规成果陆续会涉及慢行交通政策的相关内容,环评重点应关注政策落实机制、实施手段,是否能切实落地。

[非机动交通]

非机动交通(Non-motorized traffic)又称慢行交通,指步行或自行车等以人力为空间移动动力的交通模式。虽然早在上个世纪 60—70 年代,自行车就是中国老百姓使用最多的代步工具[1]。但在近 30 年的城市建设中,机动车道、轨道交通、公交系统等成了持续关注的重点,步行和自行车系统的发展被忽略,规划师或决策者下意识里将步行等非机动化交通方式认为是经济落后的象征、其对机动交通带来了麻烦,认为经济发展、生活水平提高必须以提高机动化水平为前提,单纯把提高机动化水平作为规划的潜在目标。如:05 版重庆总规无视重庆地形特点,片面地把机动化水平低认为是现状问题,必须通过规划加以解决[2]。

近年,步行和自行车交通面临越来越多的困难,包括:街坊和马路尺度过大,地块尺度和周边环境不适合步行和自行车交通;没有自行车专用车道,有些自行车道过窄,机动车行驶中占用自行车道,机动车尾气污染影响骑车人健康,人行道被不断蔓延出来的店铺和机动车停车位所占领,在自行车道设置公共汽车站导致公车出入时影响骑车人正常行驶并造成安全隐患等。这些情况使骑车人的路权不能得到保证,并损害了原有自行车交通资源。

进入 21 世纪,虽然新近完成的若干城市总体规划文本中已出现与"步行和自行车交通"[3]相关的条款,但落实的诚意和后续实施机制仍显不足,实施效果尚不明显。与此对照,其他国家一环扣一环、层层落实、更为严密周全的规划编制体系和规划文件撰写方法值得国内借鉴。

---

❶ 中国文化书院、绿色文化分院、自然之友"骑行北京"项目组集体编写.关于实施并完善北京市自行车交通规划的建议书[R].2006.

❷ 《重庆市城市总体规划(2005—2020 年)》说明书第四分册"认为:(重庆)机动化水平较低,居民活动范围较小,步行比例偏高,城市交通机动化水平较低。随着经济的发展,人民生活水平的提高,对于出行的需求将会逐步增加,出行距离增大。机动化水平亟待提高,以满足居民出行的需求。

❸ 如:国务院批复的《北京城市总体规划(2004—2020)》(以下简称《总体规划》)中明确提出:"步行交通和自行车交通在未来城市交通体系中仍是主要交通方式之一。提倡步行及自行车交通方式,实行步行者优先,为包括交通弱势群体在内的步行者及自行车使用者创造安全、便捷和舒适的交通环境。规划、建设和政策法规制度中,为行人过街和自行车交通提供方便。应保证步道的有效宽度,中心城内行人过街设施以平面形式为主,立体方式为辅。改善自行车与公共交通的换乘环境。在次干路及以上等级的道路上实现机动车与自行车之间的物理隔离,保障自行车交通安全和通畅。编制城市步行交通规划、自行车交通规划,并纳入城市综合交通规划。"依据该《总体规划》,北京城市规划设计研究院完成了《2005 年度北京步行和自行车交通系统规划设计导则基础研究》。参见:对政协十届全国委员会第四次会议第 4952 号提案(梁从诫委员提案)的答复.北京市规划委员会 2006.4.25 http://www.fon.org.cn/content.php? aid=472.

07 版深圳总规文本(第 177 条 步行与自行车系统 全面改善步行交通和自行车交通的通行条件,为步行者及自行车使用者创造安全、便捷和舒适的交通环境。加强步行交通、自行车交通与公共交通的接驳换乘,引导"步行+公交"、"自行车+公交"的出行方式)、05 版重庆总规文本(第一一四条 步行交通 优化步行环境,保护和完善城市步行系统,结合电梯、扶梯、缆车等辅助交通方式,形成完善的步行系统。在商业中心区、车站码头、大型集散场所普及无障碍通行设计。沿城市道路每隔 250~300 米设置人行横道或过街通道。采用人行横道过街方式必须设置人行横道线、人行横道标志及信号灯,道路宽度在六车道及以上的应在道路中央设置人行安全岛)。

以慢行交通为例,美国❶、澳大利亚❷的城市在各层次规划和技术文件❸中均层层落实慢行交通设施,从总体规划到城市设计的细节。如:规划在主要到发点(从居住地到学校、图书馆、医院、公园等公共服务设施、商业设施、办公场所、区域活动中心)之间设计更加直捷、不迂回的专用自行车和步行道;对上述到发点选址及进行用地规划时即考虑非机动交通的服务半径;且步行道和自行车道尽量做到坡度较小、路面条件较好、机动车流量小、周边环境宜人,并在工作场所提供淋浴设施等。

6.3.1.3　未以降低交通需求为规划目标

长期以来,城市规划的潜在目标是一味满足可能无限增长的交通出行需求,尤其是机动车出行需求,而不分析是否是合理需求或可避免需求。未通过合理的用地布局等综合规划手段有效降低交通需求,而一味追求交通可达性,规划过于完善的路网结构会刺激小汽车的使用,促进人流、物流长距离运输活动,进一步刺激出行需求,即"辟筑新路所引发的交通需求会远远超过该路的实际容量"。而车流量增加意味着汽车尾气排放、噪声、光、水等污染的加剧。另外,地区间交往过于便捷会使一些中小城市的独特性、多样性特质逐渐丧失(所谓"距离产生美")。

[与环评的联系]降低交通需求的用地规划方案优化

由于降低交通需求意味着减少能耗和空气污染,具有巨大的环境效益。因此,"合理减少交通需求"应该作为城市总规的规划目标,也是规划环评的重要指标。实现这一目标需要全方位协作、采取综合措施。如:合理的产业结构、产业布局、城市用地空间结构都对降低交通需求有重要作用。国外较早意识到控制交通出行需求的迫切性并已采取相关措施。如:为了改善空气质量、减少交通拥堵,Elk Grove 制定了出行缩减条令(Elk Grove Trip Reduction Ordinance),要求社会各界(开发商、雇主等)制定各自的出行缩减计划和交通系统管理规划,采取综合措施尽量减少人流(雇员)和物流(产品)的出行量和流动性❹。在昆士兰东南部区域规划中也提出了"限制在小范围内出行(self-containment of travel)"的交通规划策略减少出行需求、缩短出行距离❺。

长期以来,"自给自足"被认为是小农经济和小农意识的代名词而被现代工业社会抛弃。但是从环境影响的角度评价,本土化、自给自足的自然经济却是非常环保、生态足迹较小的经济模式,其减少了大量的物流成本,降低了交通需求。因此,适度提倡食品、日用品等物质供应和经济发展本土化,并确保其用地需求(如在城市用地周围保留必要的农业用地等)能直接减

❶　Elk Grove Trails Committee. City of Elk Grove Bicycle and Pedestrian Master Plan[R]. Adopted by the City Council July 21, 2004.

❷　Queensland Government. South East Queensland Regional Plan(2009—2031)[R]. 2009.

❸　Sacramento Transortation & Air Quality Collaborative. Best Practices for Bicycle Master Planning and Design [R]. 2005.
　　Sacramento Area Council of Governments . Regional Bicycle,Pedestrian, and Trails Master Plan . DRAFT AMENDED [R]. 2007.

❹　Elk Grove Trails Committee. City of Elk Grove Bicycle and Pedestrian Master Plan[R]. Adopted by the City Council July 21, 2004.

❺　Queensland Government. South East Queensland Regional Plan(2009—2031)[R]. 2009.

少交通需求,进而节能降耗。城市总规应制定"本土化"目标及预留与其相适应的各类用地,"本土化"也应作为评价一个区域或城市是否可持续发展的一个重要指标。目前,推行"本土化"战略以节能降耗已在一些发达国家广泛实践。

6.3.1.4　用地规划不合理导致交通需求剧增

近几十年来,随着城市化的快速推进和土地财政的刺激,几乎每一轮城市总规修编都以扩增建设用地面积为主要目的。无论大、中、小城市,无论建成区是否真的难以承载城市未来的发展,地方政府均热衷于通过总规修编开辟城市新区、增加可批租建设用地,使整个城市用地无序蔓延,人为拉大出行距离,使交通量激增。城市总规不但没有考虑土地利用规划与交通规划的互动,反而在地方经济利益的驱动下,人为增长了很多本可避免的交通量,助长了城市交通问题的产生。另外,用地功能单一化发展也造成城市不断加剧的工作、居住、商业设施等远距离分离状况,使交通需求激增。如:近年各地开发区、工业区纷纷设立,布置了大面积单一用途的工业用地,远离旧城区的居住和商业中心,造成钟摆式交通,使早晚通勤交通量猛增;许多旧城改造采取单一增加商业设施的做法,将居住人口大量外迁,造成城市中心功能单一、商业相对过剩的局面;一些政府主导的经济适用房建设集中分布在偏远郊区。

进入 21 世纪,随着城市交通拥堵和交通污染问题的日益突出,交通需求管理(Transportation Demand Management, TDM)[1]、(公共)交通引导土地发展(Transit Oriented Development/Transportation oriented development, TOD)等整合土地利用规划、交通规划,通过空间规划控制交通需求的手段和方法开始在规划实践中尝试。规划手段控制交通需求的着力点在于通过土地利用规划与综合交通系统规划的充分衔接达到最大限度地减少交通需求。其中,TOD 就是当前广泛热议并符合这一原则的典型模式[2]。

当国内开始关注怎样的用地布局才能最大限度减少交通需求,并引入国外率先提出的TOD 概念时,突然发现 20 世纪 50～80 年代国内非常普遍的单位制社区/单位大院模式[3]具有

---

　　[1]　TDM 是指通过调整用地布局、控制土地开发强度、改变客、货运输时空布局和改变市民出行观念与模式等方法来控制交通出行需求,达到减轻城市交通拥挤、优化城市运输结构、节能降耗等目的。如:缩短居住地、就业场所、服务设施之间的距离;物质和劳动力供应尽量本地化(农产品基地接近服务对象)、自给自足,减少物流运输带来的交通量;鼓励人们居住在工作地附近(亚特兰大采取地方政府和州政府共同向雇员提供一次性现金补贴来鼓励他们搬到工作地一定距离范围内居住)。参见:段进宇、梁伟. 控规层面的交通需求管理[J]. 城市规划学刊,2007(1):82-86.

　　[2]　TOD(Transit Oriented Development)概念最早是由 Peter Calthorpe 在 1992 年提出,并在 1993 年出版的 *The American Metropolis—Ecology*, *Community and the American Dream* 书中提出了"公共交通引导开发"(TOD)并对 TOD 制定了一整套详尽而又具体的准则。不同专业背景的研究者出于不同的研究目的对 TOD 有不同的诠释和翻译,如:以公共交通为导向的发展模式、以运输带发展、交通引导土地发展等。陈秉钊认为公交优先是 TOD 的真正内涵。参见:陈秉钊. 城市,紧凑而生态[J]. 城市规划学刊,2008 (3):28-31.

　　[3]　撇开单位制社区社会学方面的积极意义不谈,单从交通角度讨论,我国传统的单位制社区将生产空间和生活空间结合,居民的生活、工作、小孩上学等日常活动整合在以"单位"为依托的城市地域单元。与目前商品型社区造成不断加剧的时空分离相比,人们减少了日常的交通奔波,节约大量的通勤时间,居民上下班的常规交通为"静态"、无能耗的步行和自行车主导,减少了无益的生态流损耗,可谓之稳定、自支持的生态系统。因此,有利于缓解城市交通拥堵,降低交通能耗和减少空气污染。这也是我国城市前些年在人均道路交通面积很低的情况下许多城市仍能保持城市道路畅通的原因之一,也正是市场化之后的居住地与工作地的空间分离鼓励了汽车消费的盛行,导致许多大城市的交通拥堵。与美国新城市主义倡导的TOD 相比,TOD 仍建立在对交通,特别是对快速交通依赖的基础上,而快速交通建设需要大量的资金投入、运营维护成本也较高,其进一步将城市空间肌理"碎片化",远不及单位制社区"零交通"来得彻底。参见:于文波,王竹,孟海宁. 中国的"单位制社区"VS美国的 TOD 社区[J]. 城市规划,2007,31(5):57-61.

的众多优点丝毫不逊色于 TOD。如果说 TOD 是美国率先提出,20 世纪 50—80 年代广泛存在的"单位制社区"则是地道的中国特色,只是这种模式在 20 世纪 90 年代后在国内已陆续解体。试想当年我国抛弃单位制社区/单位大院模式时,如果能对这一转变带来的交通影响、环境影响等进行全面评估,也许能最大限度吸取其中的精华,提出更合理的住房改革方案。这也再次表明,环评不能只局限于具体项目,政策、改革方案的制定均应进行环境影响评价。

[与环评的联系]用地规划方案优化

考察总规成果是否最大限度地利用好已建区,减少对非城市化地区的消耗。新增建设用地需严格论证必要性,尽量避免蛙跳式发展。方案比选阶段,应对不同用地布局所带来的交通需求量进行预测和比较,分析各类用地之间的距离是否合理,采纳交通需求最小的用地布局形态。并要对各类用地布局是否和交通设施规划协调进行分析,如:轨道交通是否与城市公共活动中心耦合、城市区域中心和公交枢纽是否衔接等。

五、部分地域交通运输能力过剩

当前,高速公路热、支线机场热、铁路建设热、地铁建设热在各大、中、小城市涌动❶。这也体现在近年编制的城市总体规划成果中。各等级城市的总规成果在分析交通现状时都无一例外地把路网密度不足作为存在的主要问题❷,而把增加线路长度和等级作为规划的首要目标。虽然已有众多学者指出国内交通设施已出现过剩,但没有任何一个城市在总规成果中会承认自己的交通基础设施已经饱和。

[与环评的联系]交通专项规划环评应评价交通设施利用率等指标

交通基础设施从建设到运营全生命周期的环境影响巨大,既有短期、直接影响也有长期、间接、累积影响,因此过量和重复建设交通基础设施应尽量避免。对交通专项规划进行环评时应分析已有交通设施利用率、饱和度、闲置率等指标现状,提出路网密度、覆盖范围等指标的上限值。

---

❶ 为应对国际金融危机对中国的冲击,确保 8% 增长目标的实现,2009 年国家推出四万亿投资计划,其中 70% 左右投向铁路、公路等基础设施建设。据交通运输部公布的"2009 年上半年公路水路交通运输经济运行情况":全国新开工高速公路建设项目 111 个,建设里程 1.2 万 km,计划总投资约 7000 亿元,同比分别增长 3.6 倍、5.9 倍和 6 倍。郎咸平认为此四万亿救市方案的本质是通过未来的产能过剩拉动今天的产能过剩(平均 1km 高速公路将消费钢材 500—1500t,消费水泥 4000—12000t,消费沥青 1900 t,因此可以通过提高需求拉动现在产能过剩的钢铁以及水泥等行业)。其认为,中西部的高速公路建完之后基本没有车跑,是所谓的产能过剩的高速公路。李迅雷以《高速公路:通向繁华还是荒凉》为题撰文指出:不少省级高速公路的规划各自为政,既缺乏统一指导,又缺乏地区间的衔接,重复建设、规划不科学的问题比较严重。有的偏远地区在制定高速公路网建设规划时,提出本地区内所有的 3A 级以上旅游景点都要通高速公路,这名义上是为了通过发展旅游业来改变当地的贫穷面貌,但一条 100km 长的高速公路造价在地势复杂的地区至少得六七十亿元,高速通行费加上门票收入可能还不够投资的利息支出。因此,在高速公路修建的速度远远赶不上贫困地区人口外移速度的情况下,把高速公路通向这些荒凉地区,未必能带来这些地区的繁华。

❷ 如:重庆 2005 版总规说明书第四分册提到:交通设施的建设相对机动车增长速度来说仍然显得滞后。路网容量不足。黔江版总规说明书公路网络尚未完全形成,路网整体等级水平偏低,高等级公路比重不够,四级及以下等级公路比重较大,农村公路线形较差,迂回较多,等外公路比重大,断头路较多,行政村公路通达水平不高、通畅水平较低。

6.3.1.6　交通噪声防护距离控制不足

交通设施的负面影响中噪声对居民生活质量的直接影响最大。翻开任何一个城市总体规划的土地利用规划图,居住地(R)紧邻城市交通干线布置的情形比比皆是,即使在控制性或修建性详细规划阶段,将住宅用地(R11、R21、R31、R41)紧邻交通干线布置的规划成果也随处可见。虽然交通噪声投诉目前位于各大城市居民投诉之首❶,但从总规到控规各规划层次对交通噪声关注极少。总规成果仅在"环境保护"章节中例行性地设"声环境"小节,概略地提及声环境质量目标❷,然后把该城市已有的噪声区划内容罗列一下,再泛泛提出一些"噪声污染治理对策",其中避而不谈与土地利用最为相关的"噪声防护距离"等控制要求。

与国内城市规划界极不把噪声当回事相对比,美国《加州 2003 版总规指南》把噪声控制规划作为与土地利用、交通系统等并列的必须包含的规划组成内容,需要专章论述,其"编制总规噪声部分的主要目的是"利用该部分得出的结论绘制出考虑噪声影响的土地使用规划图。其噪声等值线图必须用于指导土地利用规划方案的形成,以避免社区居民遭受噪声污染"❸。

[与环评的联系]交通噪声环境影响分析和距离控制

交通用地由于会产生噪声、振动、大气等环境污染,与住宅用地、教育用地、部分医疗卫生设施用地等具有不兼容性,尤其是噪声污染。因此应在噪声预测的基础上,合理规划地面交通线路两侧区域的用地类型,在噪声敏感用地与交通用地之间设置足够的防噪声距离。规划环评应从噪声、振动(如:地铁)污染的角度评估土地利用规划的合理性。并复核所规划城市已制定的声环境功能区划与土地利用规划是否衔接,提出各自的调整建议。

6.3.2　常规流程梳理和流程分析

6.3.2.1　各交通专项规划与城市总规的综合交通规划的关系

近年来,各交通行业主管部门主持编制的交通专项规划体系日益完备,以上海为例,已先后编制了《上海综合交通战略(2005—2020)》、《上海综合交通专项规划(2000—2020)》、《上海市综合交通"十一五"规划》、《轨道交通基本网络规划》、《上海市城市交通白皮书》等涉及交通战略、政策、规划的交通专项规划文件。

现实的总规工作中,交通线路选线和场站选址大多直接将当地已获批的公路、铁路、航空等交通专项规划"纳入"到总规成果中。如果部分交通设施、线路存在与总规其它内容有冲突

---

❶　2009 年底,武汉一小区业主因不堪交通噪声,状告(光谷)规划分局。该小区被武大(武汉—大冶)铁路、龙城大道、中环线包围,噪声难耐。业主认为按《中华人民共和国环境噪声污染防治法》,规划部门确定建设布局时,应根据国家环境质量标准和民用建筑隔声设计规范,合理划定防噪声距离,并提出相应设计要求,并认为"只有室内没有噪声污染时,才是合理距离"。而规划分局则在法庭上宣读了上海等外地的"合理距离",称该小区和交通干线的距离在国内是最大的,应属合理距离。显然,规划主管部门成为被告与其主持编制的总规和控规成果对交通噪声过于漠视有关。参见:袁黎,彭郁蓉. 居民不堪交通噪声状告规划分局[N]. 楚天都市报,2009-11-4.

❷　所提的目标丝毫未与总规其它规划内容衔接,或者说按照总规的用地布局等规划内容施行,注定无法实现所提出的"噪声达标率"等目标。

❸　Governor's Office of Planning and Research. State of California General Plan Guidelines 2003[S]. 2003.

和矛盾,规划编制人员会自行进行调整,并在各轮规划方案和规划成果评审会议时吸取相关方的意见。只是,目前的总规成果不注重对此过程的回顾和交代,不注明引用了哪个主管部门主持编制的哪项规划及该规划的状态(已获批或待批),也不说明对该交通专项规划进行了怎样的调整并解释调整理由。由于交通部已于 2004 年 8 月颁布了《关于交通行业实施规划环境影响评价有关问题的通知》,其中明确要求将国道网、省道网以及设区的市级交通规划列入环评范围。如果总规能对综合交通规划中各个子项规划内容的来龙去脉书面交代清楚,环评人员就可以在已经论证的各交通专项规划成果和交通专项规划环评成果的基础上开展工作,减少重复工作量,而把评价重点放在关注总规用地布局和交通规划衔接不当等问题带来的环境影响。否则,如果在进行总规环评时对总规中提及的公路规划、铁路规划、机场规划内容逐一从头开始论证环境可行性,将花费大量的精力。

目前,很多城市为了便于交通规划和城市用地规划的衔接,在城市总体规划修编同步编制《城市综合交通(专项)规划》。很多学者也对交通专项规划与城市总规(尤其是其中的土地利用规划)协作关系进行了深入探讨(图 6.10)❶,只是现实总规编制实践中理想的共生反馈关系仍未形成,从而产生了很多规划不协调带来的负面环境影响。

6.3.2.2　城市宏观发展战略和交通发展战略

城市已有的交通区位条件(尤其是对外交通条件)是确定城市职能和发展目标的重要前提,而城市最终形成的宏观发展战略也需要进一步对现有的交通条件进行改善,使城市交通发展战略体现城市的职能与性质、促进城市新的经济增长点的产生。

6.3.2.3　城市总体空间格局和城市路网格局

城市用地拓展方向和功能布局是以现有的交通路网格局为框架,同时最终确定的城市总体空间格局又需要对城市对外交通综合格局和城市主干路网结构进行优化,以体现城市合理的发展形态、促进城市产业布局优化和区域协调发展。

常规的城市总规的综合交通规划流程如图 6.11 所示。

6.3.3　环评互动节点和互动式环评流程

6.3.3.1　环评互动节点

1. 基于生态安全的交通设施禁建区设置

交通设施的负面生态效应包括:①阻隔效应。对地面动物起着分离、阻隔,使其不能在更大范围内求偶、觅食,不利于生物多样性保护;②迫近效应。交通设施使人流、物流强度增加、速度加快,扩大人类活动范围,使原先难以进入区域变得易达,对自然保护区和珍稀资源保护构成巨大威胁;③诱导效应。交通建设带来沿线周边区域经济发展,导致城镇景观代替自然景观,城镇化诱导效应引发资源消耗、污染产生,对路网周边生态敏感区产生破坏;④小气候效应。公路路面热容小,反射大,蒸发耗热几乎为零,近地面温度高,温升快,形成"热浪带",使局

---

❶ 刘冰,周玉斌.交通规划与土地利用规划的共生机制研究[J].1978—2004 年城市交通规划专辑.城市规划学刊,2005 增刊:71-73.

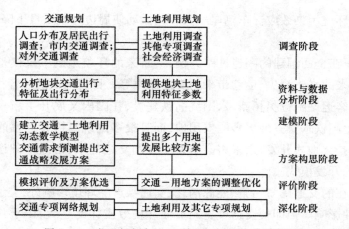

图 6.10　交通规划与土地利用规划的协作关系图示

资料来源:刘冰,周玉斌.交通规划与土地利用规划的共生机制研究[J].1978—2004 年城市交通规
划专辑.城市规划学刊,2005 增刊:71-73.

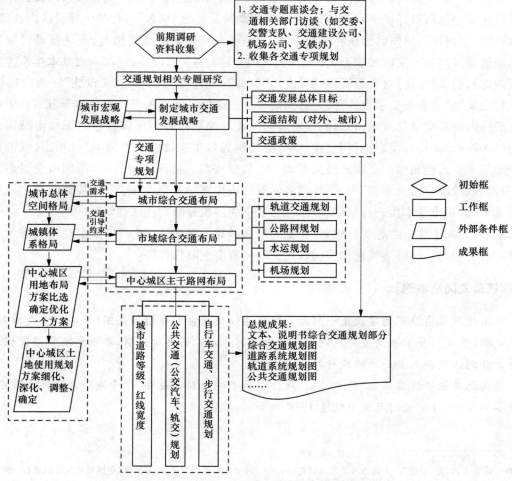

图 6.11　常规城市总体规划综合交通规划流程图

资料来源:作者自绘。

部小气候恶化;⑤环境污染效应。车辆尾气、噪声、振动使周边环境质量下降,影响生态系统稳定❶。

以目前国内正在全面铺建的高速铁路为例,其带来的环境影响不仅仅是占用并扰动自然地表、施工建设带来的水土流失、运营带来的交通噪声等。目前高铁沿线各行政主体纷纷修编辖区规划,在高铁客运站附近另拓新城,围绕高铁建设,在国内又展开了新一轮圈地行动和城市蔓延。占用了比高铁本身占地更多的农用地,而且很多围绕高铁客运站的规划新城与旧城区相距甚远,完全是飞地式开发,未来将会引发更多的交通需求、市政基础设施的投资成本也远高于紧邻旧城的开发模式。

可见,除了显的交通尾气污染、能源消耗、交通噪声等环境影响外,交通规划具有极大的间接影响和累积性影响。但即便交通设施的负面环境效应如此之大,由于其公益性和重要性("要致富先修路"),往往处处享有"特殊"礼遇。如彭小雷❷等提出的空间管制"禁止建设区"定义中提到:禁止建设区内特殊的建设行为经过法定程序批准,并服从法律法规的规定与要求后允许建设。其中特殊的建设行为包括交通、市政、军事设施等。虽然交通和市政设施在后续建设时还要经过项目环境影响评价,但如果在规划阶段就已"纵容"其在禁止建设区内选线、布点,后续的项目环评只能做修修补补的工作,采取一些环境影响减缓措施,无法撼动已规划形成的交通路网格局。又以深圳为例,其 2005 年 11 月率先在国内施行《深圳市基本生态控制线管理规定》,但该《规定》对交通设施同样大开"绿灯",允许"重大道路交通设施"在线内建设❸,但如何定义"重大道路交通设施"尚未有细则规范。这极易助长各级行政主体千方百计依托生态控制线内的新建交通设施,盲目圈地发展的冲动。深圳市总规环评报告《〈深圳市城市总体规划(2007—2020)〉环境影响说明》在分析"交通规划对生态敏感区的影响"时指出,城市总规中穿越基本生态控制线的交通干线共有 29 条,数量可观。由环评报告中"深圳市交通规划与生态控制线范围位置关系图"可见,规划路网对线内生态敏感区切割严重,其负面生态效应可能远大于《深圳市基本生态控制线管理规定》禁止的点状分散的违法建筑。

鉴于此,为了维护生态安全格局,在空间管制禁建区基础上,进一步划定交通设施禁建区是非常有必要的。同时还需在相关区域规定路网密度上限指标等。

[厦深铁路龙岗站案例]

厦深铁路龙岗站规划建设是一起典型的交通设施侵占水库控制范围(蓝线)、生态控制线、高压走廊(黄线),并带来周边用地规划调整的案例。该案例再次证明,单独划定交通设施禁建区并上升到法规条例层面严格执行的必要性。

龙岗站是深圳铁路枢纽"两主三辅"规划布局中的辅助客运站,位于龙岗区深汕公路东、三棵松水库南侧,目前规划有城市轨道 12 号线引入站区。

---

❶ 陈吉宁,刘毅,梁宏君.大连市城市发展规划(2003—2020)环境影响评价[M].北京:中国环境科学出版社,2008.

❷ 彭小雷,苏洁琼,焦怡雪等.关于城市总体规划中"四区"定义的探讨[C]//中国城市规划学会.生态文明视角下的城乡规划 2008 中国城市规划年会论文集[M].大连:大连出版社,2008.

❸ 《深圳市基本生态控制线管理规定》第十条:除下列情形外,禁止在基本生态控制线范围内进行建设:(一)重大道路交通设施;(二)市政公用设施;(三)旅游设施;(四)公园。

　　然而,按照相关水利规划,三颗松水库控制范围与规划站场区存在矛盾。同时,按照基本生态控制线管理规定,规划站场区大部分位于基本生态控制线内,并与规划高压走廊发生冲突(图6.12)。另外,按照原组团规划,基地内部及周边以工业和绿地为主。由于铁路客运站的引入必然会对周边用地功能产生巨大影响,用地性质拟向商业服务业等综合用地方向调整。

　　《厦深铁路龙岗站综合规划》中提到:"(龙岗站)作为厦深铁路这一国家重点项目的重要站场设施。同时又是深圳市重点建设项目,需开启相应的规划调整程序(生态线、水源、高压走廊)。"❶即空间管制的禁建区、城市蓝线、城市黄线、城市水源地保护等城市规划的强制性内容都需给重大交通设施让步、"开绿灯"。不仅如此,该铁路客运站的建设还将带来周边用地的巨大调整,可以设想,如果未来商业服务用地建成后,将引来大量人流、交通流,影响到三颗松水库汇水范围内的水源涵养功能。

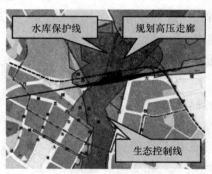

图6.12　厦深铁路龙岗站与水库、生态控制线、规划高压走廊平面关系
资料来源:深圳市规划局.厦深铁路龙岗站综合规划[R].2008.

2. 交通运输方式的全生命周期环境影响评价

　　城市综合交通规划一般分为对外交通和城市交通两部分,对外交通的运输方式一般包括:铁路、公路、水运、航空;城市交通运输方式通常包括:步行、自行车、摩托车、小汽车、公共交通(公共汽车、轨道交通)等。各种不同交通运输方式在其总量中所占的比例称为城市交通结构。确定交通结构是城市交通发展战略的重要内容。选择交通结构需要综合城市人口和用地规模、自然地理条件、资源禀赋、经济发展水平等因素,不同的交通运输方式对环境带来的影响截然不同。另外,同样的交通结构应用在不同的城市地理空间所造成的环境效应也不一样。因此有必要对具体城市拟选择的各种交通运输方式进行全生命周期环境影响评价❷,为交通结构的优化提供依据。

　　国际环境认证标准规范ISO14040对生命周期评价(Life Cycle Assessment,LCA)体系的

　　❶　2004年1月,经国务院常务会议审议通过的《中长期铁路网规划》提出了"四纵"、"四横"客运专线网络,其中杭福深客运专线起始于杭州,经宁波、福州,终到深圳。厦深铁路由厦门至深圳,是杭福深客运专线的重要组成部分。为支持配合厦深铁路建设,规划局编制了《厦深铁路(深圳段)交通详细规划》,该规划确定了厦深铁路在龙岗区设置龙岗站及坑梓站、南约站、横岗站等其他三个城际车站。参见:深圳市规划局.厦深铁路龙岗站综合规划[R].2008.

　　❷　生命周期评价(Life Cycle Assessment,LCA)出现于20世纪60年代末,以可口可乐公司饮料包装评价为起始标志。20世纪90年代,国际环境毒理学与化学学会在生命周期评价国际研讨会上,正式将生命周期评价定义为:LCA是一种对产品、生产工艺以及活动对环境的压力进行评价的客观过程。它通过研究对象寿命全过程中对能量和物质利用以及由此而造成的环境废物排放进行辨识和量化来进行,其目的在于评估能量和物质利用对环境的影响,寻求改善环境影响的机会。参见:任苇,刘年丰.生命周期影响评价(LCIA)方法综述[J].华中科技大学学报(城市科学版),2002,19(3):83-86.

定义是:通过确定和量化相关的能源消耗、物质消耗、废弃物的排放等来评价某一产品、过程或事件对环境造成的影响;通过分析这些影响寻找改善环境的机会。评价过程应包括该产品、过程或实践的寿命全过程分析,包括从原料的提取与加工、制造、运输和分发、使用、再使用、维持循环回收,直至最后废弃的整个生命循环过程❶。在城市总规环评中,将 LCA 的理念和分析框架运用于具体城市不同交通运输方式的比选及各方式所占比例的确定,可全面、系统地识别综合交通规划方案所带来的环境影响。目前,LCA 在产品设计中应用比较广泛,国外大多数国家已采用生命周期评价方法制定环境标志产品标准。Llorenc Mila i Canals❷ 曾尝试用 LCA 分析农林用地、建筑用地、采矿用地等各类土地利用方式对环境造成的影响。LCA 在国内城市规划建设领域尚无系统深入的应用,定量分析所需的基础数据库尚未建立,目前阶段仅宜采用定性分析方法。里基·泰里夫(Riki Therivel) 将 LCA 作为战略环境评价的预测与评估方法之一,对该方法的目的、步骤、优缺点等进行了简要归纳。指出其优点有:全面,能考虑到一项战略行为的所有影响;可用来比较替代方案。缺点是:很多方面仍未统一和实现标准化;需要判断"苹果"和"橘子"之间的平衡关系,例如,对水体与对大气的影响;需要大量的详细数据等❸。

3. 降低交通需求的用地规划方案优化

交通规划与土地利用规划的辩证关系一直是研究焦点。赵童等在 2001 年撰文❹指出:在城市交通规划与城市总体规划的相互反馈关系中,城市交通规划和城市土地使用规划之间的关系是重中之重。但在土地使用规划和交通规划的相互反馈中,特别是交通规划应向土地使用规划反馈的内容和方式方面,始终没有满意答案。如:从纯技术角度考虑,交通规划如何向土地使用规划反馈出合理的用地性质和规模? 刘冰等❺在 1995 年撰文指出:交通规划作为用地发展的一个重要因素,交通规划的一些新成果并未在城市土地利用规划的各个阶段得到充分的应用和体现,从而影响到规划的综合性和决策的科学性。土地利用规划大多缺乏综合交通分析,用地结构难以进行多方案的定量比较和论证;交通规划也往往因为缺乏土地利用资料,常靠"拍脑袋"获得交通模型中的某些关键参数,从而降低了分析的精度和现实指导性。

上述规划实践中的两规分离,极易导致不合理的用地布局引发的无效、过量的交通需求,带来巨大的交通流量,使油耗和机动车尾气污染、交通噪声倍增,从而带来重大的环境影响。因此,从考虑城市总体空间形态开始,至中心城区用地布局多方案比选,直至确定优化一个用地布局方案,整个城市空间安排过程中,将是否有效"降低交通需求"(不影响规划用地功能发挥)作为衡量用地布局合理性的重要指标,是从源头消减环境影响的重要措施。规划环评中应在总规空间规划从市域到中心城区、由浅入深、由粗到细的每一步工作中,将交通需求引发的

❶ 张小玲. 建筑物全生命周期环境影响评价方法[J]. 建设科技,2009(3):44-45.

❷ Llorenc Mila i Canals,Christian Bauer,Jochen D epestele. Alain Dubreuil,Ruth Freiermuth Knuchel,Gerard Gaillard,Ottar M ichelsen. Ruedi Muller-W enk & Bernt RydgrenKey. Elements in a Framework for Land Use Impact Assessment Within LCA[J]. Int J LCA . 2007,12(1):5-15.

❸ [英]里基·泰里夫(Therivel,R.). 战略环境评价实践[M]. 鞠美庭,李海生,李洪远,译. 北京:化学工业出版社,2005.

❹ 赵童,孔令斌. 关于目前我国城市交通规划的若干思考[J]. 1978—2004 年城市交通规划专辑. 城市规划学刊,2005增刊:162-166.

❺ 刘冰,周玉斌. 交通规划与土地利用规划的共生机制研究[J]. 1978—2004 年城市交通规划专辑. 城市规划学刊,2005 增刊:71-73.

交通流量预测分析作为评价的指标,并对方案优化提出调整建议。

目前,对于产生和吸引大量车流、人流的单个建设项目(大型居住社区、大型公共建筑)基于交通预测分析、进行交通环境评估的实践工作已广泛开展❶。但对空间尺度更大、规划层次更高的的城市总体规划的土地利用规划开展"交通环境评估"却未受重视,缺乏技术手段,技术方法尚不成熟。需要规划环评人员与规划设计人员共同设计分析技术路线和评价指标体系。

4. 交通噪声环境影响预测分析和距离控制

目前国内各城市普遍存在道路等交通噪声达标率低的问题,如上海市 2004～2008 年的监测数据表明,道路交通噪声均未能达到相应功能的标准要求。针对交通噪声严重超标扰民的现实问题,早在 2006 年 4 月,国家环保总局科技标准司发布了《地面交通噪声污染防治技术政策》,该政策提出了合理规划布局、噪声源头削减、敏感建筑物噪声防护、加强交通噪声管理 4 个方面的交通噪声污染防治要求,对交通噪声按"源—途径—受体"分层次控制(图6.13)。该政策指出"合理的交通规划和区域发展规划,对交通噪声控制具有重要意义,是解决城乡交通噪声污染问题的治本之道,其他的如声屏障、隔声门窗等都只是后补救的办法。因此,在制订交通噪声污染防治对策时,首先要处理好城乡建设规划与交通规划的关系。根据噪声的特点,距离是最经济有效的一种保护手段"。并指出"交通干线"因交通量大,噪声影响突出,两侧应预留必要的防噪声距离。在防噪声距离内宜进行绿化,不应有噪声敏感建筑物存在。技术政策指定由规划与环境保护部门根据交通类型与运行特征,结合两侧土地开发利用情况,考虑合理可行的工程降噪措施,确定防噪声距离的大小。对于"相邻土地利用",技术政策要求:地面交通线路两侧区域(如为交通干线,应为防噪声距离以外相邻区域)的土地利用应以工业仓储、商业服务为主,或以非噪声敏感建筑物间隔,不宜直接作为 0、1 类声环境功能区。

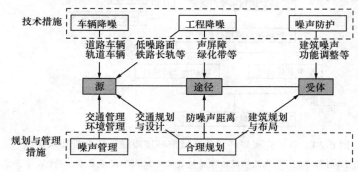

图 6.13　地面交通噪声污染防治措施

资料来源:国家环保总局科技标准司.地面交通噪声污染防治技术政策[S].2006.

该技术政策在噪声防护方面为城市规划提供了很好的技术指导,但从已完成的城市总规成果来看,该技术政策❷并没有发挥影响力。规划人员在进行总规用地布局时基本没有考虑

---

❶　耿毓修.试析城市规划和建设项目交通环境评估问题[J].1978—2004 年城市交通规划专辑.城市规划学刊,2005 增刊:143-145.

❷　《地面交通噪声污染防治技术政策》建议:一般情况下,铁路、高速公路两侧防噪声距离宜为 80～100m;一级公路、城市快速路两侧防噪声距离宜为 50～80m;二级公路、城市主干路、城市轨道交通(地面段)两侧防噪声距离宜为 30～50m。防噪声距离以内区域宜进行绿化或作为交通设施、仓储设施等非噪声敏感性应用(一般绿化宽度不低于防噪声距离的 50%),不应建设噪声敏感建筑物。防噪声距离以内已有的噪声敏感建筑物,应进行搬迁或采取其他有效的噪声污染防治措施。

交通噪声对噪声敏感建筑密集的居住用地、公共管理与公共服务用地的影响。控规在考虑建筑后退道路红线距离中没有考虑噪声影响,城市设计也较少从有利于屏蔽交通噪声的角度考虑设计方案。虽然在总规规划文本"环境保护——声环境"条款中不假思索地提出"噪声达标区覆盖率"95%以上甚至100%的规划声环境质量目标,但不合理的用地布局早已注定不可能实现此目标。

这一方面是因为城市规划从业人员大多对城市现实的环境问题关注不足,且只对住建部颁发的技术文件比较关注,较少跟踪了解环保部等其他部门发布的政策规范,可能并不知道有此文件发布并查阅;另一方面,严格执行防噪声距离控制要求,并对相邻土地利用加以限制,虽然能使居民等噪声敏感保护目标免受噪声煎熬,但会影响当地政府的土地批租效益和房地产开发商的利益。这可能是尽管交通噪声对已建住宅居民干扰严重,但大量的新建住宅仍紧邻交通干线拔地而起的主要原因。

目前已开展的总规环评工作中,对于声环境,主要分2阶段开展工作,首先对噪声环境质量现状进行评价,然后对规划成果实施后的声环境质量进行预测分析,因为是在规划成果定稿后的事后环评,因此对于预测的规划远期噪声空间分布和噪声超标区域空间分布结果,仅能得出影响严重或没有影响的结论,评价结论未对规划成果带来改进,如下图6.14大连发展规划环评案例[1]。

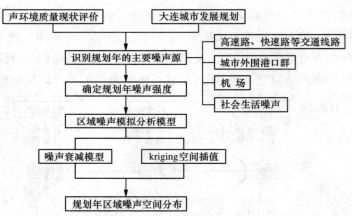

图 6.14　事后式规划环评的区域声环境质量预测分析技术路线

资料来源:陈吉宁,刘毅,梁宏君.大连市城市发展规划(2003-2020)环境影响评价[M].北京:中国环境科学出版社,2008.

在互动式规划环评模式下,在土地利用规划方案细化前,即应根据初步确定的综合交通规划,参考现状水平,类比已建道路运行状况,预测规划年车流量和噪声源强,绘制噪声等值线图或噪声空间分布图。此噪声空间分布图作为细化用地布局方案及对现状用地进行调整的重要依据(图6.15)。如:新增居住用地尽量选择在昼间噪声值小于60dB的区域;如果噪声分布与空间管制要素分布发生矛盾,如:野生动物栖息地等生态敏感区噪声远超过50dB,则应该考虑调整交通选线;如果规划拟保留的现状噪声敏感建筑物大部分都暴露在大于60dB的超标范

❶　陈吉宁,刘毅,梁宏君.大连市城市发展规划(2003—2020)环境影响评价[M].北京:中国环境科学出版社,2008.

围内,也应调整交通规划方案,进行线路避让❶或调整会引发大量车流量的用地类型,以达到减小噪声源强的目的。同时还要与当地已颁布的"环境噪声标准使用区划"进行比较,调整交通规划方案,以尽量满足已定区划要求。

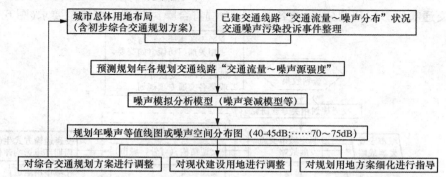

图 6.15　互动式规划环评模式"综合交通规划—交通噪声预测—用地布局规划"一体化流程

资料来源:作者自绘。

规划环评时针对现状和规划的所有包括交通噪声在内的城市噪声源可开展以下工作。

（1）噪声污染投诉事件整理

从相关渠道收集噪声污染投诉事件,从居民投诉途径掌握:①主要噪声污染源地点、类型。②噪声影响的具体范围、大小和用地类型。③噪声对居民影响的严重程度,了解公众对各类噪声污染的态度,必要时进行实际监测;列表得出被主要噪声源影响的人口数和土地面积。为了建立一个有效的噪声控制程序,需要量化评估噪声问题的严重程度。而统计在各个超标噪声等值线内的人口数及其超标程度是最直接的手段。

（2）识别现状主要移动噪声源的和固定噪声源。从当地环保部门收集噪声监测数据或根据需要对现状主要噪声源进行监测,绘制噪声等值线图。

（3）主要规划噪声源识别和噪声敏感区域识别

主要规划噪声源基于对噪声污染投诉事件的回顾、相关部门调研、已有相关法规明确的保护目标确定。一般包括:①高速公路;②城市干道;③轻轨、地铁等地面快速交通系统;④商业、民用航空设施,包括:直升机场、军用机场等;⑤当地工业企业,包括其铁路运输专线和铁路站场;⑥其他地面固定声源。

同时,噪声敏感的规划土地使用类型和区域也需要同时识别,如:住宅、医院、康复院、学校、教堂、敏感的野生动物栖息地(包括、珍稀的、受威胁的和濒危的物种)等。在上述调查基础上,初步考虑噪声衰减方法、保护居民和其他噪声敏感保护目标免受噪声污染的办法;解决现存和规划新增噪声污染的措施。

6.3.3.2　互动式环评流程设计

在用地适用性评定和空间管制后进一步划定交通设施禁建区,作为城市综合交通规划的

---

❶　线路避让是指在确定地面交通线路时,需要进行多方案的比对,找到不利影响最小的一个方案来实施。例如道路或轨道边有大规模居民住宅(如 50 户以上),从经济角度就要考虑线路避让;若居民户数较少,可考虑搬迁或采取其他环保措施。对于城市要建设公路环城外线,减少过境车辆穿越市区;村庄、集镇是乡村的居民聚居点,公路、铁路要避免从中心穿过。

前提条件,以避免对生态安全格局的破坏;对拟采用的各交通运输方式进行全生命周期环境影响评价,以确定环境效益最优的交通结构;在确定城市总体空间格局和进行中心城区用地布局方案比选时,以降低交通需求为目标进行用地布局方案分析;并在土地利用规划方案深化调整阶段,进行交通噪声影响预测分析,使各类用地布局符合噪声防护距离控制要求(图6.16)。

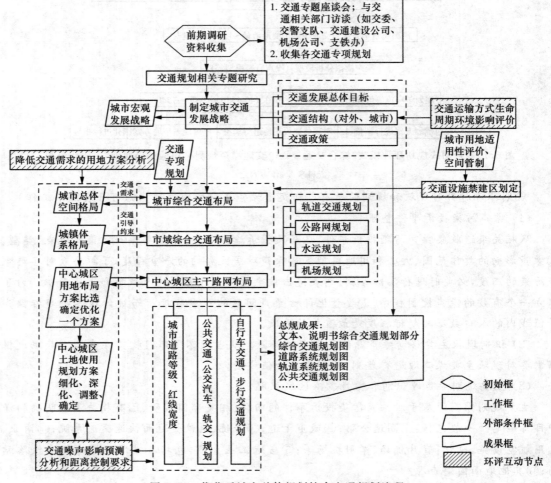

图6.16　优化后城市总体规划综合交通规划流程

资料来源:作者自绘。

6.3.4　本节小结

(1)相关主题:①交通选线过分追求机动交通可达性,破坏生态敏感区;②交通模式选择厚此薄彼,过犹不及,非机动交通长期受到漠视;③未以降低交通需求为规划目标;④用地规划不合理导致交通需求剧增;⑤部分地域交通运输能力过剩;⑥交通噪声防护距离控制不足。

(2)互动式环评流程。在用地适用性评价和空间管制后进一步划定交通设施禁建区,作为城市综合交通规划的前提条件,以避免对生态安全格局的破坏;对拟采用的各交通运输方式进行全生命周期环境影响评价,以确定环境效益最优的交通结构;在确定城市总体空间格局和进行中心城区用地布局方案比选时,以降低交通需求为目标进行用地布局方案分析;并在土地利用规划方案深化调整阶段,进行交通噪声影响预测分析,使各类用地布局符合噪声防护距离控制要求。

6.4　工业用地与产业发展规划

产业作为城市发展的核心内容与动力,其形态与结构直接关系到城市经济持续、健康发展与资源、环境的高效、永续利用[1]。工业用地为第二产业发展提供空间载体。其用地规模和空间布局的确定及对应的"产业发展和布局规划"篇章[2]是城市总规的重要内容,对生态环境的影响也很大,因此是总规环评评价重点之一[3]。

6.4.1　相关主题及与环评的联系

6.4.1.1　产业结构:轻视农业在产业发展中的地位

在城市总规的产业发展布局规划中,第一产业对于城市发展的贡献逐步被轻视,农业几乎丧失一席之地。粮食、副食品在小范围内自给自足、实现"本土化"的价值尚未引起重视。造成现实中城郊菜篮子产品生产基地不断向远离城市的农区转移,打破了原有的"近郊为主、远郊为辅、农区补充"的生产布局[4]。对第一产业的忽视从总规资料收集阶段就开始体现,将农业局、林业局等部门列为相对次要的部门,投入精力很少。此外,第一产业用地是城市景观的组成部分,也是城市自然生态恢复和建设的物质基础,过量减少第一产业用地令城市景观单调乏味。

[深圳]深圳 2007 版总规"产业发展与布局"一章下无"农业"相关内容。截至 2007 年,深圳耕地面积仅 6.7 万亩(约 45 km²)占市域总面积(1952 km²)3%。东京面积 2187km²,与深圳相当,东京农业耕种面积接近 30%[5]。由于耕地面积过少,深圳市的粮食供应早已不能自给自足,必须依赖外地供应,目前深圳依靠异地补充耕地以弥补耕地指标不足,造成耕地指标总量"满足要求"但布局不合理的状况。由于本地缺乏耕地,粮食供应过分依赖异地供给带来了额外的能耗、物耗和环境污染。

---

[1]　李倩,盛逖.城市产业生态化实现路径及效率研究——以北京市为例[C]//中国城市科学研究会.2008 城市发展与规划国际论坛论文集.2008:136-139.

[2]　如:《深圳市城市总体规划(2007—2020)》文本"产业发展与布局"篇章中包括:第一节、工业发展与布局;第二节、物流业发展与布局;第三节、金融业发展与布局;第四节、文化产业发展与布局;第五节、旅游业发展与布局。《上海市城市总体规划(1999—2020)》文本"产业发展规划"包括:第十七条 产业发展原则与目标;第十八条 产业总体布局;第十九条 第三产业;第二十条 工业;第二十一条 农业。《重庆市城市总体规划(2005—2020 年)》文本"产业发展与布局"部分包括:第九十六条　产业发展方向;第九十七条　产业总体布局;第九十八条　农业;第九十九条　工业;第一○○条　生产性服务业;第一○一条　商贸和会展业;第一○二条　物流与仓储;第一○三条　旅游业。

[3]　产业发展规划中的第一、第三产业涉及工业、仓储用地之外的其他用地类型。按《城市用地分类与规划建设用地标准》(GB50137-2011),第一产业涉及非建设用地(E),第三产业涉及商业服务业设施用地(B)等。本书主要针对环境影响最较大的工业用地(M)进行分析。

[4]　国务院发布新一轮"菜篮子"工程建设意见——《国务院办公厅关于统筹推进新一轮"菜篮子"工程建设的意见》公布[N].人民日报,2010-03-29.

[5]　车春鹏,高汝熹.东京产业布局实证研究及对我国城市产业规划启示[J].青岛科技大学学报(社会科学版),2009,25(2):20-25.

　　[托特尼斯镇"转型镇"的启示❶]2006 年 9 月,回到英格兰完成博士学位的霍普金斯在英国西南部德文郡的托特尼斯镇 350 名小镇居民的支持下开始创建世界上第一个"转型镇"(Transition Town),以应对环境变化和石油峰值到来产生的问题,试图实现全镇居民"无油化"生活(基于:如果没有替代能源,那么在石油耗尽的未来,将不再有集装箱大货车驰骋在公路上,小镇人的衣食住行可能都要自给自足)。"无油化"生活的首要环节就是实现食品生产、食物供应网络的"本土化"。该镇对居民开展职业培训,发展蔬菜水果种植、面包烘烤和纺织业等,以适应转型后的就业需要,实现食品生产、能源利用、交通运输及经济发展完全"本土化"。截至 2010 年,全世界共有 152 个镇加入"转型镇"计划,其分布在四大洲 12 个国家。曾被抛弃的自然经济模式由于其能有效促进环境可持续发展,重新被现代人拾起发挥价值。

　　[德国]德国在城市必须保证粮食自给这一思想指导下,在市区内建设绿色庭园(市民农园),这样同时使城市掩映在绿色之中成为美丽的风景。这种市民农园在德国很受市民欢迎并被法制化❷。

　　[上海]1982 年 4 月,《上海市城市总体规划纲要》在"郊县副食品基地规划、农村规划、区域规划"部分中指出:"农田水利建设,农村居民点建设,农村集镇建设,都属于农村建设的范畴。国营农场规划和农村建设规划是上海市城市总体规划的组成部分,要从城乡建设的全局出发,综合平衡,统筹安排。"1986 版上海总规(即 1986 年 10 月 13 日批复的《上海市城市总体规划方案(修改稿)》)中有专节"(十三)农业、城市副食品(蔬菜、水果、水产等)基地"。"农业、城市副食品基地"在 1986 版上海总规能有一席之地,主要是基于当时农副产品供不应求的局面(农业部于 1988 年首次提出建设"菜篮子工程"缓解我国副食品供应偏紧的矛盾),自产自销是当时农副产品供应的主要模式。进入 21 世纪,随着农业技术进步和全国农副产品大市场、大流通格局的稳固,各大中城市居民消费的农副产品异地供应的比例越来越高。99 版上海总规绘制的《上海市城市总体规划图——基本农田及蔬菜保护区》中划定的"蔬菜保护区、市级农业示范区"现大多已被侵占为其他用地。

[与环评的联系]产业结构环境合理性分析

　　规划环评资料收集阶段,需了解居民消费的粮食、农副产品本地供应所占的比重;国家、地方层面的农业主管部门应根据环境可持续发展的要求,出台强制性的不同地域范围的粮食副产品"自给自足率"指标。城市市域范围内的农业用地规模应足以实现"自给自足率"指标的要求。对于耕地的保护不仅仅要实现总量达标还需地域分布合理,有利于就近供给,不可随意进行异地占补平衡。产业发展与布局规划中,第一产业包括其中的农业不可缺少,农业生产"本地化"的地位和价值应从经济、社会、环境等角度全面衡量。联合国环境署提出的生态城市 6 条标准之一即是发展生态农业。《2008 旧金山国际生态城市宣言》也指出要"通过区域和城乡

---

❶ "转型镇"计划降低对石油依赖,英国小镇重建"自给自足式"经济 http://news.cctv.com/ society/20071123/110770.shtml.

❷ 宫本宪一(日).环境经济学[M].朴玉译.北京:生活・读书・新知三联书店,2004.

生态规划等各种有效措施使耕地流失最小化"❶。这充分说明,在进行考虑一个城市市域范围的产业结构时,第一产业应有一席之地。

6.4.1.2　用地规模:工业用地规模增速迅猛,利用低效

目前包括城市总规在内的规划成果中,一方面在工业用地现状问题分析时指出"土地使用效率低、占而不用、多占少用现象严重"等现实问题,另一方面又陈述上版总规工业用地预留不足,无法满足产业进一步发展需要,需要新增工业用地❷。

同时,各级行政主体主持编制了众多冠以各类头衔但都以扩增工业用地为宗旨的控规层次的工业区规划(国家级出口加工区、国家生态工业示范园区、工业生态园、产业集聚区、民营经济园等),此类工业园区的控规不断突破既有总规的建设用地边界,导致总规频频修编以追认既成"事实"(与原总规不符的工业用地)的合法性。扩大工业用地规模成了近年总规修编的主要目标。各级行政主体在既有大量低效利用的存量用地的前提下,仍迫不及待地通过总规修编、控规调整等程序新增大量工业用地,均是为了给招商引资引进重大项目提供用地保障。通过占用农用地等自然地表的方式获取工业用地的速度,比盘活存量土地更快,所受的阻力更小,更容易获取短期效益,操作路径也日趋熟练。相比之下,存量土地的腾换模式尚不成熟,相关配套制度、激励政策尚未形成,除了显见的长远的生态环境效应外,短期经济效益并不显著。张源等指出,1978 年以来,全国几乎所有城市的工业发展都基本处于一种粗放型模式,在经济发展的重重压力下,片面追求总量的飞跃,而忽视了效率提升,造成的直接后果就是伴随着GDP、工业增加值等经济指标飞速攀升的同时,各类建设用地,尤其是工业用地量急剧扩张,土地资源大量消耗,低效工业用地"遍地开花"。其总结低效工业用地在深圳市特区外大量存在的主要原因有三个方面:首先工业用地的多头供应使得引进的产业项目把关不严;第二,现有的利益分配机制决定了大量工业用地的低效;最后,开发主体的短视和盲目竞争,客观上进一步拉低了产业的引入门槛❸。

[与环评的联系]进行存量、增量工业用地集约性分析

国家和地方政府在制度、法规层面要尽快规定:总规或其他专项产业布局规划制定前,首先要对存量工业用地现状进行全面评估并制定调整方案(依据国家、地方已制定的工业用地节约集约利用标准和产业政策,评价方法和调整方案由相关部门制定动态更新的技术导则加以指导,技术导则需刚性和弹性相结合),如果存量用地通过调整能腾出的工业用地面积和新增建筑面积超过一定指标(该刚性控制指标由相关部门适时动态制定),则禁止规划新增工业用地。当前缺少上述制度和法规(简称"禁增规定")保障,将很难遏制各级行政主体扩增工业用

---

❶　沈清基. 城市生态规划若干重要议题思考[J]. 城市规划学刊,2009,(2):23-30.

❷　如:《××经济开发区(扩区)总体规划基础资料汇编》中指出:"土地集约利用程度有待提高。尽管依法对占而不用土地进行了清理,但多占少用现象仍然比较严重,土地使用效率低,土地浪费现象仍然比较突出。"但《××经济开发区(扩区)总体规划说明书》在"扩区的必然性"中又有"面临用地等瓶颈,扩区方能支撑进一步的发展"等字眼。

❸　张源,周丽亚. 低效工业用地成因解析及改造策略研究——以深圳为例[C]//中国城市规划学会. 和谐城市规划2007 中国城市规划年会论文集[M]. 哈尔滨:黑龙江科学技术出版社,2007:1824-1827.

地的冲动❶。规划环评以上述"禁增规定"为依据,对存量工业用地的腾换、调整方案,从环境可持续发展角度提出建议,对能否规划新增工业用地及新增工业用地规模进行核定。在国家、地方的"禁增规定"尚未出台前,现阶段的规划环评中应重视对存量工业用地现状的评价,对其潜在的供地规模(可腾出的工业用地面积和建筑面积)进行核算,对新增工业用地的必要性和规划工业用地规模合理性进行审慎评估。

6.4.1.3 产业布局:产业布局不合理导致环境风险加大

以石化行业为例,2006 年 1 月 30 日结束的全国环境安全大检查表明,化工石化行业存在较明显的布局性❷、结构性环境隐患。在环保总局直接抽查的 78 家化工石化企业中,有 30 家规划布局不合理;甚至一些高污染、高危险的建设项目布设在人口集中居住区域、江河湖海沿岸的饮用水水源地上游,一旦发生突发性污染事故,后果非常严重❸。如:齐鲁石化因选址不当曾造成地下水污染事件。又如福建省的三都澳南溪石化基地,其前沿水域 2 公里即为大黄鱼繁育生境与资源重点保护区范围,是省级自然保护区。但现已很难见到被保护的物种❹。

刘小丽等在剖析石化行业"危局成因何在"时,除指出"分灶吃饭"决定"遍地开花❺"等体

---

❶ 进入 21 世纪,学界和规划界开始持续关注工业用地效率低下的问题,并进行了积极的实证研究,众多学者对国内与国外城市工业用地规模进行对比研究后均得出我国工业用地总体规模偏大,利用效率低下的判断。即便如此,进入 21 世纪后直至现在(2014 年)城市总规和控规仍持续修编、调整,以新增建设用地尤其是新增工业用地规模为宗旨,城市规划的重心仍未转移到对存量用地的调整整合上。目前,国家、地方已陆续出台了微观层面以集约、节约为目的的用地控制指标以指导用地审批等行政管理工作,但在宏观的城市总规层次如何约束工业用地规模并没有出台新的办法。总规编制时仍主要以《城市用地分类与规划建设用地标准》为依据计算规划工业用地规模。GBJ 137—90 对工业用地规模的指标要求为:工业用地占建设用地的比例为 15%～25%,规划人均单项建设用地指标工业用地为 10.0～25.0m^2/人。由于人口规模的确定弹性较大,导致工业用地规模难以有效约束。李德华主编的《城市规划原理》在"编制城市规划应遵循的原则"中指出:"人类城市人工环境的建设,必须要对自然环境进行改造,这种改造对人类赖以生存的自然环境造成破坏,已经到了不能再继续下去的程度。在强调经济发展的时候,不应忘记经济发展目标就是要为人类服务,而良好的生态环境就是实现这一目标的根本保证。城市规划师必须充分认识到面临的自然生态环境的压力,明确保护和修复生态环境是所有城市规划师崇高的职责。……城市规划对于每项城市用地必须精打细算。"按此原则,基于工业用地粗放经营的现状,城市规划师理应好好盘点存量土地,不轻易规划增量工业建设用地,更不应随意侵占自然地表和农用地以获取新增工业用地。

❷ 从辽宁的大连、营口一路延伸到广西的北海、钦州,石化项目遍布黄、渤、东海、南海;武汉、成都、重庆等内地城市也分布着大量的石化项目。这种布局与国际上对重化工普遍实行的"集中布局、集中治理"原则背道而驰。参见:刘小丽,任景明,任意. 石化产业布局亟需转危为安[J]. 环境保护. 2009(21):65-67.

❸ 环保风暴再起 剑指产业布局:石化企业首当其冲. 新华网北京 2006 年 2 月 8 日电 http://news. xinhuanet. com/fortune/2006-02/09/content_4155701. htm.

❹ 在大连发展规划环评中,环评单位在"石化产业布局评价"中指出,大连市规划了多处产业基地或园区用于石化项目建设,主要包括长兴岛、旅顺口区双岛湾、金州区大孤山半岛、瓦房店市松木岛等区域。石化企业生产工艺复杂,生产过程中通常会产生多种危险物质,是重要的环境风险源。但是,大连石化产业基地彼此之间距离相隔较远,空间布局非常分散,这将极大增加控制环境风险的难度和成本。又以天津为例,天津市共有石化企业 1000 多个,从业人员约 20 万人,也存在规模偏小、布局分散的问题。尽管天津市近年来实施了工业东移的战略,把化工企业向东逐步搬迁到滨海新区,但由于滨海新区内部行政体制一直处于各自为政的状态,规划上的不统一,形成了临港工业区、大港石化区、南港工业区三个地区同时发展重化工的局面。

❺ "在 20 世纪 80 年代初期,国家有一个 30 万 t 乙烯的投资项目,华北三省市都想要,最后决定分成 3 个 10 万 t 规模的厂子,三家各搞一个,不仅造成污染扩散,而且谁都形不成规模效益。"参见:董光器. 城市总体规划[M]. 南京:东南大学出版社,2009.

制和机制原因,以及"规划执行难,变数多"[1]、"过于频繁的调整规划,不可避免地导致了一些土地功能的矛盾"等规划实施管理缺陷外,也揭示了"城市规划(编制)自身先天不足"的问题。其以《钦州市城市总体规划(2008—2025)》为例,指出该总规未充分考虑石化项目对居民区的影响,石化工业区 5～10km 内规划了 3 个集中居民区,未来居民区包围石化工业区的现象将不可避免[2]。

[与环评的联系]进行工业用地布局环境合理性分析

用地布局规划是城市规划的"老本行"工作,工业用地布局又是用地布局规划的重中之重。历版的《城市规划原理》教材也用了很大篇幅全面教授未来的城市规划从业人员应如何选择工业用地、合理布局。如果谨遵教材教导,上述的石化行业布局危局将不会出现。然而,近年来已完成的城市总体规划成果却频繁出现违背"城市规划基本原理"[3]的工业用地布局不合理的规划缺陷。笔者以为是技术依据不够充分和行政干预施加压力共同导致了缺陷规划的产生。

一些污染工业项目的用地与不兼容用地类型(如:居住用地)到底需要保持多大的间距,目前并没有适用于城市总规编制的强制性技术规范加以指导。如果拿现有的卫生防护距离标准来指导总规编制,安全系数明显不够,仍会对周边用地带来影响。

由于没有合适的技术规范对城市总规加以指导约束,城市规划从业人员就有了很大的自由裁量权。在地方政府对发展重化工业和房地产行业的巨大收益均想占有的利益驱动和行政干预下,规划技术人员极易无视居民安全和居住环境质量,利用技术规范缺失的漏洞,缩小污染性工业用地与居住用地的间距。这样虽然迎合了地方政府工业用地和居住用地开发并举、实现双赢的用地需求,却使各个城市居民生活环境质量不升反降、环境风险骤增。鉴于此,当前阶段进行总规环评应把工业用地布局环境合理性列为规划环评的重点。

6.4.1.4　产业定位与分工:产业定位雷同、产业分工不合理

当前,国内不同地域间产业定位雷同、产业分工不合理引发产能过剩,带来资源浪费的现象非常严重。如:北京从 20 世纪 50 年代大力发展工业,在当时的计划经济体制下过分强调门

---

[1]　"城市规划本身具有一定的独立性,但由于政府换届或政绩驱动影响,这种独立性在行政干预下难以保证,严重削弱了城市规划的长期指导作用。以广西钦州为例,1996 年广西自治区人民政府正式批复的《钦州市城市总体规划(1996—2020)》将钦州港经济开发区现进港公路以西区域规划为商住用地和起步工业园。在中石油 1000 万 t 炼油项目落户钦州之前,已为商住开发配套建设了道路、水电、学校等设施,并引进房地产开发项目 15 个,规划建设面积约 100 万 m^2。为适应钦州经济社会发展和重大产业项目布局需要,在引进中石油项目后,钦州市政府于 2005 年在《钦州市城市总体规划(2005—2020)》中将该项目用地及所需控制区域用地性质由商贸用地调整为工业和仓储用地。2008 年,钦州市根据《广西北部湾经济区发展规划》和钦州发展需要,再次组织开展《钦州市城市总体规划(2008—2025)》修编工作,近期可获批复。12 年时间,钦州市城市总规调整达 3 次,一些用地功能发生了根本性变化。"参见:刘小丽,任景明,任意.石化产业布局亟需转危为安[J].环境保护,2009,(21):65-67.

[2]　2008 年《钦州市城市总体规划(2008—2025)》新修编的城市总体规划为石化工业区配套了几个集中居住区:一是主城区,规划建设用地面积 86km²;二是工业区北侧的茅尾海滨海新城,规划建设用地面积为 28km²,距离石化产业园区约5km;三是中港区生活配套服务基地(金鼓江东岸),规划建设用地面积约 8km,距离石化产业园区约 5km;四是在三娘湾鹿耳环江东岸也规划了为工业区和旅游区配套的生活服务设施用地。参见:刘小丽,任景明,任意.石化产业布局亟需转危为安[J].环境保护,2009(21):65-67.

[3]　张庭伟.城市规划的基本原理是常识[J].城市规划学刊,2008(5):1-6.

类齐全,结果重工业发展过多,造成环境严重污染,与城市争用地、争能源、争水源,并引起交通紧张,影响政治、文化中心功能发挥。与其相邻的天津市也走了类似的道路,结果北京与天津都形成了性质雷同、行业众多(约42个行业)的工业体系,许多项目重复建设,在华北地区争夺有限资源。同时,排污企业跨区域迁移现象也非常普遍❶。

[案例:成都与重庆的产业之争]

2008年9月,成都发布了"九大产业集群发展规划和投资指南",重点指向汽车零部件、民用航空制造、国家生物产业基地、光电光伏、电子信息、食品、家具、装备制造、冶金建材等。这些重点规划的产业集群,不少产业开始与重庆的产业布局"针锋相对"。以汽车制造业为例,重庆直辖以后,四川的汽车制造业几近消失,而重庆却具有形成西南汽车、摩托车工业生产基地的良好条件。若有良好的市场协作,重庆应以整车生产为主导,四川则应在零部件生产上与重庆搞好配套。但四川并没有着眼于汽车零部件生产配套企业,而是引来丰田和一汽,试图振兴四川汽车工业;另一方面,重庆长安集团目前近300余家的配套企业中,一半来自重庆本地,另一半来自江浙地区,几乎没有四川的企业。而在成都这份"产业规划与投资指南"中,汽车被成都作为头号工程加以看待,并确定了"以整车(轿车)为龙头,以零部件产业链为主线,以成都经开区为核心聚集区,以重大产业化项目建设和招商引资为手段,加快产业集聚,延伸产业链,形成产业集群"的建设方针。无独有偶,几年前,国家打算新建一座千万吨级大型炼油厂。在获悉这一消息后,包括成都和重庆在内的国内城市展开了一轮激烈争夺,重庆想在白市驿建这个千万吨级的大型炼油厂,而四川也想把该项目放在南充一带。在向当时的国家计委和石化总公司申请的过程中,川渝间就展开了激烈的争斗,各不相让,结果最后是"渔翁"安徽抢走了这个项目。由于"行政壁垒"掰裂"经济板块",本该"市场资源整体配置、经济发展共生共荣"的"经济板块"因行政区划被分割为四川省和重庆直辖市,由一个省内经济区跃升为省际经济区。由此造成了两地经济发展的离心倾向增强。但是,"行政壁垒"作用于市场经济之后,必然带来"市场割据"。民建四川省委主委、全国政协常委王恒丰认为,行政区划调整之后,成渝经济区内的协调工作扩大为四川省和重庆直辖市之间的省级关系协调,协调难度加大。同时也造成经济区内市场分割,导致地区封锁和经济低水平循环,而有效的地域分工却难以实现❷。

又以钢铁行业为例,我国钢铁工业布局城市型特征明显,全国除西藏外,每个省、自治区、直辖市都有钢铁企业。74家重点钢铁企业中有18家建在省会城市,有34家建在百万人口以上的大城市。一个城市有几家、十几家钢铁企业已不是个别现象,甚至有的城市有几十家钢铁企业,给城市环境容量带来很大压力。同时带来严重的环境污染和资源浪费❸。

❶   由于各地环保门槛不一,被东部地区淘汰的某些不符合产业政策的产业,却被中西部地区以种种优惠政策引进,经济欠发达地区招商引资的渴望与发达地区污染项目转移的需求一拍即合,导致出现了"产业梯次转移,污染向纵深发展"、"东污西移"等污染大迁移局面。

❷   本刊编辑部.产业布局的统筹之路[J].新经济导刊,2009(10):48-49.

❸   《钢铁产业发展政策》出炉 新政重绘发展版图.新华网北京2005年7月24日电 http://news.xinhuanet.com/fortune/2005-07/24/content_3259479.htm.

[与环评的联系]产业定位环境合理性分析

产业定位雷同、产业分工不合理的根源在于上层(大区域)产业发展规划缺少可持续性的统筹安排。由此造成下层的城市产业结构定位的不合理,并且带来巨大的资源重复消耗、加重环境污染。作为战略层面的规划环评必然要关注这类问题并作适当评价。当然,解决这一问题是一项巨大的系统工程,涉及国家多项制度的改革完善。其中,需要兼顾各方利益❶,在国家层、区域层、地方层制定各层级产业政策和产业发展中长期规划,以统筹协调产业分工和产业布局。基于资源、环境条件和区域特点,依靠自上而下的产业政策形成机制与实施保障机制,可以避免产业定位雷同和产业分工不合理。规划环评据此进一步开展相关政策规划协调性分析,以保证规划城市的产业定位与上层次产业政策、规划相一致。显然,其前提是各层级产业政策和产业发展规划均应经过环境影响评估,形成"环境友好的"产业定位。

6.4.1.5　内涵问题:缺少工业共生系统方面的设计

近年来,循环经济和生态工业的概念备受推崇,全国各地涌现了众多生态工业园区。然而,多数生态工业园区的规划都是以新增工业用地为前提,以"生态"理念包装所展开的新一轮招商引资过程❷。即便是环保部批准建设的生态型园区试点项目也多是新起炉灶、需要新增大量工业用地的新园区❸。以城市现有主导产业为对象,在旧的工业区基础上实施工业生态化内涵式改造的案例尚不多见。显然,无论是规划行业的产业规划还是环保界推动的生态工业园区建设都热衷于"在一张白纸上画蓝图"。然而,针对国内大范围工业用地低效、产业无序发展的既成现状,当前更需要积累推广的是存量工业用地的整合、生态化改造经验。国内大多数城市已有的主导产业仍未按照产业生态学❹原理和循环经济要求形成完整的产业链,高

---

❶　产业政策是资源配置的一种形式,产业布局从某种角度说,不是一门科学,而是一个价值体系。以美国为例,在美国现行的社会制度和现存的利益格局下,制定和实施产业布局政策的过程,往往就会成为各不相同的利益集团之间争夺资源的过程。目前美国的产业布局政策,主要是针对落后的流域地区和衰退的老工业制定的政府支持政策。

❷　事实上,很多生态工业园都是虎头蛇尾,规划文件写得天花乱坠,实际招商引资过程仍陷入"捡到篮子就是菜"的境地。

❸　环保部科技标准司技术指导处处长王开宇在"中关村科技园区生态型园区建设国际论坛"上列举了 3 个典型实例以介绍环境保护部近年来在推进生态工业园区建设方面开展的工作。第一个实例是青岛新天地工业园的建设试点,是 2006 年 9 月,原国家环保总局批准创建的我国第一个国家境外产业类生态型园区。第二个实例天津泰达国家生态型园区,是 2003 年 12 月,原国家环保总局批准建立的国家级综合类的生态型工业示范区。第三个包头国家生态工业铝业示范园区,是行业类项目,是 2003 年经原国家环保总局批准建设的。列举的三个实例均是新建工业园区,没有一个是改建项目。参见:王开宇:环境保护部推进生态工业园区建设的工作. 新浪网. 2008 年 04 月 18 日,http://city. finance. sina. com. cn/city/2008-04-18/99288. html.

❹　产业生态学是 20 世纪 80 年代末在传统自然科学、社会科学、经济学相互交叉和综合基础上发展起来的一门新学科。目前,我国正倡导走新型工业化道路,发展循环经济,而循环经济的基础就是产业生态学,产业生态学要研究社会生产活动中自然资源从源、流到汇的全代谢过程,要研究产业的组织管理体制,即如何通过产品的制造者、消费者和废料处理者的协作,使产业转向健康的(环境友好的)发展模式。系统思想是产业生态学的核心。系统论中"闭路循环和反馈"理念促使产业生态学领域产生了"从摇篮到摇篮"、"废物=资源"等观点,如同生态学中的"食物网"这一关键性概念一样。产业生态系统,与自然生态系统类似,本质上都具有物质、能量、信息流动的功能,并且依赖于生物圈提供的资源和服务。是在企业群集、工业园区或者整个区域的层面推行清洁生产等战略。参见:(英)肯·格林,莎莉·兰德尔斯. 产业生态学与创新研究[M]. 鞠美庭,楚春礼,张琳等译. 北京:化学工业出版社,2009.

效循环网络的工业共生系统尚未形成❶。

[与环评的联系]主导产业循环经济分析

　　随着城市发展不同阶段面临的机遇和挑战不同,规划环评内容和评价重点的设定也应动态调整。当前,循环经济被认为是实现经济发展和环境保护双赢的有效模式。目前该模式尚未在中国各城市有效构建,总规环评应该促进城市总规与循环经济的整合,使总规的"产业发展与布局"依据循环经济原则,重点促进存量工业用地按照工业共生系统的构建要求进行调整和改造。未来,当循环经济体系在中国已广泛推行,城市产业发展又面临新的"瓶颈"时,规划环评应调整评价内容和评价重点,以促进产业可持续发展。

6.4.2　常规流程梳理和流程分析

　　城市总规的产业发展规划是根据产业发展条件,从历史、现状和发展趋势出发,明确规划产业发展的方向和目标;对区域产业发展,包括重点发展领域、发展程度、资源配置、支撑条件等进行统筹安排和空间布局,并提出实施策略。常规城市总规的工业用地布局和产业发展规划流程见图6.17。

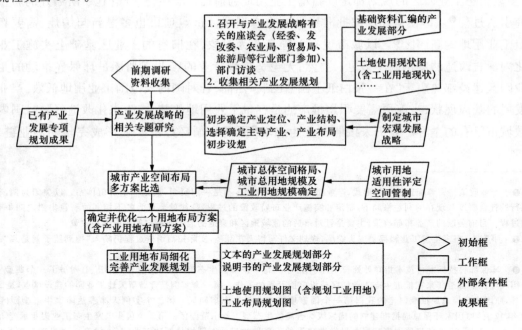

图6.17　常规城市总规的工业用地布局和产业发展规划流程图
资料来源:作者自绘。

　　当前,由于经济发展是各级行政主体持续关注的焦点,因此"(经济)产业发展战略研究"已是城市总规必备的专题研究内容之一。总规的该项专题研究(后简称"产业专题")通常包括:①产业发展背景研究。通过国际、国内纵向和横向比较,解析产业发展外部环境;②经济发展条件SWOT分析;③确定产业定位、产业结构、选择和确定主导产业、进行产业布局;④产业发

---

❶　曹珂.基于生态观念的工业用地布局研究[D].成都:西南交通大学城市规划与设计专业,2007.

展时序;⑤措施保障等内容。可见,总规主要是通过该项专题研究论证产业发展规划和布局的重大问题,其研究结论是总规方案形成的主要依据。翻阅目前已完成的产业专题研究成果,虽有零星提及资源、自然环境要素对产业定位和主导产业选择的影响,但系统性、深入性不够,资源、环境条件对产业选择的刚性约束力没有体现。

6.4.3 环评互动节点和互动式环评流程

6.4.3.1 环评互动节点

1. 产业定位、产业结构环境影响分析

1）产业定位分析

对于中国区域经济长期以来缺少职能分工、产业同构化等问题,赵燕菁等[1]试图从税收制度的角度剖析其根源。显然,要根本解决国内各城市产业定位雷同、重复建设等问题需要国家政治经济体制、机制的变革。

就此,规划环评只能客观分析其带来的低效资源利用和累积环境影响,衡量拟规划产业类型是否突破了资源承载力和环境容量。另一方面,要借助规划协调性分析手段,分析产业定位是否与相关政策、规划相容,既包括上位的各种政策、规划,还包括综合性规划,如城镇体系规划,也包括各层级产业主管部门的各门类产业发展专项规划等。

(1) 资源、环境承载力分析

在对一个工业企业进行具体选址时,需要从产、供、销(原材料供给来源、原料运输成本;生产工艺要求;产品供应和销售途径、物流成本等),能耗、水耗(能源供给与消耗、对水资源的需求和可供水源)、污染物排放与环境容量等多角度进行全面比选分析。城市之间资源禀赋和自然地理条件不同,适合发展的产业也不一样。为了发展当地经济,不顾客观条件引进各种产业,不但从先天削弱了产业竞争力,加大企业运营成本,同时也意味着资源、能源的无谓消耗和环境透支。

由前述城市总规的资源承载力分析现状可知,资源承载力分析亟待统一规范技术方法,并出台刚性依据。以水资源承载力为例,在水资源缺乏的城市,规划耗水量大的工业项目,显然不可取。但水资源要缺到什么程度才要限制高耗水行业发展?具体限制耗水量多大的行业发展?如何禁止或限制?上述问题均需要国家层、地方层相关行业主管部门或规划环评主管部门适时制定相对客观、合理的行业准入标准,明确定义"缺水城市"及"缺水城市"禁止新发展的产业门类或规模等。在此前提下,进行水资源承载力评价才具可操作性。能源承载力或者其他稀缺资源对产业发展的约束作用都需要国家、地方制定刚性标准作为规划环评的依据才能真正起到约束作用。

(2) 规划协调性分析

总规环评中进行产业发展规划的规划协调性分析的默认前提是:作为总规中产业发展规划编制依据的上位规划、政策既已考虑不同区域的资源环境支撑条件和限制因素,又充分体现产业协作分工、避免了产业雷同,且充分权衡了不同行政主体的利益分配,已自上而下在不同

---

❶ 赵燕菁,刘昭吟,庄淑亭. 税收制度与城市分工[J]. 城市规划学刊,2009(6):4-11.

行政主体间达成共识。该政策、规划需具有一定的延续性、稳定性(只可适度动态调整),并具有法律地位。即某个城市是否可以规划发展某个产业,该产业可发展多大规模,应能在上位规划和政策中找到具体、明确的指导依据。在此前提下,规划环评借助规划协调性分析手段,核实总规是否落实了已有上位政策和规划文件。

当前总规环评中应关注:规划拟发展产业门类是否符合国家现行产业政策,如《促进产业结构调整暂行规定》《产业结构调整指导目录》;规划是否对产能过剩行业结构进行了调整,是否将列入国家产业政策中淘汰、关闭、落后名录的高能耗、水耗、物耗产业仍列为规划发展产业。

2)产业结构分析

在总规环评中进行产业结构分析的主要目的是:在对第一、二、三产业的结构比例及各自用地规模和布局现状调查分析的基础上,从实现环境可持续性目标角度,按照自给自足、就近供应原则❶,对规划产业结构比例和规划用地规模布局提出环评意见。

以第一产业为例,"城市的第一产业是城郊区的农、林、牧、副、渔业,它为城市供应农副产品"❷。目前研究者依据发展经济学中关于产业结构演变和工业发展阶段的理论,得出:工业化初级阶段,第一产业的比重比较高,随着工业化推进,第一产业比重持续下降。并有第一产业在产业结构中所占的比重越低,城市经济越发达等论断。城市规划实践中,部分规划编制者、城市职能部门的工作人员认为,单纯种植粮食、发展粮油等传统农业由于占地多(粮食作物耕种面积大),经济附加值低,已没有在用地日趋紧张的城市市域范围内保留的必要。如:重庆2005版总规设置了"农业"一节,但侧重于都市型农业的经济价值,拟重点发展"花卉苗木产业、蔬菜产业、奶牛业、渔业、休闲观光农业","规划逐步调整主城区内的农业生产结构与布局,不再保留畜牧、粮油等产品型农业"。深圳、福州等城市化程度较高的城市,其总规成果中无论是市域还是中心城区的"产业发展规划"中已完全"剔除"第一产业相关内容,"产业发展规划"已等同于"工业发展规划"。

但从实现环境可持续性目标分析,在市域范围内,中心城区的近郊保留一定的农业用地(既包括传统的粮油种植业、副食品基地,也包括花卉苗木、休闲观光等现代都市农业),实现一定程度的粮食和食品自给自足,不仅可在异地食品供应链非正常中断时不显著影响城市居民的正常生活,同时可以减少农副产品大时空转移带来的物流成本和环境影响,包括:减少交通运输油耗、减少大气污染、减少配送过程中的物料包装损耗、食品冷冻储存的能耗、减少保鲜药剂带来的环境污染等,从而对资源节约、环境保护有益。因此,第一产业在城市发展中的地位应该重新评估。国家、地方农业主管部门应从保障粮食安全和降低食品物流中的环境影响的角度,出台强制性的不同地域范围的粮食副产品"自给自足率"指标。城市市域范围内的第一产业用地规模,应根据市域范围内服务人口的食品供需平衡分析,保证实现"自给自足率"指标的要求。同时第一产业用地的布局也应该根据服务人口的空间分布,尽量满足就近供给以降低物流成本。对于耕地的保护不仅仅要实现总量达标还需地域分布合理,有利于就近供给,不可随意进行异地占补平衡。

---

❶　自给自足、就近供应一直被认为是小农经济、落后经济的象征,大流通、大物流正被现代社会广泛推崇,但从环境影响分析,前者对环境更为友好。

❷　李德华.城市规划原理[M].北京:中国建筑工业出版社,2001.

2. 主导产业循环经济水平分析

当前,国内各城市推进循环经济的进程很不一样,规划环评机构在循环经济领域的造诣也深浅不一,如:某规划设计单位背景的推荐规划环评单位在某县级市(该市的循环经济工作尚未真正开展)产业集聚区的规划环评中涉及的循环经济章节,仅能泛泛提一些原则性的要求,无法对规划成果涉及的产业选择和产业布局提出更实质性的有效建议。而部分专业能力较强的评价机构却有能力为所评价城市的主导产业设计一套循环经济产业链方案,并给予定量分析。显然,其所完成的工作超出了规划环评的基本要求。

解读近年完成的城市总规成果,发展循环经济尚停留在口号阶段。虽然 2008 年通过的《中华人民共和国循环经济促进法》要求"设区的市级以上地方人民政府循环经济发展综合管理部门会同本级人民政府环境保护等有关主管部门编制本行政区域循环经济发展规划,报本级人民政府批准后公布施行"。但目前真正编制完成《循环经济发展规划》,能为总规修编提供依据的城市并不多。循环经济在小范围的生态工业园实践较多,整个市域范围内仍没有真正围绕如何构建产业共生系统,完善主导行业的产业链角度考虑产业发展方向和产业布局。而城市总规编制中由于规划人员专业所限,难以对现状产业链完整性、产业结构合理性、产业生态效率水平、资源、能源消耗进行深入全面的分析,并在此基础上提出规划产业发展目标。难以为主导产业构建循环经济体系做出空间安排,导致产业链节点延伸和资源整合优化不足。

以深圳为例,虽然其 2007 版总规中将"循环经济的示范城市"作为深圳的城市职能之一。但其在总规修编时并没有委托专业机构开展工业企业循环经济产业链如何构建方面的专题研究,为总规提供技术支撑,因此其提出的"一核、三片、九基地"的工业布局和工业园区的整合方案更多的是对现状的迁就和对各行政辖区经济诉求的归纳汇总,并未考虑整个市域范围内各产业基地之间如何建立物流、能流关系,各基地和园区之间仍呈孤立发展状态。同时,规划工业用地遍及整个规划范围,与居住、公共设施用地犬牙交错,对一些紧邻水库等水源保护区的现有工业园区未提出任何调整措施。鉴于我国循环经济已经立法[1]要求各行政区域编制《循环经济发展规划》,未来总规环评应把评价重点放在总规与循环经济专项规划的协调性分析上,确保总规的政策措施和空间布局与循环经济发展要求相一致。但现阶段,规划环评机构仍需共同推动在总规的产业发展规划成果中真正体现循环经济的要求,协助总规编制单位构建循环经济产业链、进行产业用地调整,对产业空间布局进行优化(图 6.18)。

李巍等总结国家环境保护部规划环境影响评价试点项目——鄂尔多斯市主导产业与重点区域规划环境影响评价的实践经验认为:"通过将循环经济理念纳入发展规划的环境影响评价,可以从循环经济角度进一步完善产业链、提高资源的综合利用率并减少污染物的排放。同时,规划环评在我国推行不久,技术方法还有待进一步完善,而规划往往涉及众多项目,已具备构建生态产业链,实施循环经济的较好条件,将循环经济理念纳入规划环评,可以拓展其评价思路,完善其评价内容。总体而言,规划环评是一种制度和手段,而循环经济则是一种理念和方法,二者可以互相补充与促进。"[2]

---

[1]　中华人民共和国循环经济促进法. 2008 年 8 月 29 日第十一届全国人民代表大会常务委员会第四次会议通过.

[2]　李巍,谢卧龙,王尧等. 循环经济分析在规划环境影响评价中的应用研究[J]. 环境科学与技术,2010,33(1):178-182.

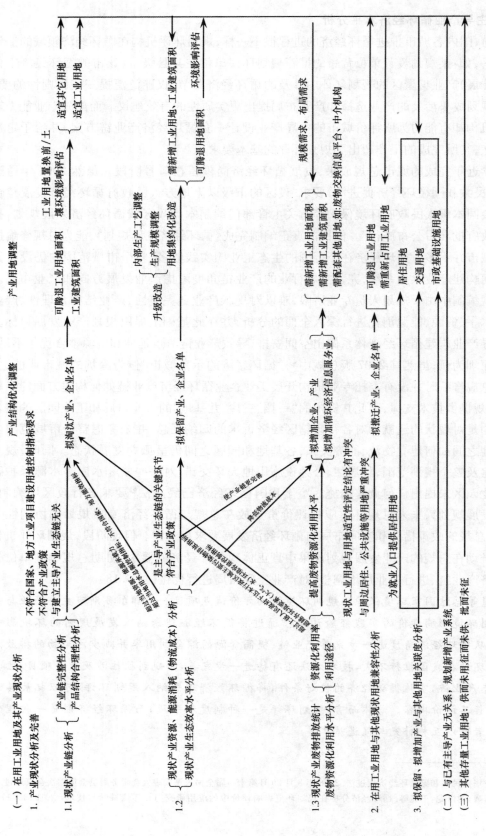

图 6.18 主导产业共生系统构建与产业用地调整关系示意图

大连发展规划环评报告对大连 3 大主导产业(石油化工、电子信息和农产品加工)展开了产业链的节点评价,并指出了现状"断链"、"孤环"等问题。并尝试对"一岛十区"11 个重点规划发展的工业园区进行水、热循环分析,空间物质流动分析,指出:依据目前"一岛十区"工业园区规划,大连市工业物质流动仍将以"开环"为主,大多数产业链网络开环的数量远超过了闭环的数量,尚未建立起能够体现循环经济原则、提高资源利用效率的物质闭环流动网络。其主要原因是缺少构建物质循环网络的关键节点和企业。建议在工业园区企业引进的过程中,利用大连石化、电子、机械制造行业的优势,构建整体产业生态网络,延长产业链,提高产品附加值,同时增加物质循环,提高资源利用效率。

3. 存量、增量工业用地集约性分析

已有的总规工作中主要区分现状工业用地和规划工业用地两类用地类型,并分别绘制"土地利用现状图(含现状工业用地)"和"土地利用规划图(含规划工业用地)"。较少从国土资源部门获取更为详尽的土地状态信息,依据土地权属、使用状态将土地进一步细分,如:批而未征、征而未供、供而未用、(用而未尽)低效型在用建设用地、集约型在用建设用地等不同形态用地的具体分布和面积;以及未批先用、批而不用、批少占多等违法违规用地面积和分布。

在未对土地利用现状信息,尤其是土地法律权属信息充分掌握的前提下,简单地依据《城市用地分类与规划建设用地标准》按"规划人口规模×人均单位建设用地指标×工业用地占建设用地的比例(%)"等公式确定工业用地规模,并进行工业用地布局,显然把复杂问题过于简单化。这样也导致虽然存在大量闲置、低效利用的存量工业用地,仍一味迎合当地政府的需求,不断地通过总规修编新增工业用地,使土地粗放利用的局面进一步扩大。

由于目前国内工业用地浪费现象极为突出,因此总规环评中应从集约、节约用地的角度对工业用地现状进行详细评估。尤其关注现状城市建设用地范围内存在大量闲置用地和低效利用土地❶的前提下,仍试图新增工业用地的情形。在国家尚未发布更为严厉的不得随意新增建设用地的强制性规定❷的情形下,规划环评的分析结论较难有强制约束作用。但在规划环评报告中可从集约、节约角度对存量工业用地利用效率进行评价,并提出存量用地的进一步开发利用潜力。

4. 工业用地布局环境合理性分析

在城市总规成果中,一般会在市域和中心城区的《用地(布局)规划图》中把工业用地的分布标示出来(同时还标示其他用地类型)。同时在市域和中心城区的《工业布局规划图》(或称为《产业布局规划图》、《工业物流规划图》等)上单独把工业用地标示出来,其中的工业用地分布和规模和《用地(布局)规划图》是完全一致的,只是它只突出体现了工业用地,同时可能会在图纸上把各区域工业用地的功能分区对照文本条款的描述标示出来,并在图纸上作简要文字说明。在 1999版上海总规的中心城《工业布局》图上,则进一步体现一类工业用地(M1)、二类工业用地(M2)、三类工业用地(M3)的分布。但多数总规成果都没有把工业用地表达至中类。从控制和预防环境污染的角度,三类工业用地应在总规阶段予以明确,以对周边用地进行合理控制。

---

❶　可参照国家已出台的以集约节约用地为宗旨的"工业项目建设用地控制指标"衡量。
❷　即前文提到的"禁增规定":如果存量用地通过调整能腾出的工业用地面积和新增建筑面积超过国家规定的刚性控制指标,则禁止规划新增工业用地。

互动式总规环评模式下,工业用地布局环境合理分析并不是等到上述成果出来后再进行分析评价,而是在规划纲要阶段,用地适用性评定和空间管制规划初步确定后即可介入。可依次按以下步骤实现工业用地布局的环境合理。

1）前期工作

用地适用性评定和空间管制禁建区、限建区划定方案基本确定;城市通风廊道方案基本确定;城市蓝线、绿线、紫线划定。

2）规划工业行业污染特性和防护要求分析

对规划初步确定的工业门类,详细分析各工业门类污染特性、与周边用地的防护距离要求。工业用地分类中虽然按照污染特性,划分为一类工业、二类工业、三类工业,但仍不够细致明确。针对具体城市,通过规划环评工作,可以把这项工作进一步做细。具体分析拟保留工业企业、规划新增工业类别的污染特性,如:区分是大气污染型企业还是噪声污染型企业? 主要大气污染物是什么? 污染物排放规律如何? 是间歇排放还是连续排放? 拟保留工业企业可从环保部门收集历史数据和周边居民投诉记录。考虑在保留该工业企业的前提下,根据其常年污染或干扰范围,提出周边用地调整方案。

对于新规划的工业门类,可采用类比调查结合模型预测的方法,给出工业用地与周边居住用地等的距离要求。通过查阅其他已建类似工业企业的环评报告,掌握其主要污染源、排放浓度等污染特性。但需要注意,一般工业项目的环评报告或相关卫生防护距离标准中提到的防护距离是按照预测的排放源强单一、完全正常生产条件下制定的,未考虑污染源叠加影响和累积影响、未考虑非正常情况和事故风险,用其指导城市规划的用地布局,安全系数显然不够。对特殊工业需要进行环境风险评价,按照环境风险评价的结论指导防护距离的确定。

以《石油化工企业卫生防护距离》(SH3093-1999)的制定方法为例进行分析(其他行业的卫生防护距离制定方法和思路基本相同)。卫生防护距离是指正常生产条件下,散发无组织排放大气污染物的生产装置、"三废"处理设施等的边界至居住区边界的最小距离。该方法适用于平原、微丘地区。对于地处复杂地形如山区等的企业,由于地形条件、稀释扩散条件差异很大,影响大气污染物浓度分布的因素也很复杂,其卫生防护距离无法统一确定,因此没有包括在标准中,可根据环境影响报告书,得出其卫生防护距离的结论。卫生防护距离标准一般是在现场实测及典型厂调查的基础上按《制定大气污染物排放标准的技术方法》(GB/T 13201—91)经过计算得出的,计算公式如下:

$$Qc/Cm = 1/A(BL^c + 0.25r^2)^{0.50}L^D$$

式中 Qc——有害气体无组织排放量可以达到的控制水平(kg/h);

        Cm——标准浓度限值(mg/Nm^3);

        L——所需卫生防护距离(m);

        r——有害气体无组织排放源所在生产单元的等效半径(m),根据该生产单元占地面积S(m^2)计算 $r = (S/\pi)^{0.5}$;

        A,B,C,D——卫生防护距离计算系数(无因次),根据石化企业所在地区近五年平均风速及工业企业大气污染源构成类别从表1中选取,并且根据石化企业生产装置特点和卫生防护距离制定原则,大气污染源类别按Ⅱ类考虑。

可见,卫生防护距离的作用是为企业无组织排放的气态污染物提供一段稀释距离,使污染气体到达居民区的浓度符合国家标准。卫生防护距离具体如何确定,无论是按照已有的卫生防护距离标准选取还是在环评报告书中单独计算确定,均应在项目环评报告书中明确,卫生防护距离的计算和确定是大中型企业项目环评报告书中很重要的章节。

由定义可知,卫生防护距离的确定是仅对无组织排放大气污染源进行计算。无组织排放指大气污染物不经过排气筒的无规则排放、或通过低于15m低矮排气筒的排放都属于无组织排放。无组织排放源的源强,是以最佳实用技术原则为基础,即必须是在技术先进、经济合理、符合清洁生产要求的工艺、设备,在正常运转条件下可能散逸出的无组织排放量作为源强计算值。且仅根据主要污染因子(如:炼油厂根据硫化氢和酚类确定卫生防护距离,炼油厂实际废气污染源还包括二氧化硫、氮氧化物、氨、非甲烷总烃、不名臭气等)的排放浓度进行确定。制定标准时,只考虑无组织排放源的源强,而不考虑高架源的影响。事实上,工业企业,尤其是石油化工类高污染行业,高架源和无组织排放污染源众多,所有的大气污染源强叠加后的排放浓度值所需要的稀释卫生防护距离可能远大于仅依据某几种无组织排放源强计算的结果。由于标准中确定卫生防护距离仅考虑了无组织排放源所需的稀释防护距离,因此防护距离之外的区域仍可能因高架源或众多无组织大气污染源排放的叠加影响而导致环境空气质量浓度超标。

另外,卫生防护距离是按照正常生产条件下推求的,如果企业处于非正常生产条件,如:事故检修、开停车,甚至偷排、超标排放,则按照标准确定的卫生防护距离不能有效保证居住区的大气环境质量。而事实上,当前我国污染企业违反建设项目环境管理规定,不正常运营环境保护设施的情况相当普遍,几近常态。在目前建设项目环评全程监管体系缺失情况下,许多项目在完成环评和"三同时"后,就无法保证配套环保设施正常运行效率和污染物处理达标率,无法达到项目最初的环评要求,导致在环评报告中按照达标排放前提确定的卫生防护距离不够。

以上海为例,在2003年6月至2006年6月,上海市分五批公布了环境违法企业名单,在公布的违法事项中,违反建设项目环境管理规定和不正常运营环保设施两项之和超过60%。上海是我国严格执行环评制度、环境管理成绩比较突出的区域之一,对于其他环境管理相对更弱、更差的地区,情况更为严重。

由此,一些居住小区虽然位于卫生防护距离之外,但因高架源或众多无组织大气污染源排放的叠加影响,加上周边企业可能处于非正常排放条件下,仍可导致卫生防护距离之外的环境空气质量浓度超标。

目前,新出台的卫生防护距离行业标准普遍比旧标准或通用标准确定的防护距离小(表6.6和表6.7)。这一方面与技术进步和清洁生产水平提高使企业排污水平降低有关,但也不排除各类行业为自我发展寻求便利,尽量缩小卫生防护距离的主观诉求。因为卫生防护距离定得过大,将极大制约新建项目的选址和建设规模,或有动迁大批居民的麻烦,目前动拆迁成本往往在工程投资中占有很大的比重。以炼油厂卫生防护距离标准为例,"1987版标准"在800~1500m之间(表6.7),"1999版标准"在400~1200m之间(表6.6),"1999版标准"的防护距离大为缩减。"1987版标准"由卫生防疫站或环境卫生监测站监督和检查执行,由中国预防医学科学院环境卫生与卫生工程研究所和中国石油化工总公司北京设计院共同负责起草。但"1999版标准"却仅由中石化北京设计院一家主编,且删去了监督执行要求。炼油厂卫生防护距离"1987 版标准"和"1999 版标准"对比,见表 6.6,表 6.7。

表 6.6   **炼油厂卫生防护距离推荐值(m)**

规模 (10⁴t/a)		装置分类	当地近五年平均风速(m/s)		
			<2.0	2.0~4.0	>4.0
≤800		I	900	700	600
		II	700	500	400
>800		I	1200	800	700
		II	900	700	600

注:摘自《石油化工企业卫生防护距离(SH3093—1999)》。

表 6.7   **炼油厂与居住区之间的卫生防护距离(m)**

炼油厂类别		所在地区近五年平均风速(m/s)		
年加工原油量(万吨)	原油含硫量/%	<2.0	2.0~4.0	>4.0
≥250	≥0.5	1500	1300	1000
≥250	<0.5	1300	1000	800
<250	≥0.5	1300	1000	800
<250	<0.5	1000	800	800

注:摘自《炼油厂卫生防护距离标准(GB8195—87)》。

　　由卫生防护距离的制定方法可知,按照卫生防护距离标准控制企业生产装置和居住区的距离仅在排放源强单一、企业清洁生产水平较高等理想条件下才能满足居住区空气质量要求。当企业清洁生产水平较低、环保设施不能达标排放,或者即使所有的污染物能达标排放但企业及其周边大气污染源较多、高架源强突出时,众多达标排放的大气污染物累积浓度仍有可能造成卫生防护距离之外的居住小区空气质量不达标。陕西凤翔县出现卫生防护距离之外的儿童血铅仍超标的事实就证明了这一点。

　　可见,已有的众多行业的卫生防护距离标准并不适合指导城市规划的编制。作为具有前瞻性、长期性、预防性等属性的城市总规,如果从确保居民拥有良好的大气环境质量的目标出发,在规划编制阶段,应考虑足够的安全系数、充分论证污染企业的不同生产工况对周边大气环境的影响范围。在用地布局时,留足居住用地和工业用地的间距,其间可以布置其他兼容用地类型。目前在规划编制阶段,对于规划居住用地和工业用地之间应保持多大的间距,尚没有可以直接引用的技术规范,实际编制时未进行定量论证,对此也缺乏足够重视,甚至漠视,或者由于目前工业用地和居住用地与其他防护绿地等的巨大土地收益差使主管部门和其主导下的技术人员认为设置足够的卫生防护距离是一件奢侈、不经济的行为。由此导致工业用地和居住用地一路之隔、直接比邻的土地利用规划图比比皆是,甚至出现小于卫生防护距离标准的情形。

　　在总规纲要阶段,通过互动式规划环评,一方面对与规划区条件类同的周边城市已建企业或工业区进行类比调查,注意了解实际影响范围和影响原因;同时可对规划工业用地预测规模、设定若干情景(包括最不利情景),选择适当的模型进行预测分析。分析结论需要明确各规划工业用地需要与周边居住用地(或人流较聚集的公共服务设施用地)保持多大距离、周边居住用地的相对适宜方位。在居住用地和工业用地之间宜布置哪类用地,如:较为兼容的仓储用地或市政公用设施用地等,为用地布局方案的细化提供定量和定性依据。

3)大气环境

(1)根据气象条件,划定大气污染型工业禁建区、限建区

风速:近地层平均风速是决定一个地区污染物输送效率的关键因子,近地层平均风速越大,则污染物的输送效率越高,而城市风速的减小表明城区通风能力的降低,大气的自净能力也因此会明显降低。从污染气象的角度来说,风速越小,扩散条件越差,因此,可根据"多年平均风速空间分布特征图",划定小风速区域作为大气污染型工业的禁建区。

风向:根据"多年平均风向频率图",将常年主导风向的上风向区域,划定为大气污染型工业禁建区或限建区。尤其是既位于常年主导风向上风向,又处于多年平均风速较小的区域,必须禁止建设大气污染型工业。

风场:根据"旱季、雨季近地层风场图",在"辐合形流场"("辐合"是一种气象术语,指气流从四周往一点或一线汇集。辐合形流场出现时,污染物的扩散效率较低,易形成较重的大气污染)不宜有大气污染物排放的用地类型。

大气污染型工业应远离规划的城市通风廊道。

(2)考虑大气环境功能区划和大气环境容量的影响

大气污染型工业项目的布局还需符合当地已制定的大气环境功能区划的要求。对于大气环境承载力较低的城市,应在前述产业定位、产业选择阶段已将大气污染严重的行业剔除。在此前提下,仍需考虑城市不同区域的大气环境质量现状和环境容量对工业用地选择的影响。

4)水环境

在空间管制和蓝线划定时,已将饮用水水源一级保护区、河流、湖泊、渠道、水库等水域、水工程保护范围等列为禁建区,饮用水源二级保护区和准保护区、水域周边地带列为限建区。在此前提下,仍需进一步对各类规划工业行业的水环境影响特性进行分析,工业企业对水环境带来的影响不仅是工业企业生产过程中产生的大量污废水最终要进入水体,工业企业在建设运营过程中也可能通过污染物向土壤的泄露、地下构筑物的渗漏、雨水对污染厂区的冲刷等造成对厂区周边的地下水环境和地表水环境污染。目前,城市总规编制时对地下水的流向、分布、地下水位等资料掌握不够,对地下水的影响考虑不足。规划环评时,除了要确保工业企业的分布一定要在空间管制的禁建区和限建区、以及蓝线之外,还需根据规划行业的水污染特性、城市水环境功能区划的要求,对水污染型行业划定禁建区、限建区。如:在地下水流向的上游、地下水位较高的区域、地表水上游、水源涵养区域禁止布置水污染严重的行业。同时,要根据各行业排放污水的主要污染物特征,考虑工业污水集中处理,或污水在各行业循环、循序利用的需要,将相关行业适当集中布局。

5)历史文化环境

工业企业对紫线范围内的历史文化遗产的影响主要包括:视觉景观和美学环境影响;大气污染对露天历史建筑的破坏,如:酸性气体的排放;工业企业引发的间接环境影响,如:带来大量的货运交通量,带来交通噪声和尾气污染,使通往景点的旅游线路交通拥堵,货运交通干扰旅游交通等。对此,规划环评应提出紫线周边不同范围内应禁止、限制建设哪些工业行业,并

在图纸上明确划定。

6）噪声、振动、辐射等环境

部分工业企业会产生噪声、振动、辐射或其他行业特征污染物。需要根据其污染影响范围，确定与周边各类用地的控制距离。

7）构建循环经济产业链对工业布局的要求

通过前述主导产业循环经济水平分析，为了满足处于循环经济产业链各环节的工业行业之间能短距离、便捷地进行能流、物流、信息流交换，及与外部其他用户进行联系，需要在空间布局上做出适应性安排。因此，工业用地布局还需考虑构建工业共生系统对空间的要求。

8）与影响工业用地布局的其他因素综合

在对规划行业污染特性分析基础上，围绕环境保护要素（大气、水、声、历史文化遗产）和环境保护目标（居住用地、公共管理与公共服务用地），对工业用地的布局分别提出了布局限制和距离控制要求。这仅是从直接环境影响的角度进行考虑，工业用地布局还需考虑交通区位条件（如果考虑不周，运送距离延长同样也会造成交通污染和能源浪费等环境影响）、与工业企业就业人员居住用地的距离（既要避免居住、产业功能完全分离带来的"潮汐"交通，又要避免污染工业对居住区的干扰）等其他各类因素。因此，规划环评人员在把"1）～7）"相关分析结论提供给规划人员的同时，还需要结合规划人员的其他考虑要素，进行综合权衡，最终确定工业用地的布局。目前，总规在进行工业用地布局时，大多是根据规划人员的学识和经验判断、集体讨论、地方政府提出反馈意见等形式确定用地布局方案。为了不遗漏各项应考虑要素、避免规划人员主观经验不足导致规划缺陷，可以采取核查表的形式将工业用地布局应考虑因素详细列表，其中包括需要考虑的环境影响要素，这样规划人员、环评人员、地方政府和各主管部门、公众都有一个透明、公共的平台了解整个规划方案的形成过程，有利于相关方彼此沟通，全面对用地布局方案进行比选。

6.4.3.2　互动式环评流程设计

在互动式规划环评模式下，在制定产业发展战略，确定产业定位和产业结构时同时进行环境合理性分析，并对规划主导产业进行循环经济水平分析；在确定工业用地规模时，在对存量工业用地进行集约度分析的基础上，对增量工业用地规模校核；在进行工业用地局部时进行环境合理性分析，以对工业用地布局方案进行优化（图6.19）。

6.4.4　本节小结

工业用地为第二产业发展提供空间载体，与其对应的城市总规中的"产业发展和布局规划"篇章是城市总规的重要内容，对生态环境的影响很大，是总规环评的评价重点之一。

（1）相关主题：①产业结构（轻视农业在产业发展中的地位）；②用地规模（工业用地规模增速迅猛，利用低效）；③产业布局（产业布局不合理导致环境风险加大）；④产业定位与分工（产业定位雷同、产业分工不合理）；⑤内涵问题（缺少工业共生系统方面的设计）。

（2）互动式环评流程。在制定产业发展战略，确定产业定位和产业结构时同时进行环境合理性分析，并对规划主导产业进行循环经济水平分析；确定工业用地规模时，在对存量工业

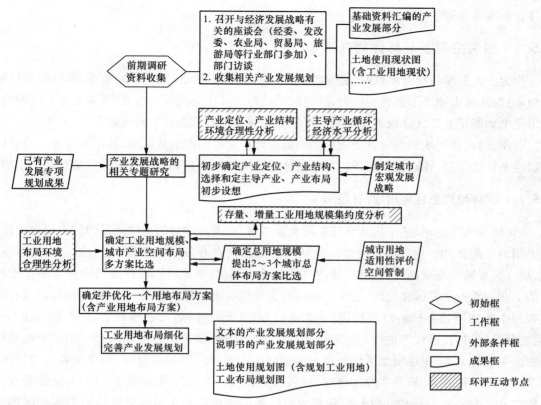

图 6.19　优化工业用地布局和产业发展规划流程图

用地进行集约度分析的基础上,对增量工业用地规模进行校核;进行工业用地局部时进行环境合理性分析,以对工业用地布局方案进行优化。

6.5　居住用地与住宅发展规划

　　人是环境影响评价的重要保护目标,改善人居环境也是城市规划的宗旨。2004 版北京总规把"宜居城市"列为城市发展目标之一,2007 版深圳总规也把"生态宜居"作为深圳城市发展总目标。因此对城市总规中居住用地和住宅发展规划进行评价是规划环评的重要内容。在总规成果中一般会有"居住用地布局与住宅发展规划"等专门章节叙述这部分内容❶。同时在相关图纸中也会体现❷。与居住用地规划相关的重要专项规划或计划则是"住房建设规划和住

---

　　❶　如,郑州市城市总体规划(2008—2020)说明书:第二十六章　居住用地布局与住宅发展规划 一、现状概况;二、现有调研及住房公共政策分析;三、主要问题;四、居住用地标准和布局;五、住宅发展目标;六、住房需求预测;七、住宅政策。
　　深圳市城市总体规划(2007—2020)文本:第十五章 住房发展与居住用地布局　第 112 条 住房发展目标;第 113 条 住房发展策略;第 114 条 居住用地布局;第 115 条 政策保障性住房布局指引。
　　❷　如:1999 版上海总规共有 3 张图体现居住用地的布局,其中《上海市城市总体规划图——土地使用规划》和《上海市中心城总体规划图——土地使用规划》标示了居住用地大类 R 的用地范围、《上海市中心城总体规划图——住宅布局》分别标示了规划居住用地、保留居住用地、旧区改造住宅用地的范围。

房建设年度计划"**❶**。

6.5.1 相关主题及与环评的联系

作为个人财富与社会地位的凝聚与物化,住宅是城市居民安居乐业之依据、实现空间权利之根本;而从城市物质形态的构成看,住宅区又是构成城市空间最大量、最基本的部分。因此,城市住宅始终是城市社会政策领域与城市规划领域一个非常重要的研究对象。

近年,与居住用地规划建设密切相关的房地产行业在国内迅猛发展,其在改善大多数居民的居住条件的同时,往往忽视规划的居住用地对环境的影响和环境改变对居住适宜性的影响。

6.5.1.1 "环境隐患住宅用地"日益增多

"环境隐患住宅用地"是指从环境影响角度考察,在不宜建房的地块开发的住宅用地项目。这类用地分两类:第一类,用地所处区域环境质量差或存在环境安全隐患,不适合人群居住。如,居住区紧贴已有交通干线建设,使住户遭受噪声困扰;紧邻或直接在受危险化学品严重污染的工业用地内开发居住用地,使住户面临有害化学品连续释放造成的健康危害;距离现有的或规划中的邻避设施(如:垃圾焚烧厂、变电站等)过近,造成居民心理恐慌、并出现生理疾病等;在行洪通道内、滑坡等地质不良地带开发房地产项目,使居民生命和财产安全处于经常性威胁之中。第二类,用地所处区域是侵占或蚕食生态保护区土地取得的,虽然适合人类居住,甚至环境质量很好,却破坏生物多样性、公共利益和城市整体的可持续性。例如:大连总规环评**❷**在"中心城市布局评价"时指出,规划旅顺口西南部居住用地侵占老铁山自然保护区的缓冲区和实验区,规划金港区中东部的居住用地位于卧龙水库的一级水源涵养区内,规划主城区西部部分区域和得胜组团的居住用地位于土壤侵蚀的中度敏感区易加剧水土流失。目前,国内占用基本农田、耕地、海岸线等进行住宅房地产开发非常普遍,使大量具有生态服务功能的自然地表转变成人工环境,破坏了自然生态系统和生物多样性。

周庆华**❸**指出,尽管人类是整体生态系统中极其重要的部分,但从根本上讲,一切有生命或无生命的存在物均具有同等的价值。如果人类的非基本需要与非人类存在的基本需要发生冲突,那么人类需要就应放在后位。道德关怀应该彻底地扩展到整个自然生态系统中,只有放弃西方文明核心价值观中的人类中心主义,人类才能放弃傲慢的姿态,谦逊地与自然友好相处,获得真正长远的前景。周庆华借鉴马斯罗需求层次说,将人们对居住的需求分为以下层次:①安全的需求;②功能的需求;③交往的需求;④舒适性的需求;⑤文化的需求;⑥天人合一的需求。居住的天人合一即是对人类赖以生存的自然环境具有更为自觉的尊重意识,使回归自然的内在心境和外在环境成为一种需求。是居住生活的最高境界,是对自然环境的高层次回归,与毫无顾忌地单方面追求对自然的享用、并以破坏自然为代价的伪"回归需求"彻底不同。

---

❶ 2006年5月,发改委、建设部等九部委联合发文《关于调整住房供应结构稳定住房价格的意见》(国办发[2006]37号)(以下简称37号文件),首次正式要求制定和实施住房建设规划,指出住房建设规划是引导和调控城市近期住房建设的专项规划。建设部在2008年发文进一步规范了该专项规划的编制要求。参见:关于做好住房建设规划与住房建设年度计划制定工作的指导意见建规[2008]46号.2008.8.25.

❷ 陈吉宁,刘毅,梁宏君.大连市城市发展规划(2003—2020)环境影响评价[M].北京:中国环境科学出版社,2008.1.

❸ 周庆华.对人居环境的深层生态学思索[J].城市规划学刊,2006(5):86-88.

［与环评的联系］进行居住用地布局环境适宜性分析

"环境隐患住宅用地"能被开发商从政府手中购得作为住宅用地开发,说明大多数用地都是符合当地的城市总规或控制性详规的。上述大连案例表明,城市总规在居住用地布局规划时,在环境影响方面欠考虑,规划编制缺陷是导致"环境隐患住宅用地"产生的重要原因。居住用地布局环境适宜性分析应作为总规环评的互动节点。

6.5.1.2　住宅建设规模过大,用地透支严重

当前我国城市住宅建设规模过大❶,导致了严重的用地透支。别墅、低密度住区超额占用大量土地,过分追求大户型等不可持续的住宅消费观盛行。一户多宅、捂盘惜售、商品房滞销等现象并存,导致商品房空置现象严重❷。在上述问题形成过程中,已编制的城市总体规划和控制性详细规划过分迎合政府和房产商的需求,无原则地扩大居住用地规模(由此产生前述大量的"环境隐患居住用地"),为政府和房产商的开发活动披上合法的外衣,更遑论对上述问题进行有预见、积极有效的干预了❸。有研究者形容,当今城市居住用地规划的实施过程就是被开发商和资本左右的过程。

《中国房地产 2007 年北京别墅指数分析报告》显示:从 2006 年 1—12 月北京销售别墅的户均面积总体呈现扩大趋势,户均面积约为 $200 \sim 298.64 \mathrm{m}^2$,有的户型已然达到 $366.97 \sim 398.32 \mathrm{m}^2$。我国 $90 \mathrm{m}^2$ 以下套型住房的供应量不足 20%,其中 40 个重点城市住宅平均套型面积为 $113 \mathrm{m}^2$,有 16 个城市超过 $120 \mathrm{m}^2$,而北京待售住宅的平均套型面积已达 $143.9 \mathrm{m}^2$。住宅的主要功能是居住,而我国住宅的发展已经远远超出了人们居住功能的基本需求。目前我国消费者享受普通住宅政策的标准是 $120 \mathrm{m}^2$ 以内,同时允许各地上浮 20%,即 $144 \mathrm{m}^2$ 以内;而与此同时,2002 年,日本、瑞典和德国这 3 个发达国家新建住宅的平均建筑面积分别是 $85 \mathrm{m}^2$、$90 \mathrm{m}^2$ 和 $99 \mathrm{m}^2$。我国住房消费群体在消费文化、消费心理和消费趋向上有着严重的误区,出现了即便在发达国家也并不普遍的消费行为。少数人住豪宅的同时,实际上是透支了别人的土地,剥夺了别人享用土地资源的权利。少数人透支享用了大多数人的土地,现代人透支了后代人的土地。陈秉钊指出,住房的舒适度不完全与住房面积正相关。大而不当,大而无用,大量无效空间往往是与不健康的消费心理有关,即为满足一种占有欲有关❹。

---

❶　进入 21 世纪,我国住房建设进入高位增长阶段。特别是 2003 年以后,全国城镇年住房建设投资每年增加 20% 以上,年建设住房面积 6 亿多 m^2。人均年建设住房面积 1 3～1 5 m^2。到 2005 年底,人均拥有住房面积 26 m^2,自有住房率达到 80% 以上。这样的高位增长,在世界上都是罕见的。过长时期维持偏大的建设规模,将不利于可持续发展。2005 年和 2006 年,我国政府曾把解决住宅建设规模过大的问题作为宏观调控的一项重要任务。

❷　住宅商品房空置的本质是大量土地资源闲置和浪费以及建材资源的积压与浪费。参见:王玲慧.论城市住房的有效开发[J].城市规划汇刊,1999(5):48-53.而真正需要改善住房条件的居民却无处安家。住宅作为一种特殊的商品,它本身是建立在稀缺的土地资源和建设材料能源消耗、高昂的环境代价的背景之上的,不应该被用来炒作。住宅的投资或投机在对住宅功能歪曲的同时,造成严重的土地资源浪费,住宅投机与住房难现象并存更加剧了社会的不公平。参见:张玉坤,王琳峰.户均居住用地、容户率、资源税——基于社会公平与可持续发展的城市住宅建设用地控制策略[J].建筑学报,2009(8):702-709.

❸　杨细平,温雅等.住房新政时期城市规划的新应对[C]// 美国林肯土地政策研究院,浙江大学.第三届中国城市发展与土地政策国际研讨会.杭州.2007:371-378.

❹　陈秉钊.城市,紧凑而生态[J].城市规划学刊,2008(3):28-31.

陈秉钊 2006 曾撰文指出中国的人均居住水平与经济发展水平明显脱离,其列举国内城镇住宅人均建筑面积 2000 年为 20m^2,农村住宅人均建筑面积 2000 年为 25m^2,已达到世界中高收入国家水平。而我国 2000 年城市居民人均纯收入为 6280 元(758 美元),农村居民人均纯收入为 2253 元(272 美元),顶多属中低收入水平[1]。即便如此,近年新近编制的各城市总体规划制定的住宅发展目标中仍不断提高住宅人均建筑面积指标。如:《郑州市城市总体规划(2008—2020)》确定的郑州住宅发展目标是"根据国家小康住宅的发展目标,郑州确定人均住宅建筑面积 35m^2,平均住宅建筑面积达到 100m^2 以上"[2]。根据《郑州市住房建设规划(2006—2010)》,2006 年郑州市中心城区人均住宅建筑面积 22.93m^2[3]。《重庆市城市总体规划(2005—2020 年)》确定"到 2010 年,人均住房建筑面积达到 28 平方米,住房成套率达到 80% 以上;到 2020 年,人均住房建筑面积达到 35m^2 的小康水平,住房成套率达到 100%"[4]。而人均建筑面积 35.0m^2 已属高收入国家的住房水平。

[与环评的联系]进行住宅需求环境合理性分析和居住用地规模核定

陈秉钊依据原建设部发布的《中华人民共和国人类住区发展报告(1996～2000 年)》提供的调研数据,从居住水平应与经济收入水平相称的角度衡量,认为国内住房水平已经偏高了。显然在总规环评或住宅专项规划环评时,尝试从环境资源可持续利用的角度对人均住宅建筑面积进行核定确有必要,但如何制定客观科学的评价标准进行核定却不简单。不同的规划环评单位会有不同的评价方法和评价手段,显然评价标准的制定应该由环保部和住建部联合不定期以技术指导文件的形式发布,作为规划环评的依据,其具有明显的政策导向和价值取向。在一些国家的法律中,住房明确规定为消费品而不是投资品。从环境可持续角度而言,需要对投机性和投资性的住房需求加以抑制。由此,在总规环评或住宅专项规划环评时,应该甄别投资和投机需求量,并将其作为不合理住房需求加以剔除。

6.5.1.3 居住就业不平衡

随着我国住房制度改革、单位制社区逐步衰退,以及郊区住宅的大规模开发、"退二进三"的产业布局调整、旧城改造政策[5]等诸多因素,很多城市逐步出现职住分离、居住与就业空间过度错位,通勤交通量大增等现象。研究者将实际通勤成本与理论最小通勤成本之间的差值定义为过剩通勤或浪费通勤,以此反映城市通勤的效率和潜力。刘望保[6]将过剩通勤放入中国城市社会经济发展大背景下来分析其形成机制,认为"住房制度改革、国企制度改革和土地

[1] 陈秉钊.可持续发展的住房建设与公平使用城市资源[J].城市规划学刊,2006(6):42-44.
[2] 郑州总规的环评报告未单独针对"居住用地布局与住宅发展规划"章节的相关内容进行环境影响评价,也未对居住用地总规模、居住用地人均规模、人均住房建筑面积等指标提出评价意见。
[3] 《郑州市城市总体规划(2008—2020)》说明书。
[4] 《重庆市城市总体规划(2005—2020)》文本。
[5] 旧城改造政策把居民动迁至外围区和近郊区,原来市中心让位于能够提供更高地租的现代服务业。随着服务业发展,核心城区地价上涨,高昂的房价也迫使市民去外围区和近郊区购房。
[6] 刘望保定义"过剩通勤"(excess commuting)是指在不改变城市的居住与就业的空间分布现状,即不改变城市结构的前提下,通过模拟家庭的居住与就业的区位选择,使城市通勤在理论上达到最小,并计算实际平均通勤与最小通勤之间的差距。参见:刘望保,闫小培,方远平,曹小曙.广州市过剩通勤的相关特征及其形成机制[J].地理学报,2008,63(10):1085-1096.

有偿使用制度改革是居住与就业空间重构的基础动力,也是形成过剩通勤的基本原因。城市规划建设较少关注小区域范围内的居住与就业平衡,尤其是结构平衡,在一定程度上导致过剩通勤的增加;交通设施的完善和私家车的大量使用,使通勤成本在居住与就业区位选择中的重要程度减小,反而会导致过剩通勤的增加,诱发更多的交通需求。个人的居住与就业偏好是过剩通勤产生的最直接原因,家庭收入变化❶、家庭生命周期变化❷、住房产权❸和居住氛围❹等影响个人居住与就业偏好,影响居住与就业的空间组织和过剩通勤。

孙斌栋❺等认为"城市空间结构是否具有交通效率,最主要的衡量标准就是能否缩短通勤时间和通勤距离。改善交通出行的多中心城市结构是以就业与居住就地平衡为前提的。不仅要注重住宅和就业岗位总量上的平衡,还要对住宅的类型和工作岗位的类型进行统筹平衡。原单中心之外的其他多中心要做到就业与居住功能的平衡,必须具有足够吸引力,这是以足够的规模为前提的;而且多中心与主中心之间要保持足够距离,以降低对主中心的依附。"

邴燕萍❻等也指出:"居住与就业的平衡不仅是数量上的平衡,更在于结构上的平衡。所谓结构平衡,是指所提供的就业岗位性质与居住人口属性的匹配,包括年龄、性别、文化、收入、地位、层次等多个方面。"

[与环评的联系]居住就业平衡分析

居住就业平衡的计算是以特定空间单位为衡量基准,居住就业在越小范围内能实现平衡,意味着通勤距离越短,自行车和步行交通才可能占主导地位;通勤距离越长,意味着居民出行不得不依赖机动交通,如果城市功能过于单一、居住与就业空间严重错位,即使大力发展公共交通,但过大的交通需求会导致公共交通严重拥挤,阻碍公共交通方式的有效发挥❼。在空间功能分布不合理导致交通需求居高不下的前提下,自由分散的私人交通模式只会令城市道路交通更加拥堵,通勤效率持续降低,不得不加修道路设施,陷入恶性循环。机动交通过度发展意味着大量的物耗、能耗、机动车尾气污染和交通噪声污染,是环境不可持续的。因此,在对居住用地布局和住宅发展政策进行环评时,考察居住就业平衡状况,促进规划方案不断优化,通过调整用地规划和住房政策,如:加大公共租赁住房比例等综合途径,尽量使小空间范围内实现居住就业平衡,是从源头减少资源消耗和环境污染的有效措施。居住就业平衡是城市规划

---

❶ 高收入家庭为了寻求良好的居住环境,凭借便捷的通勤工具,居住与就业的空间分离趋势更明显;中低收人家庭为了能购买郊区价格相对便宜的住房而宁愿选择长距离通勤;外地人口在劳动力市场中往往处于弱势地位,工资收入较低,住房以租房为主,低工资使他们无法承受较高的通勤成本,外地人口的平均通勤距离都要比本地人口短。

❷ 单身家庭能根据就业区位灵活地就近选择居住区位;而结婚后,如果配偶也有工作,双职工家庭的居住区位选择是夫妻双方通勤成本权衡的结果。

❸ 自有房者比租房者受到限制因素相对较多,易产生过剩通勤。

❹ 如:制造业向远郊区迁移,但周围居住配套环境往往跟不上,有些职工不愿在远郊区居住而选择长距离通勤。

❺ 孙斌栋,潘鑫. 城市空间结构对交通出行影响研究的进展——单中心与多中心的论争[J]. 城市问题,2008(1):19-28.

❻ 邴燕萍,耿慧志. 居住与就业平衡对大城市交通体系的影响——以日本东京为例[J]. 上海城市管理职业技术学院学报,2009(1):56-59.

❼ 典型的案例就是东京,尽管东京拥有世界上最发达的城市公共交通,由于居住就业功能不平衡,在早晚高峰时间,乘客已无法依靠自己的力量挤上地铁,不少地铁车站不得不雇用大量临时工推乘客上车,来保证地铁的正常运营。参见:邴燕萍,耿慧志. 居住与就业平衡对大城市交通体系的影响—以日本东京为例[J]. 上海城市管理职业技术学院学报,2009(1):56-59.

自身持续关注的主题,在具体规划编制实践中,规划人员也会适当加以考虑,但考虑的深度远远不够,定量化分析手段欠缺。居住就业平衡分析仍停留在研究人员的理论探讨层次,没有深入落实于规划实践中。

6.5.1.4　居住空间贫富分化

随着城市居民收入差距的扩大,城市中原本各阶层相对混合居住的格局开始分化。与此同时,为解决中低收入家庭的住房问题,各地政府开始实施大规模经济适用房和廉租房建设,其往往布置在远离市中心的市郊地区,或在居住条件恶劣、交通条件不便、配套设施不完善的区域❶,使有资格享受保障性住房的人群实际上被边缘化。目前国内低收入人口向劣势区位集中的趋势日益明显。欧美发达国家的经历表明,特定地区居民构成的单一化和均质化、社会劣势群体的空间集中,有可能产生社会隔离,引发严重的社会问题。

[与环评的联系]进行居住分异导致的社会影响评价

社会影响评价是广义环境评价的一个组成部分。而目前尚没有法定的规划社会影响评价制度和程序,城市规划编制过程中往往把关注焦点放在物质空间和经济效益,忽略社会效益和社会影响。因此,可把居住分异、移民搬迁等社会影响问题纳入规划环评的评价范畴。英国等欧盟国家由规划环评、战略环评向可持续性评价(涵盖经济可持续、社会可持续、环境可持续)延伸的过程也表明,经济、社会、环境必须三足鼎立,才是完整的规划评价体系。在针对居住分异导致的社会影响评价过程中,可首先分析城市居住空间的社会特征现状,城市居住分异格局形成的原因及存在的问题,充分考虑社会各阶层自下而上的社会需求,为城市居住用地布局提供科学的依据❷。

6.5.2　常规流程梳理和流程分析

以往的城市总规在前期调研和资料收集阶段,较少专门从所规划城市的房管局单独获取与住宅相关的数据资料,也较少专门针对居住用地或住宅发展规划开展相关专题研究,就如邹军所言,"2006 年之前编制完成的城市总体规划没有给予住房建设足够的重视"。目前,如何在城市总规中有效体现住房公共政策并进行空间安排,如何与 5 年滚动编制的住宅专项规划❸进行分工衔接仍处在探索阶段❹。

一直以来,许多城市的总体规划中居住用地规划内容,基本不考虑满足不同收入群体的住

❶　邹军,郑文含,姚秀利.关于住房问题的规划应对思考[J].城市规划,2008,32(9):17-20.
❷　李伦亮.从居住分异现象看城市规划的变革[J].规划师,2006,22(3):68-70.
❸　截至 2007 年 1 月 31 日,住房建设规划工作在全国地级以上城市中,有 279 个城市完成了规划编制工作,249 个履行了备案手续,230 个已对外公布,分别占总数的 97.2%、86.8% 和 80.1%。建设部:通报各地落实住房建设规划工作进展情况。
❹　邹军等总结目前已编制完成的住房建设规划存在以下问题:住房建设规划涉及住房用地空间布局的内容相对薄弱,主要是分区域指向性的,使得住房计划无法予以明确的空间落实,限制了规划本身的实施效果。当前的住房建设规划在保障性住房用地落实方面还是较粗的分区指标,缺乏与城市总体规划中居住用地布局的协调。从目前已经公布的住房建设规划来看,多数的规划与城市总体规划所确立的居住用地布局相脱节,规划指标很难落实到具体用地,规划缺乏可操作性。参见:邹军,郑文含,姚秀利.关于住房问题的规划应对思考[J].城市规划,2008,32(9):17-20.

房需求,保障性住房用地的空间布置和规模基本上不被涉及。2006 年 4 月 1 日起施行的《城市规划编制办法》开始要求在总规中心城区规划中"研究住房需求,确定住房政策、建设标准和居住用地布局;重点确定经济适用房、普通商品住房等满足中低收入人群住房需求的居住用地布局及标准"。但从部分城市的规划实践看,确定的保障性住房用地的空间布局和标准缺乏可操作性❶。

现阶段,城市总规中居住用地和住宅发展规划常规编制流程如图 6.20 所示,这部分工作尚存以下问题。

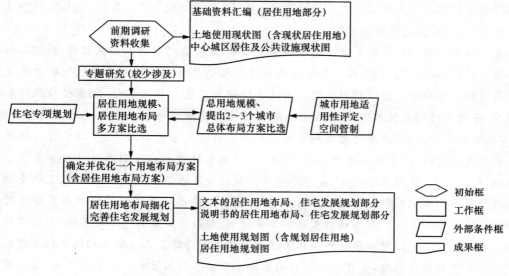

图 6.20 常规居住用地布局和住宅发展规划流程图

资料来源:作者自绘。

6.5.2.1 缺乏与其他建设用地协调统筹

城市总规中的住宅发展规划内容常局限于陈述住房发展本身,就住房谈住房、就居住用地谈居住用地,没有发挥城市各方面建设通过总规进行综合和统筹的功能。未周密考虑居住用地是否与其他用地兼容、是否会发生用地冲突,对与居住用地功能正常发挥相关的交通、市政公用设施配套、景观环境营造等其他规划内容进行协调性分析的技术手段欠缺。在总规方案形成阶段,对于影响居住用地布局的因素仅做经验性地简单判断。缺乏定量化、书面的方案形成过程描述文件。由此出现规划编制缺陷导致的环境隐患住宅大量产生。

---

❶ 其原因:一是研究不足。对于城市整体住房需求、中低收入群体分布、用地情况缺乏细致的调研和分析,尤其是未来可作为保障性住房用地调研不足。并没有考虑用地置换的可能或是时序推进的实施需要,选择的保障性住房用地一定时期内往往无法予以真正落实,影响了其住房建设的有序推进。二是设施配套缺乏考虑,规划编制只局限于保障性住房用地空间的布局,对周边的配套设施缺乏整体规划。目前一些城市已建成的经济适用房大都位置偏远、存在市政设施不齐、生活配套缺乏、交通出行很不便等问题。经济适用房作为微利房,也进入住宅市场,由于配套设施不便,反倒会降低购买率,造成空置房,再次补充配套设施反而增加了成本。受经济效益驱动,规划确定的保障性住房用地在实际建设中往往被其他类型的用地挤占,让位于工业项目开发;同样,一些区位较好的保障性住房用地,也会由于开发商的开发意图而改为更有利可图的商业金融(用地)开发,从而牺牲中低收入群体的利益。

6.5.2.2　住房需求预测过于简单化

2005年底颁布的《城市规划编制办法》提出:编制城市总体规划需要研究住房需求。已编制完成的总规多采用下列2个公式得出规划期末住房总建筑面积和居住用地总面积:

规划期末住房总建筑面积＝规划期末人口数×规划期末人均住房建筑面积,

规划期末居住用地总面积＝规划期末人口数×规划期末人均居住用地面积。

显然,上述预测方法过于简单化,缺乏对现状供需状况的深入分析,未对不同收入群体的住房需求进行细分。有的城市人均指标定得过高,不利于环境可持续发展,助长了住宅建设规模过度增长、用地透支严重等问题。

笔者以为住房需求预测是一件复杂的系统工程,需要在持续积累相关数据、跟踪掌握相关动态信息的基础上才能完成,城市总规编制人员在接到总规编制任务后的短短数月内是无法快速得出预测结论的。该项预测工作应由住房保障行业主管部门(如上海市住房保障和房屋管理局)另行委托研究机构在定期滚动编制的住房建设专项规划中立专题进行研究。因此,《城市规划编制办法》应在厘清总规和专项规划分工协作关系的前提下,重新修订总规编制内容。受目前施行的《城市规划编制办法》指导,已有的总规文本和说明书往往过分关注住房需求预测、住宅政策、住房供给模式、住房发展目标和发展策略等方面。而实际上,上述全部内容要在总规有限的编制时间和编制预算内,由专业背景大多为城市规划的编制人员分析研究透彻并得出结论并不容易。在当前行业分工日益精细、部门分工日益明晰的条件下,城市总规不宜大包大揽、越俎代庖,增加调研和论证工作量。邹军等总结了上述城市总规中住房建设规划编制及实施中的现存问题,并在原因剖析的基础上提出了规划策略。但笔者以为,其谈到的部分调研工作和规划内容(如:住房需求问卷调查、确定住房建设目标和数量、住房用地供应调研等❶)应由住房专项规划编制单位来完成,一些相对独立的住房发展自身的目标和指标的确定应在住房专项规划中交代,总规以其规划成果为依据。相应地,"住房(建设)专项规划"应延长规划年限,不仅是引导和调控城市近期住房建设的5年1次滚动编制的住房建设专项规划,还应该考虑远期20年的规划目标和策略,即规划期限既包括近期,也应包括与城市总规衔接的远期。

如果总规与住房专项规划能分工明确,则在进行总规环评时,可通过收集相关专项规划(如:住房建设规划、住房建设年度计划)及其规划环评报告,充分利用已编制完成的住房建设专项规划环评报告的论证成果和结论。其中的住房需求预测、住房发展目标、住房需求结构等住房建设自身相对独立的规划内容应该是专项规划环评的评价重点。针对目前"住宅建设规模过大,用地透支严重"等问题"进行住宅需求环境合理性分析和居住用地规模核定"应是专项规划环评的任务。总规环评仅需核实其环评要求是否在总规中得到落实。总规环评应把评价

---

❶　其原文是:摸清住房需求是确定住房建设目标、建设数量、空间布局的基础条件。相关指标的确定需要对城市居民收入水平、住房结构、需求意向等进行详细调研。可以采用问卷调查的形式,例如家庭收入、现状住宅类型和住房面积、购房意向、意向房价和房租等内容,作为确定住房需求结构指标的依据之一;也可以利用城市建立的有关住房保障的信息库进行相关需求分析。另外住房用地供应调研也十分重要,如住房建设用地出让及存量分布情况,为保障性住房用地的空间布局提供规划依据,避免规划与实施的脱节,提高规划的可操作性。参见:邹军,郑文含,姚秀利.关于住房问题的规划应对思考[J].城市规划,2008,32(9):17-20.

重点放在居住用地空间布局环境合理性分析,尤其是从环境可持续发展的角度评价居住用地与其他用地的兼容性,研究居住人口密度分布、居住用地强度分布的环境合理性等方面。

6.5.3 环评互动节点和互动式环评流程

6.5.3.1 环评互动节点

1. 居住用地布局环境适宜性分析

总规通过用地适用性评定,会筛选出适宜作为城市建设用地的范围,即空间管制的适建区。但并不是所有的适建区用地都适于作为居住用地。因此,还可以围绕保证居住环境质量、保护居民身心健康和城市环境可持续性角度,在适建区范围内进一步划分出居住用地的适宜建设区域、限制建设区域、禁止建设区域,以指导居住用地的布局,避免前述"环境隐患住宅"的产生(图 6.21)。

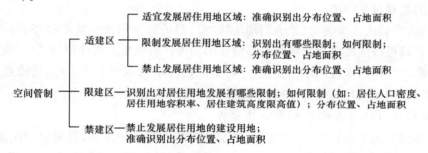

图 6.21 居住用地适建区、居住用地限建区、居住用地禁建区的划定

资料来源:作者自绘。

1) 居住环境质量现状调查

居住环境质量现状调查是指调查现状居住用地是否存在前述两类"环境隐患",是否需要进行用地调整,根据现存环境问题严重程度对调整时序作出规划安排。目前在总规前期调研阶段尚较少对城市居民开展居住环境质量问卷调查❶,使总规居住用地规划缺少公众参与。总规环评阶段,对城市居住环境质量现状进行评价,除依据环境监测数据以外❷,调查城市居民的主观感受尤为重要。现实生活中经常出现环境监测认为环境质量达到国家标准,各类用地布局也符合现有技术规范,但相当数量的居民群体对居住环境质量(如:大气、噪声)不满意的情形。因此,需要通过对历年居民环境污染投诉案件进行整理,归纳分析污染事件与城市规

---

❶ 在居住环境质量评价中广泛采用后评估的方法,其中居民对居住环境的满意度的测量和研究是其重要研究领域。调查居民对居住环境的满意度,可以通过测量已建成入住(最好入住满一年以上)的住宅区内居民的满意程度,了解其需求和看法,并揭示需要完善和改进的内容,从而对今后的住宅建设或居住环境优化提供理论指导。杜宏武曾对珠三角若干小区居民进行居住环境质量居民满意度问卷调查,研究影响珠江三角洲城市小区居住环境的主要因素以及它们的相互关系,了解居民的居住需求,发现其中的规律性,探索本地区城市居民的居住模式,以指导(房地产)项目策划和小区规划设计。其调查指标中包含有"空气、水、土"和"减噪隔音"(列在"户型品质"类别下)2 项指标,相当于传统环境影响评价(EIA)的"水、气、声、渣"4 个环境要素指标。其中,居民对"隔音减噪"这一指标评价较低,作者分析这与本地区机动交通量的高速增长有密切关系,并认为是值得城市管理、规划设计和住宅开发人员重视的问题。参见:杜宏武.影响小区居住环境质量居民满意度因素——以珠江三角洲地区若干小区为例[J].城市规划汇刊,2002(5):48-54.

❷ 已完成的众多项目和规划环评报告在评价环境质量现状时习惯引用官方提供的邻近区域监测数据就此认定环境质量优或者劣。

划的关系;另一方面,为获得规划设计依据可以对特定区域的居民开展专题性问卷调查,如:分别在规划城市各典型道路断面附近(如:快速路、主干道、次干道、支路)居民点调查居民对噪声的主观感受,划出噪声实际影响区域;收集车流量数据、噪声监测数据、相关道路和住宅项目已完成的环评报告,用居民主观感受校核和修正环评预测模型和预测方法,为如何通过总规调整减轻噪声影响提供设计依据,尤其对新增规划居住用地如何避免噪声污染提供定量的类比指导。又如:调查总规拟保留主导工业用地附近居民点,了解现状工业用地对周边居住用地造成的直接影响,影响范围及影响程度。相关间接影响(如:上海浦东外高桥保税区货运交通量过大使周边居民出行环境恶劣)和累积影响,为不同用地之间的间距控制和配套设施的完善提供依据。再如:对于总规将会涉及到的居民反响强烈的各类邻避设施,如果现状已经存在,应调查各典型邻避设施附近居民的主观接受度,对于还未兴建规划拟建的邻避设施应对周边城市的居民进行类比调查。规划在确定居住用地与邻避设施的间距时除依据现行技术规范,更多地兼顾居民的主观接受距离。

最终,结合规划人员绘制的《建设用地现状图》,归纳居住用地现状布局存在的问题,列出从维护城市环境可持续性和保护居民身心健康的角度,"需调整的居住用地清单"或者"需调整的相邻用地清单"(保留居住用地为前提)。对于居住环境质量严重不达标,居民投诉强烈的,应及早进行居住用地或相邻用地置换,列入总规近期建设规划强制执行。

2)规划居住用地与其他用地兼容性分析

根据规划污染源分布状况、污染源强、确定合理的卫生防护距离,以避免居民遭受环境污染影响,据此考虑合理的居住用地选址。将居住用地与其他易产生污染源的主要用地类型一一进行环境兼容性分析,根据各影响因素的影响程度,划定居住用地禁建区和限建区,从而指导居住用地进一步在更适合分布的区域布局。

(1)与工业用地兼容性分析

根据"工业行业污染特性和防护要求分析"中得出的工业用地与居住用地的距离控制要求定量结论,划定居住用地禁建区、居住用地限建区(需限制住宅发展密度或居住人口密度)并确定具体限制值。

规划居住用地的选址如果原来是工业用地,还需简要评估是否存在土壤环境污染,如果土壤污染修复成本过高,在土壤修复资金未真正到位前,也应将该置换出来的工业用地列为居住用地禁建区❶。

(2)与交通用地兼容性分析

根据"交通噪声环境影响分析和距离控制"分析结论,以及规划年噪声空间分布图,划定居住用地禁建区、居住用地限建区并确定限制要求。

(3)与邻避设施用地兼容性分析

根据"邻避设施防护距离"分析结论,划定居住用地禁建区、居住用地限建区并确定限制要求。

3)用地适用性评定结论和空间管制要求

根据用地适用性评定阶段,各单个评价因子不同级别对规划用地类型、开发强度等的控制

---

❶ 杨泽生、李国铮等.房地产开发项目环境影响评价中几个需要注意的问题[J].上海环境科学,2007,26(5):219-222.

要求,指导居住用地的布局,如:空间管制的禁建区显然严禁建设居住用地;需要注意的是各类空间管制限建区对居住用地的开发强度也有限制要求,需在规划成果中予以明确,通过住宅发展密度分区予以控制。如:城市蓝线和绿线控制范围周边由于水景观和绿地景观较好,极易发展高密度住宅,从而使城市公共开放空间仅被少数人享用,同时对自然景观带来视觉污染。所以需要对城市蓝线、绿线、紫线控制范围外的居住用地开发强度进行限制。

同时,要考察规划新增居住用地是否尽量选择在闲置或未充分利用的存量建设用地上,采取填空式开发模式(infill development)❶,以避免侵占具有生态涵养功能的自然地表。规划新增居住用地是否是超越已建成地区的"蛙跳式"飞地开发,导致基础设施投资骤增,同时意味着巨大的资源、能源一次性投入及为维持城市居民日常活动而需要的长期性能源消耗(如远距离通勤)。

4) 健康影响评价

健康影响评价(HIA)是环境影响评价的一个重要分支。世界卫生组织(WHO)章程对"健康"的定义是不仅免受疾病和伤痛困扰,还要求生理、心理和社会交往均处于完全良好的状态。

目前国内已完成的总规环评报告尚没有专门设置健康影响评价专题。总规在前期资料收集和调研阶段也较少从所规划城市的卫生部门(一般是卫生局,上级行政主管部门是中华人民共和国卫生部)收集与居民健康状况分布相关的资料或进行部门访谈。欧盟国家随着"战略环评指令(2001)"出台,逐步要求在空间规划的战略环境影响评价中进行健康影响评价。Lone曾收集丹麦❷已完成的 100 项空间规划环评报告,对其中涉及公众健康的内容进行系统归纳总结。他指出,丹麦同美国等其他国家一样,存在着行政壁垒(institutional barriers),认为维护大众健康仅是卫生部门的专门职责。卫生行政主管部门不过问空间规划,对战略环境影响评价也充耳不闻。而规划人员对健康卫生原理知之甚少,因此要有效开展城市空间规划的健康影响评价,加强部门之间的协作,将卫生行业专业人员的意见纳入规划方案的制定和规划决策过程是重要前提。近年,随着人们对公共健康的重视,健康影响评估作为一种新工具逐步被引入到总体规划或城市设计中。美国北卡罗来纳州罗利市在制定《罗利市 2030 年总体规划》中就将健康影响评估作为新的关注要点,设立了相关的目标和指标,探索健康与建成环境的关系,力图将一些健康议题融入总体规划制定过程中❸。

因此,总规环评应加强这方面工作,从维护公众健康的视角对规划方案进行比选,评价各关键规划要素推荐规划方案会对公众健康带来正面影响或是负面影响。在城市规划中考虑公

---

❶　填空式开发(infill development),是指为进一步的建设和发展,尤其为了社区的健康合理再发展,重新利用已建好区域中留下的空地或荒废的房地产,充分利用好已有的城市基础设施,城市发展尽量不向开敞空间蔓延侵占自然地表。它可以减少对汽车的依赖,鼓励步行,最终达到节约能源、保护环境的目的。例如将以前的高尔夫球场重新开发为高密度、多功能的、拥有步行购物中心的社区。再例如,利用城区和郊区被保留下来的土地发展城市农业,为本地提供食品。

❷　瑞典在 2006 年发布了战略影响评价指南(The national SEA guidance)其中涉及人身健康的目标有:预防和阻止噪声污染;保证地下水质安全;保证淋浴水质;减轻城市空气污染;保证健康的居住环境;确保交通安全;提供休闲、户外活动的机会;确保安全辐射水平。另外,防止有害物质渗滤并积累在土壤中、防止农药渗入地下水中等目标也与维护公众健康有关。参见:Lone Kørnøv. Strategic Environmental Assessment as catalyst of healthier spatial planning:The Danish guidance and practice. Environmental Impact Assessment Review,2009,29:60 - 65.

❸　丁国胜,蔡娟. 公共健康与城乡规划——健康影响评估及城乡规划健康影响评估工具探讨[J]. 城市规划学刊,2013(5):48-55.

众健康议题,居住用地布局和住宅发展规划是健康影响评价的主要着力点。

2. 住宅发展密度分析

由于在城市总规层面缺乏合理的和完整的城市密度分区作为规划依据,开发总量过大和密度分布不合理是国内许多城市发展面临的一个主要问题。常出现"控制性详细规划的开发容量之和超过分区规划的开发容量、分区规划的开发容量之和超过总体规划的开发容量"等现象❶。密度分布不合理直接导致居住就业不平衡、居住与服务配套设施不平衡。同时,综合交通设施布局,尤其是公共交通设施选址需要明确的城市规划开发强度为依据。为了保证城市居民拥有良好的居住环境和生活品质,在城市总规层面对居住人口密度、居住建筑密度、居住用地容积率等相关指标进行控制确有必要。总规环评应该对住宅发展密度分区原则、依据等,从环境可持续的角度进行更细致考虑,为住宅密度分区提供定量化依据。

2007 版深圳总规把"城市建设密度分区"以单独章节写入总规文本,简要描述了密度分区原则、对 5 个密度分区进行了粗略定义,改变了以往国内大部分城市总规文本不提密度分区的做法。与美国❷、新加坡、香港❸等地单独针对住宅发展进行密度分区不同,2007 版深圳总规没有对居住用地的建设密度分区单独规定❹。因此,国内城市总体规划亟需增补、加强住宅发展密度分区规划工作,规划环评可从环境可持续性角度提出密度分区原则和定量要求。

虽然上海 1999 版总规的文本和说明书均未涉及密度分区内容,但上个世纪 80 年代编制的 1986 版上海总规❺却绘制了上海市中心城工作人口密度现状图、上海市中心城居住人口密度现状图、上海市中心城土地使用和建筑面积密度规划图。其中"上海市中心城土地使用和建筑面积密度规划图图纸说明"如下:

---

❶ 唐子来,付磊. 城市密度分区研究——以深圳经济特区为例[J]. 城市规划汇刊,2003(4):1-9.

❷ 2007 年编制的《美国加利福尼亚州首府萨克拉门托总体规划——土地利用(草案)部分》用每英亩允许的最大居住户数表示居住用地发展密度,用容积率(Floor Area Ratio,FAR)表示商业和工业用地的开发强度。居住用地分为低、中、高密度居住区。低密度居住区:1~12 户/英亩 2.5~30 人/英亩;中密度居住区:13~30 户/英亩 32.5~73.5 人/英亩(靠近商业用地、交通运输廊道、就业中心);高密度居住区:31~50 户/英亩 75~125 人/英亩(在密集商业中心地带、交通走廊和换乘站两侧、紧邻就业中心)。参见:County of Sacramento General Plan- Draft Land Use Element (May 30, 2007) 292 页。

❸ 《香港规划标准与准则》"第二章住宅发展密度"首先阐述了"制定住宅发展密度指引的作用":住宅发展密度是把可供使用的土地的发展或人口密度,以量化的形式表示出来。由于人口的分布情况对提供公共设施(例如运输设施、公用设施及社区基础设施)有重大的影响,所以管制住宅发展密度是有效规划土地用途的基本工作。其提出,住宅密度的综合规划原则包括:(a)必须设立一个住宅发展密度的分级架构,以满足市场对各种房屋类别的需要。(b)住宅发展密度应配合现有及已规划基础设施的容量和环境吸纳量所能负荷的水平。(c)发展项目所在的位置,应可鼓励居民使用公共交通工具,以减低交通需求。基于这个原则,较高密度的住宅发展应尽可能建于铁路车站及主要公共交通交汇处附近,以期善用发展机会,并减低对路面车辆交通的依赖程度。(d)住宅发展密度应随着与铁路车站及公共交通交汇处的距离增加而渐次下降。(e)在主要交通走廊或铁路车站服务范围以外的地方,倘设有足够的接驳交通工具以连接铁路车站及公共交通交汇处,也可考虑进行较高密度的住宅发展。(f)在高容量运输枢纽附近进行较高密度的住宅发展,意味着易受影响用途或会受到环境问题所滋扰。因此,进行规划时,必须周详考虑环境事宜,以确保符合环境目标,在适当时候更须纳入环境纾缓措施。(g)为避免城市形式单调乏味,并缔造更有趣的城市面貌,应考虑规划不同密度的住宅发展;以及(h)位于环境易受破坏地区,例如湿地、自然保育区、郊野公园和具特殊科学价值地点等附近的地点,则以低密度住宅发展较为协调,这样可确保这些环境易受破坏地区受到保育,并可尽量避免受人类滋扰。

❹ 深圳 2007 版总规文本用了 500 多字对 5 个密度分区进行了定性描述、扼要介绍了密度分区原则,但缺乏定量指标的规定,未对如何与下一层次控规如何衔接进行交代,可操作性不强。

❺ 上海市城市规划建筑管理局. 上海市城市总体规划(1986—2000)[R]. 1983.

建筑面积密度规划规定了各种用地的建筑密度和建筑面积密度的上限,作为详细规划和修建设计的依据,以利于提高城市土地使用的综合效益,防止土地浪费,同时也限制"见缝插针",无限度地增加建筑密度和建筑面积密度,使中心城臃肿状况得以减轻。通过建筑面积密度规划,还可以使上海城市的空间轮廓线有一个统一的、协调的控制。上海建筑面积密度规划按照土地使用功能、现状建筑面积密度、历史建筑保护、城市景观、环境条件、城市基础设施等因素规定五类土地使用性质、十一种建筑密度、建筑面积密度的规划控制指标;同时又按新区建设和旧区改建,中心地段和一般地段分别规定。第一类居住用地(R1)建筑面积密度0.6～1.0,建筑密度27%～40%;第二类居住用地(R2)建筑面积密度1.6～2.0,建筑密度30%～36%;第三类居住用地(R3)建筑面积密度2.5～4.0,建筑密度20%～30%;高层建筑及高层综合建筑用地(C、CR3)建筑面积密度8～12,建筑密度60%～80%。第一类工业用地、第二类工业用地、仓储用地等的建筑面积密度,详见《上海市城市总体规划方案》附表四。

1) 调查现状居住用地开发强度

调查现状居住用地规模及分布,包括:建成区、已批未建居住用地。历年居住用地批租情况、布局,住宅建筑总面积(亿平方米)、住宅人均建筑面积,住宅开发强度(容积率、建筑高度、建筑密度)及各强度分布;调查历年住房空置率指标;调查现状住宅能源使用效率。绘制现状居住人口密度分布图、现状就业人口密度分布图。结合"居民住房现状及需求调查"、"房地产开发项目土地存量调查"、"商品房空置状况调查"等调研成果分析现状住宅发展密度存在的问题,提出规划调整方案。

2) 制定规划住宅发展密度分区原则和标准

从环境影响角度制定住宅发展密度分区准则可从4大目标入手(表6.8):①避免居住用地遭受环境污染。即识别具有污染源特性的用地,以居住用地与其他用地环境兼容性分析结论为基础,制定居住用地密度控制上限标准。②避免居住用地上的人类活动对其他保护要素带来干扰及从综合防灾、住区安全的角度,制定居住用地密度控制上限标准。即根据用地适用性评定结论、三线控制、空间管制要求对居住用地的限建区提出住宅发展密度控制上限值。③实现居住服务平衡,就近、有效利用居住配套服务设施。即在与居民生活密切相关的各类用地周边保持较高的住宅发展密度,以提高公共设施使用效率,使土地价值得到充分体现。实现居住就业平衡。④其他目标要素。如:城市设计要求等。

3. 居住就业平衡分析

能够承载就业场所的用地类型(后简称"就业用地")主要包括:工业用地(M)、公共管理与公共服务用地(A)、商业服务业设施用地(B)。居住就业是否平衡,与居住用地与这3大类用地的空间布局形态密切相关。

互动式规划环评模式下,开展居住就业平衡分析的宗旨是为城市总规方案的形成提供直接指导,为居住用地选址、就业用地选址布局和居住密度分区、城市开发强度分区提供反馈和调整建议。

总规纲要阶段,在考虑城市总体空间格局、提出2～3个城市用地布局方案并进行比选时,就应加入居住就业平衡分析的内容。

表6.8　　　　　　　　　　　**住宅发展密度分区准则制定流程示意表**

目标、策略、行动		成果
目标1:使居住用地免受环境污染,促进公共健康 策略1:具有污染源特性的建设用地周边限制居住人口密度或住宅开发强度 行动1:各类用地环境兼容性分析		
1.1	工业用地污染特性:产生工业废气、粉尘、工业噪声等污染; 密度分区依据:根据"工业行业污染特性和防护要求分析"结论	划定居住用地 禁建区(即居住人口 密度=0;住宅发展密 度=0)
1.2	交通用地污染特性:产生噪声、振动、尾气污染; 密度分区依据:根据"规划年噪声空间分布图"等污染预测结论	
1.3	邻避设施用地污染特性:产生有害废气、电磁辐射、视觉污染、心理影响等; 密度分区依据:根据"邻避设施防护距离"要求,限制垃圾焚烧厂、垃圾填埋场、污水处理厂、变电站、机场、港口、核电站等邻避设施周边的居住人口密度	划定居住用地限建 区,明确居住人口密 度限制值(<? 人/ km²);住宅密度限制
1.4	商业设施用地污染特性:产生社会噪声、光污染等; 密度分区依据:根据规划环评预测结论	值<? 户/km²)及其 分布
1.5~	其他用地类型污染特性:…… 密度分区依据:……	
目标2:使其他保护要素免受居住用地上人类活动的干扰,保护生物多样性和生态服务功能,使居住用地免受各类灾害,保证住区安全 策略2:分析用地适用性评定各评定因子的控制要求、三线控制、空间管制各要素的限制要求 行动2:穷举空间管制要素,制定住宅发展密度控制标准		
2.1	保护水资源和水环境、水景观:限制水源保护区、水资源涵养区的居住人口密度以保护水源水质;限制湿地周边的居住人口密度以保护湿地生态环境;河湖水体两侧、滨海地区出于视觉景观要求限制居住人口密度(建筑高度)	划定居住用地 禁建区(即居住人口 密度=0;住宅发展密 度=0)
2.2	保育自然生态系统,促进生物多样性,维持自然生态景观:限制法定或非法定自然生态系统区域内及周边过渡带居住人口密度,以低密度住宅发展以确保这些环境易受破坏地区受到保育,并尽量避免受人类滋扰	
2.3	保护人类社会历史文化遗产地及周边环境:限制人类社会历史文化遗产地及周边居住人口密度	划定居住用地限建 区,明确居住人口密 度限制值(<? 人/
2.4	综合防灾、卫生防疫,保证住区安全:限制洪灾、不良地质灾害、台风等城市灾害影响范围内的居住人口密度;人口密度分布符合流行疫病防御要求	km²);住宅密度限制 值<? 户/km²)及其
2.5	保护农业生产用地:限制耕地、农业用地和城市建设用地交界地带居住人口密度,避免人口密度过高导致过度开发对农业用地侵蚀	分布
2.6	保护城市近郊自然景观、避免城市化侵蚀:近郊地区的发展密度应远低于市区,保护优美的乡郊自然景观,以免乡郊受到市区发展侵占	
2.7~	其他保护目标,限制要素,限制要求	

续表 6.8　　　　　　　　　　**住宅发展密度分区准则制定流程示意表**

目标、策略、行动		成果
目标 3：保证居住用地所需配套服务设施有效利用、就近享用，并与设施容量匹配；居住就业平衡		
策略 3：对居住用地与相关配套服务设施用地进行协调性分析		
行动 3：按照节约资源、降低能耗、物耗、环境污染原则，制定配套服务设施周边住宅发展密度标准		
3.1	公共交通枢纽设施用地：较高密度的住宅发展应尽可能建于铁路车站及主要公共交通交汇处附近，以善用发展机会，并减低对路面车辆交通的依赖程度	划定居住用地限建区，明确居住人口密度限制值（>？人/km²）；住宅密度限制值（>？户/km²）及其分布
3.2	公共管理与公共服务设施用地、商业设施用地：教育、医疗等公共服务中心、商业中心与公交枢纽结合，附近鼓励高密度居住人口，为公共交通和步行、自行车交通提供便利，减少私车使用率，以降低汽油消耗和尾气污染	
3.3	绿化广场用地：使居民能充分就近享用游憩和户外活动设施，促进居民身心健康	
3.4～	实现居住就业平衡等	
目标 4：其他目标要素		
4.1	限制大面积低密度居住用地的开发 减少土地资源消耗；避免过分依赖私人汽车增加交通成本和能耗（大面积低密度住宅开发使步行可达性降低；减少电力、燃气、水等传输市政基础设施的投资（住宅发展密度应配合现有及已规划基础设施的容量和环境吸纳量所能负荷的水平）	划定居住用地限建区，明确居住人口密度限制值（>？人/km²）；住宅密度限制值（>？户/km²）及其分布
4.2	为避免城市形式单调乏味，并缔造更有趣的城市面貌，应考虑规划不同密度的住宅发展，基于城市设计的理由提供不同的城市设计形式	
4.3～	满足市场不同需求，城市密度分布应当遵循微观经济学的区位理论，确保土地价值得到充分实现（利润最大化）	

资料来源：作者整理。

1）平衡空间尺度的选取

居住就业平衡分析是以特定的空间单元为衡量基准。因此，研究空间尺度的选取是分析的首要步骤。应根据设定的规划目标，在城市总规规划范围内划分若干研究区域，作为平衡分析的对象。如：对于一个人口规模和用地规模均较小的城市，如果设定的规划目标是步行、自行车交通占总通勤交通比例的 80% 以上，按照自行车适宜最大行驶距离 7km，行驶时间 30 分钟，步行适宜最大行走距离 1.5km，步行时间 15 分钟计，最大在 150km² 范围内实现居住就业平衡。具体的平衡空间尺度大小和划分还应结合城市现状、公众意见调查、规划路网结构、行政分区、统计数据的可获得性等综合考虑。对于大城市，为了减少分析工作量，应选取重要、典型区域作为居住就业平衡分析对象。

2）居住就业平衡现状调查

按照表 6.9，调查各项数据，对所选取各研究区域的居住就业平衡现状和历史趋势进行分析，判断研究区域是居住功能为主导的区域还是就业功能为主导的区域，并剖析其形成机制，对现状用地布局方案调整和规划策略调整提出建议。其中，④区内常住有业人口在区外就业人数、⑥来自区外的就业人口数和⑦区内工作供需差额这 3 项数值越大，说明居住就业越失衡。

表 6.9   **居住就业平衡现状调查表**

调查项目	常住人口	常住有业人口	区内常住有业人口在区内就业人数	区内常住有业人口在区外就业人数	区内能提供的就业岗位数	来自区外的就业人口数	区内工作供需差额	家庭户数	住宅套数
编号	①	②	③	④	⑤	⑥	⑦	⑧	⑨
研究区域1									
研究区域2									

表中：⑦区内工作供需差额＝⑤区内能提供的就业岗位数—②常住有业人口；

②常住有业人口＝③区内常住有业人口在区内就业人数＋④区内常住有业人口在区外就业人数；

⑤区内能提供的就业岗位数＝③区内常住有业人口在区内就业人数＋⑥来自区外的就业人口数。

资料来源：作者整理。

表 6.9 主要反映的是数量上是否平衡，全面的就业与居住均衡分析，应包括数量和结构两个层面。前者是测度研究范围就业岗位与居住人口总量之间的均衡关系，后者是分析就业岗位与居住人口之间结构上的真实对应和均衡，但后者往往难以获取分析所需的相关信息，仅能进行定性分析。

3）城市总体规划方案的居住就业平衡分析

要对规划远期的居住就业平衡状况进行分析，需要规划方案提供规划远期的相关定量数据，如各研究区域在规划远期的就业岗位数、住宅单元数或居住人口数。所提供的规划数据应与规划方案对应，要保证规划数据推求本身科学合理，并根据分析结论对规划方案的调整形成反馈(图 6.22)。

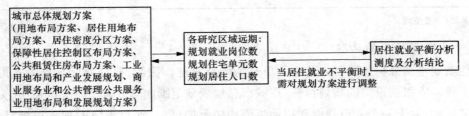

图 6.22   居住就业平衡分析结论对城市总体规划方案的反馈调节

资料来源：作者自绘。

[居住就业数量均衡的测度方法]

研究者常采用 Cervero 首次提出的"就业人口数/住宅单元数(J/R)"比值作为就业和居住均衡的衡量指标。当假设每户一人就业，每户拥有一处住宅单元时，平衡指标的理论值为 1。一般认为，J/R 在 0.75～1.25 之间时，可推论所分析的空间单元处于居住就业平衡状态。当双薪家庭增加，一户多宅或多户一宅情形普遍时，J/R 比值的临界范围应修正为介于 1.0～1.5 之间[1]。

孙斌栋[2]等采用就业居住偏离度指数对上海市各行政辖区的居住就业均衡状态进行测

[1]   王大立，刘政宏.台湾地区工作——居住平衡之研究[C]//1999 年台湾地区住宅学会第八届年会论文集：67-75.

[2]   孙斌栋，潘鑫，宁越敏.上海市就业与居住空间均衡对交通出行的影响分析[J].城市规划学刊,2008(1)：77-82.

度。即"j区第i年份的就业居住偏离度指数＝(j区第i年份就业人口数/全市第i年份的就业人口)/(j区第i年份的常住人口数/全市第i年份的常住人口)"。

6.5.3.2　互动式环评流程设计

在用地适用性评定和空间管制的基础上,进行居住用地布局环境适宜性分析,进一步划分出居住用地禁建区、限建区和适建区范围,对居住用地布局规划提供指导,同时也为住宅发展密度分区提供定量依据;在多个用地布局方案比选时,进行不同方案的居住就业平衡分析,住宅发展密度分区同时要考虑居住—就业平衡、居住—服务设施平衡的要求,优化后的互动式居住用地和住宅发展规划流程如图6.23所示。

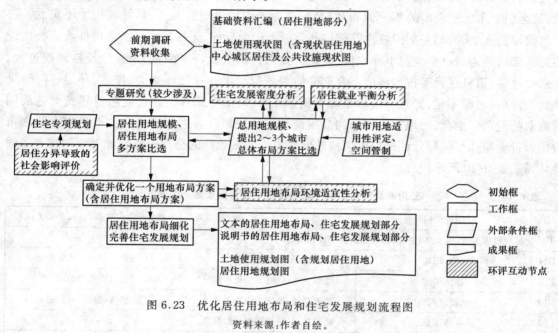

图 6.23　优化居住用地布局和住宅发展规划流程图

资料来源:作者自绘。

6.5.4　本节小结

人是环境影响评价的重要保护目标,改善人居环境是城市规划的宗旨。因此对城市总规中居住用地和住宅发展规划进行评价是规划环评的重要内容。

(1) 相关主题:①"环境隐患住宅用地"日益增多。"环境隐患住宅用地"是指用地所处区域环境质量差或存在环境安全隐患,不适合人群居住;用地所处区域适合人类居住,甚至环境质量很好,但却对生物多样性、公共利益和城市整体的可持续发展带来破坏;②住宅建设规模过大,用地透支严重;③居住就业不平衡;④居住空间贫富分化。

(2) 互动式环评流程。在用地适用性评定和空间管制的基础上,进行居住用地布局环境适宜性分析,进一步划分出居住用地禁建区、限建区和适建区范围,对居住用地布局规划提供指导,同时也为住宅发展密度分区提供定量依据;在多个用地布局方案比选时,进行不同方案的居住就业平衡分析,住宅发展密度分区同时要考虑居住—就业平衡、居住—服务设施平衡的要求。

6.6 公用设施用地与相关规划[1]

公用设施规划是城市总体规划的重要内容,其涉及专业领域广、行业主管部门多,规划协调工作量大;且涉及几乎所有的资源要素和环境要素的配置,其规划、建设、运营是否合理直接关系到城市可持续发展状况。

国内城市建设"重地上,轻地下",重表面工程、政绩工程[2]的做法使主要敷设于地下的公用设施系统的规划建设长期缺乏重视和监管,已逐步积累诸多问题,严重制约了城市可持续发展,包括:①线路布局混乱,质量差、漏损严重,既浪费所输送的介质也污染了地下水和土壤环境,甚至引发重大安全事故[3]。②(市政)公用设施的用地以划拨为主,易导致用地不集约。部分市政设施选址时,相关部门往往以部门利益最大化为目标,无视技术经济合理性。③公用设施运营部门多为国有企业或事业单位,建设资金来自国家投资或融资,易发生设施规模过大、冗余度过高、重复建设等技术经济不合理等浪费现象。④既存在环境类(排水、环卫、环保)设施建设滞后,供给不足,导致环境质量降低的状况[4];又存在配套设施过度超前建设而造成闲置浪费的现象。由此,对城市总规中的公用设施相关规划内容进行环评应注重发掘由国内市政相关行业特性可能导致的环境不可持续问题。本节所包括的公用设施用地类型与相关规划具体涵盖表6.10所示内容。

表6.10   公用设施用地类型与城市总规中各专业规划一览表[1]

U	公用设施用地	对应城市总规中的各项专业规划	相关行业主管部门(以上海为例)
U1	供应设施用地(供水、供电、供燃气和供热等设施用地)		
U11	供水用地	给水工程规划	上海市水务局供水管理处
U12	供电用地	能源规划:供电工程规划部分	上海市电力公司
U13	供燃气用地	能源规划:燃气工程规划部分	上海燃气(集团)有限公司
U14	供热用地	能源规划:供热工程规划部分	——[2]
U15	通信设施用地	通信工程规划:邮政、电信部分	上海市邮政局
U16	广播电视设施用地	通信工程规划:无线电、广播电视部分	上海市通信管理局、上海市文管局[3]
U2	环境设施用地(雨水、污水、固体废弃物处理和环境保护等的公用设施及其附属设施用地)		

[1] 欧阳丽等.互动式城市总体规划环境影响评价促进市政公用设施的可持续性[J].现代城市研究.2012,(11):8-13.

[2] 比较典型的实例就是我国很多城市出现的污水处理厂(地上政绩工程)早早建成,但污水管网工程(地下非"政绩工程")迟迟不配套导致污水处理厂处理水量不够、不能正常运营。

[3] 2013年11月22日,位于青岛的中石化输油管道发生爆炸,共造成62人遇难,136人受伤。事故主要原因是输油管道腐蚀破裂,原油泄漏,现场处置人员使用不防爆的液压破碎锤进行钻孔粉碎,产生撞击火花,引爆了暗渠的油气。原油泄漏之后到爆炸8个多小时期间,泄漏的原油形成的混合气体在排水暗渠中急剧蔓延、扩散,从而导致在大范围内连续发生爆炸。规划设计不合理是此次事故暴露出来的突出问题之一,事故发生地段规划建设非常混乱,油气管道与周边建筑物距离太近,特别是输油管道与暗渠交叉工程设计不合理,存在重大隐患,"设计部门、市政部门对此负有不可推卸的责任。"参见:蔚力.青岛输油管爆炸致经济损失7.5亿元事故原因查明[N].中国新闻网.2014-01-09.

[4] 城市建设时序混乱,城市基础设施严重不足和重复建设浪费并存。房子成片盖起来,但道路、供水、排水、供热等基础设施长期不配套,这种先盖房后修路、再修下水道的错误建设时序,造成污水横流,建筑垃圾遍地,绿地大量被占用,城市的生活环境质量长期低下。

续表 6.10　　　　　　　　公用设施用地类型与城市总规中各专业规划一览表

U21	排水设施用地	排水工程规划(污水、雨水)	上海市水务局排水管理处;上海市排水公司
U22	环卫设施用地	环境卫生设施规划	上海市绿化和市容管理局
U23	环保设施用地	环境保护规划	上海市环境保护局、上海市绿化和市容管理局
U3	安全设施用地	综合防灾规划	——④
U31	消防用地	综合防灾规划:消防规划部分	上海市消防局
U32	防洪用地	综合防灾规划:防洪规划部分	上海市水务局水利管理处

① 依据 2012 年 1 月 1 日实施的《城市用地分类与规划建设用地标准》(GB 50317—2011)整理。另外,H3 区域公用设施用地(为区域服务的公用设施用地,包括区域性能源设施,水工设施,通信设施,广播电视设施,殡葬设施,环卫设施,排水设施等用地)和 H25 管道运输用地的一部分也属于区域层面的公用设施用地类型。依据 GB 50137—2011"表 3.2.2 城乡用地分类和代码",H 指"建设用地"。依据 GB 50137—2011"表 3.3.2 城市建设用地分类和代码","供水用地(U11)、供电用地(U12)、供燃气用地(U13)、供热用地(U14)、通信设施用地(U15)、广播电视设施用地(U16)属于"供应设施用地(U1)";排水设施用地(U21)、环卫设施用地(U22)、环保设施用地(U23)属于"环境设施用地(U2)",U 指"公用设施用地"。

② 上海无城市集中供热系统。

③ 上海有 5 家通信单位:上海市电信有限公司、上海移动通信有限责任公司、中国联通有限公司上海分公司、中国铁通上海分公司;有线电视由东方有限网络有限公司经营。

④ 国内尚无对城市综合防灾实行统一监管的行政主管部门。

资料来源:作者自绘。

6.6.1　相关主题及与环评的联系

6.6.1.1　"以需定供"使设施规模缺乏约束,过度建设

供应类和环境类公用设施可分为"源设施"和"汇设施"两大类型。"源设施"(供给设施),如:供水、供电、供气、供热、电信和广播电视设施输出信号源。"汇设施"(收集设施),如:排水、环卫等。

预测用水量、用电负荷、供热负荷、燃气消耗水平、雨污水产生量、垃圾产生量等是进行该类设施规划设计的第一步,预测结果直接决定了相关公用设施规模大小,如:给水厂处理规模(万 t/d)和用地规模(hm^2)、给水干管管长、管径等。目前多采用"人均负荷指标×总人口规模"的负荷预测模式。近年由于各轮城市总规预测的总人口规模持续递增,人均负荷指标选取基于生活消费水平逐步提高的趋势,也倾向于取指标上限,导致频繁修编的总规中的"点状设施"和"线状设施"规模持续增加。公用设施连年持续增长至今,部分城市某些供应类公用设施已出现过度超前、闲置浪费的倾向。如:就城市规划中需水量预测问题,邵益生曾指出:部分地方存在需水量预测过大问题。例如西北某地预测 2030 年工业用水相当于目前北京、天津、上海(不含电力)3 个直辖市工业用水总量之和的两倍。需水量预测过大可能导致供水设施建设过度超前,甚至是重大工程的决策失误,进而使政府背上沉重的财政负担,成本上升还可能导致供水企业亏损,或让消费者承受更高的水价❶。

---

❶ 邵益生:系统规划助解城市水"难"[J].城镇供水,2010(6):14-16.

　　一方面,规划设计人员长期在"以需定供"思维惯性引导下,不断增大负荷预测规模,另一方面各行业主管部门在当前体制下也乐于把设施规模做大。如:电力行业作为国企,电力设施资金是向发改委申请,电力设施用地也是国家划拨,只要有项目,规划、设计、建设等电力相关企业就能获得源源不断的经费得以更好维继,其对新增电力设施已形成了惯性依赖。

[与环评的联系]对负荷预测量和设施规模进行环境合理性分析

　　预测市政设施规划负荷量是《城市规划编制办法实施细则》的规划内容要求,故成为总规文本的必备内容。在当前,资源、能源日益紧缺的约束条件下,规划人员需要逐步转变思维模式,引导城市向适度、节约消费水、电、气、热的模式转变❶。相反,对于"汇"设施,应尽量通过各种规划途径减少雨、污水总量、固废总量以减少汇设施需求和规模。基于资源、环境承载力的紧约束条件对负荷预测量和设施规模进行复核应作为规划环评的关注点。

　　不过,对于专业部门分工日益完善、市政专项规划已有专业主管部门主持编制的城市,各专业系统发展战略和发展政策、规划负荷量的预测、点状设施和线状设施的规模预测等应主要在各专项规划中落实,负荷预测量和设施规模是否合理应该由市政专项规划的环评报告进行论证。城市总体规划在市政公用设施规划的工作重心应进行调整,总规应侧重在多专业整合、统筹协调,设施用地的空间落实及与周边用地的衔接上。

6.6.1.2 "人定胜天"跨域调度工程使自然环境过度改造和破坏

　　近年国内先后实施西气东输、西电东送、南水北调等巨型跨区(流)域调度工程,试图缓解局部地域资源、能源紧张的局面,此举对受益区域的经济发展犹如注入了"强心剂"。此类巨型工程对沿线自然生态、水文地质环境等造成了极大扰动❷。早期"引滦入津"最终带来无水可引的结局已充分证实,过度改造自然地表、违逆自然规律的此类工程措施仅可作为迫不得已,偶尔施用的"强心针",只能用于救急,不能当一日三餐食用。然而,这个道理却未被受益城市充分认知。某些规划环评机构也犯了把急救室的"强心针"当家常便饭服用的错误。其在水资源承载力分析或相关能源承载力分析评价时把跨区域调度资源作为供需平衡计算中正常可供给资源量,由此得出乐观的评价结论,产业规模和人口规模由此可恣意增大。如同生病的人不是靠强身健体、戒除不良习惯等途径来恢复正常的新陈代谢、自主呼吸功能(对应城市而言,就是采取生态修复、水源涵养、节水、节能等措施),而是倚靠药物和呼吸机维持生命,最终导致机体衰败的后果。

---

　　❶ 水利专家钱正英院士曾指出:"许多地方的水利规划提出,当地的水资源分布不适应当地的经济发展。我们也可换一个方向来思考问题:当地的经济发展方式是否适应当地的水资源分布?"参见:邵益生:系统规划助解城市水"难".城镇供水,2010,(6):14-16.

　　❷ 2008年12月6日,湖北省环保局副局长邹清平向该省人大领导汇报工作时介绍,一旦调水(实施南水北调)后,汉江中下游的径流量将减少,江水的自净能力下降,尤其是汉江中游襄樊市汉江段的水环境问题将更加突出。水流减少、流速减小、水位下降,水体纳污能力降低,将导致汉江"水华"发生的概率增加,从而加大汉江支流与支流水污染的治理难度。湖北省环境科学研究院总工程师沈晓鲤在接受记者采访时称,调水后,汉江中下游航运条件好的中水位历时大幅度减少,航运保证率降低,成本增加。航运条件好的800~1800m³/s的流量将由平均每年出现8个月左右下降到3个月左右。此外,合适的鱼类越冬场、肥育场所面积减少,水温降低,不适合鱼类生存的因素增加。参见:南水北调后4年完工 汉江生态风险可能成难题.21世纪经济报道,2008-12-11.

[与环评的联系]审慎建设巨型工程,节制资源短缺城市的发展

对生态系统具有巨大扰动作用的巨型市政工程应审慎建设。对于必须倚靠跨区(流)域调度才能满足供水、供电、燃气等需求的城市,应对其从多角度明确限制条件,如:产业发展规模、工业用地规模、人口规模、居住用地规模等,人均水耗、电耗、气耗指标也应从紧。资源、能源自给自足比例、可再生能源所占比例应作为衡量城市发展可持续性的重要指标。国家、地方必须出台相应的控制指标和政策作为规划环评的刚性依据。

6.6.1.3　环境不可持续的专业系统设计

以排水系统为例,长期以来,排水系统的规划目标局限于规划足够的排水管道和污水处理设施把预测规划期末产生的污水经处理、雨水经收集后排入水体。直至近年,随着城市内涝日益严重、水体污染、水资源短缺等诸多问题交织,设计人员才"猛然"意识到排水系统不是一个孤立封闭的系统。规划目标仅限于增设人工排水系统和处理构筑物,是把复杂问题简单化,且忽视了城市化进程中的其他人类改造活动会对排水系统造成重大影响(表6.11)。规划者漠视了水的自然循环规律,对水的自然循环规律缺乏必要的尊重,未从水体的自然循环规律中汲取精华,过度依赖人工系统。导致目前国内很多城市的雨水必须完全依靠泵站提升才能外排,电耗和运营维护成本大大提高,缺少环境效益。一个极端案例就是早年被中止的深圳"大截排"方案:深圳曾提出在城市地下挖一条 35km 长的巨型隧道,把原来布局的 9 个污水处理厂取消,然后把污水、雨水收集送到珠江口经简单处理后再排放。仅设计就花了 2000 多万元,历时 2 年。经反复论证因负面影响较大,被中止❶。规划设计人员满足于遵循教科书和设计规范开展工作(相关教科书和技术规范近 50 年几乎没有全面修订),无视城市排水系统实施现状和现实问题,虽然规划成果完全符合技术规范要求,却是"纸上谈兵",缺乏现实指导意义。排水系统的"规划—设计—建设—运营"之间缺乏反馈和联动机制,最终导致城市排水系统问题重重,水体污染,内涝不断。排水系统规划设计亟待向环境可持续模式转变。

表 6.11　　　　　　　　　　　人类活动对排水系统功能的影响

人类活动	对排水系统影响
填埋各类水体,缩小水面率	使原来设计的雨水排放口没有出路,导致上游整套排水管网失效;雨水无法就近排放,转输距离过长,过度依赖泵站排水;使自然水体的雨水调蓄功能丧失,加重人工排水系统负担
硬化大量自然地表,不透水面积率上升	改变了雨水径流系数,使按较小径流系数设计的雨水管径偏小;气候变化使暴雨强度增大、极端气象条件频现,也使按较小重现期设计的雨水管径偏小
城市用地发展方向和用地规模不确定,随意蔓延	用地变动过于频繁令市政专项规划无所适从,使得按照上一轮总规用地布局完成的排水专项规划,放在修编后的用地规划图中审视,排水走向和设施布局显得极不合理。因此,土地使用规划按照既定规划严格实施,是市政规划系统合理性的前提

---

❶　仇保兴.重建城市微循环———一个即将发生的大趋势[J].城市发展研究,2011,18 (5):1-13.

续表 6.11   人类活动对排水系统功能的影响

人类活动	对排水系统影响
竖向规划设计未考虑对地表径流流向和重力管敷设的影响	虽然《城市用地竖向规划规范》对总规、控规两阶段、四层次竖向规划内容、深度均有要求，但实际完成的总规成果几乎不考虑竖向问题，即使是控规编制的竖向规划也仅解决道路竖向标高，忽视通过竖向规划达到蓄滞雨水的目的。导致该低的地方（渗水性强的绿地、林地）不低，使雨水向不透水区域汇集，增加排水管道负担；管道坡向和地面坡向不一致，使管道埋深增加过大，增加泵站数量和扬程
分期实施计划不确定，地块开发时序未考虑排水管网近远期衔接	总规编制时各地块分期实施计划尚不确定，难以近远期结合考虑设计方案。地块分区开发实施时，原来规划的管网系统被肢解，近期局部可行的规划方案从长远看不合理。最终造成污水从起端到末端路线曲折，转输距离增大，不得不过度依赖泵站转输
地下污水、雨水管道资金投入不足，建设滞后	初期投入不足，仅随道路建设敷设雨水管，地面建筑物生产、生活产生的污水无路，只有临时排入道路下的雨水管。由于地下管线隐蔽性强，监管难度大，临时出路最终变为永久出路，导致雨、污水混流。当污水管道后期敷设后，也会有用户将室内雨水管随意接至市政污水管，相当于一条道路下存在两根性质一样的合流管，造成分流制初衷难以实现，投资浪费。由于污水混接入雨水系统，造成污水通过雨水管道直接排入水体影响河道水质，而混接入污水系统的雨水会造成污水厂在雨天超量溢流
地下排水管网通常滞后于城市污水厂的建设	很多城市污水处理厂（地上政绩工程）早早建成，但污水管网工程（地下非政绩工程）迟迟不配套。造成进入城市污水厂的污水量或污水水质远低于设计值，使污水处理厂长期处于低负荷运转状态。总磷、总氮去除率低，不得不考虑另外添加碳源以使污水处理厂正常运行

资料来源：作者整理。

环境不可持续的专业系统设计在其他公用设施规划中也同样存在。普遍缺乏对专业系统进行全生命周期环境影响分析，没有考虑所规划的公用设施系统在建设、运营过程是否高耗电、高耗水等。以能源系统规划为例，长期以来规划人员仅按照生产、生活等需求分别进行燃气、电力、供热等专业系统的常规设计。比较而言，国外已将环境可持续理念在其规划技术规范中充分体现。如：《加州总体规划指南 2003》的能源部分（Energy Elements）充分论述了土地利用模式和交通模式对能源需求的巨大影响，提出有效利用和节约使用能源的规划目标和规划手段，论述了各类可再生能源的规划原则❶。

[与环评的联系]进行市政公用设施自身的环境可持续性分析

市政公用设施规划涉及多个专业和行业领域，并受各专业领域科学技术发展水平影响。专业系统自身的环境可持续性应主要通过对行业主管部门主持编制的专项工程系统规划的环评来实现，总规环评的重点在于衔接和整合。

6.6.1.4　缺乏区域统筹、设施共享与整合

公用设施规划涉及行业主管部门众多，部门之间协调难度大，导致技术可行的诸多整合规划措施难以推行，导致地下空间无效利用率高、管线综合规划效果差、已建管道共同沟利用率低等诸多问题，尤以通讯工程系统设施重复建设最为严重。另外，受部门分割、行业垄断的影

---

❶　Governor's Office of Planning and Research. State of California General Plan Guidelines. 2003:112-116.

响以及行政区划的限制,区域公用设施共建共享机制尚未真正形成,公用设施建设缺乏区域统筹。

[与环评的联系]设施共享、整合性分析

重复建设除无效占用大量空间,还意味着资源、能源浪费,加大无效的环境投入,应予以杜绝。规划环评应对公用设施是否充分实现共享与整合进行分析,优化规划方案。

6.6.1.5　忽视邻避公用设施扰民问题

"邻避",即英文"NIMBY(Not in my Backyard)"。邻避主义(NIMBYism)是指"当地民众虽然心中认同邻避性设施建立的必要性,却反对这些设施设置在自家后院的情绪反应"。这些具有负外部性的公用设施,称为"邻避公用设施"❶。住宅变为私产、物权法颁布、民众维权、环保意识提高,使居民对住宅周边的邻避设施愈发敏感。然而,近年各城市诸多重大邻避设施选址布局时并未充分考虑与居住用地等敏感保护目标的合理间距。相反,随着土地日益紧缺和土地财政的巨大诱惑,众多城市出现了商住用地全面包围邻避设施用地的局面。解读已实施的众多城市总体规划成果,均表明城市总规编制时忽视了邻避设施扰民问题❷。除去规划实施管理不当的原因,有众多扰民邻避公用设施用地和投诉民众所住的居住用地均是符合该城市总规、控规等各层次规划的,因此公用设施规划设计缺陷也是导致邻避设施扰民问题的原因之一。

[与环评的联系]公用设施选址论证、邻避设施周边用地控制

市政邻避设施扰民事件一旦发生,既影响城市居民正常生活,又使支撑城市运转的各类重大基础设施无法落地,影响城市功能有效发挥。市政邻避设施具有"环境污染源"的特性,因此应列为规划环评重点关注对象。目前已完成的总规环评报告对此重视不够。

6.6.2　常规流程梳理和流程分析

由于诸多因素❸,当前城市总体规划阶段的(市政)公用设施规划指导性差,常形同虚设。城市总规中各项公用设施规划理应起到的全局性、统筹性、整合性、前瞻性作用难以发挥。经过近几十年的发展,大多数城市各行业主管部门已从无到有,逐步形成专项工程系统规划编制惯例。然而,指导城市总规中各专业工程规划编制的技术规范,并没有根据各行业系统的发展变化实际,调整编制思路、转变规划内容和工作重点,城市总规的专业工程规划与行业主管部

---

❶　郑卫. 城市公共设施规划冲突研究[D]. 上海:同济大学建筑与城市规划学院,2009.

❷　欧阳丽等. 从江桥垃圾焚烧厂事件看城市规划环评之必要[C]// 2010 工程规划学术委员会年会论文集. 长春. 2010.

❸　近十多年来,城市总规进行修编的真正目的是扩增城市建设用地,所以城市总规成果中除用地规模和土地利用规划图以外的规划内容,委托方(地方政府)并不在意。包括其中的市政公用设施规划,只要形式上满足技术规范的基本要求,能应付就可以。由此,导致部分规划编制机构逐步降低自我要求,包括对专业人员的投入逐渐减少,所有的专业系统规划均由非专业人士代劳,其往往只具备能够理解和看懂专业系统规划文本和图纸的能力,其规划设计的成果不出现大的原则性错误和明显的技术缺陷已是万幸。非专业的人员进行市政公用设施规划更多的时候是照搬收集到的行业主管部门的专项规划,断章取义地选取部分成果直接为己所用。最终导致规划成果粗糙,徒有其表,陷入流于形式的境地。

门主持编制的专项规划内容重复、规划事权不清。

　　2006 年 4 月 1 日起施行的《城市规划编制办法》要求城市总规需综合协调并确定城市供水、排水、防洪、供电、通讯、燃气、供热、消防、环卫等设施的发展目标和总体布局。然而,现有大多数总规根本难以承此重任。由于规划单位几乎不配备电信、燃气等专业人员或人员配置不足,公用设施规划内容的撰写大多由非市政专业人员代笔,以应付为目的。导致公用设施规划编制质量常年得不到提升,规划成果缺少创新,技术规范陈旧。集约、整合、可持续发展等新理念未能及时注入规划目标中。规划人员无暇或无力深刻洞悉现实问题,基于超前的理念、站在战略的高度,对市政各专业系统未来 20 年的长远走向进行整体预测。城市总规难以起到城市发展总纲的引领作用,也无力指导专业系统部门的专项规划的编制。以通信工程规划为例,对于目前电信设施重复建设的局面,总规并未能提前预见到,并提出规划预控措施和策略。

　　公用设施规划与城市总规的其他规划内容关系密切,如:总规确定的总人口规模、总用地规模、各类型用地规模是进行负荷预测的依据;总规初步确定的用地布局图和路网规划图是市政公用设施的规划底图,管道线路一般沿规划路网进行布置。同时,各类点设施位置和用地规模确定后,需要反馈给负责用地布局规划的人员,将其在"用地布局规划图"上以公用设施用地(U)的图例表示。但规划人员经常是将市政公用设施用地一摆了事,往往忽视设施选址与周边用地是否环境兼容。尤其是邻避设施用地,应该与周围用地保持多大间距、应该尽量避免与哪些用地紧邻缺乏论证考量。更有甚者,一些专业规划图上的规划市政设施"忘记"在用地布局规划图上表示,这对规划人员来说,可能是不足挂齿的设计缺陷。但城市发展实践表明,规划的极小缺陷可能会导致重大的现实问题❶。常规公用设施规划流程见图 6.24。

6.6.3　环评互动节点和互动式环评流程

6.6.3.1　环评互动节点

1. 规划协调性分析

　　目前,国内城乡规划体系中的公用设施规划与相关行业主管部门主持编制的行业专项规划之间如何分工在制度上缺乏清晰界定,导致规划编制者无所适从。大多数城市总体规划是把各行业主管部门主持编制的专项规划成果直接或有限修改后"纳入"到自己的规划框架内,

---

　　❶　以上海为例,如果把 1999 版上海总规的环评设施规划图和土地使用规划图进行叠合,可见:除江桥垃圾焚烧厂在环卫设施图的位置对应在土地使用规划图上是市政公用设施用地以外,其余 7 座垃圾焚烧厂在环卫设施图对应的位置在土地使用规划图上均不是市政公用设施用地。如:高南焚烧厂对应的用地性质是生态敏感区和建设敏感区、颛桥垃圾焚烧厂对应的用地性质是绿地、御桥垃圾焚烧厂上对应的用地性质是工业用地。显然,当时的规划编制人员"忘记"把环卫设施规划图上的环卫设施用地在绘制土地使用规划图时标示为市政公用设施用地了。同时表明,该规划的设计人员根本就没有仔细考虑过像垃圾焚烧厂这样的邻避设施如何与居住用地等敏感目标尽量规避的问题。对于要体现大量专业系统要素,复杂、综合的城市总体规划,这一点"小小的"遗漏可能在规划设计行业不足挂齿,甚至习以为常。但如果联系到 2007 年江桥垃圾焚烧厂扩建消息传出后,周边居民对此项目的强烈反对、层层投诉引发的社会矛盾就不应认为这是小的设计缺陷了。99 版上海总规土地使用规划图中,除在江桥垃圾焚烧厂西面规划为外环绿带、正北面规划为绿地和工业用地以外,紧邻市政公用设施用地的南面和东面除东面少量对外交通用地以外几乎全部规划为居住用地,在江桥垃圾焚烧厂的东南方的真如规划了大量公共设施用地,也就是现在正在实施的真如城市副中心。在 99 版上海总规文件和后续的相关控规文件中没有任何规划文件对垃圾焚烧厂周边的人口密度、建筑容积率等作出开发限制。规划中对邻避设施的周边用地不加控制导致江桥垃圾焚烧厂外 3 公里以内总居住人口已达 30 万,最终导致居民不满,引发社会矛盾。参见:欧阳丽等. 从江桥垃圾焚烧厂事件看城市规划环评之必要[C]//2010 工程规划学术委员会年会论文集. 长春. 2010.

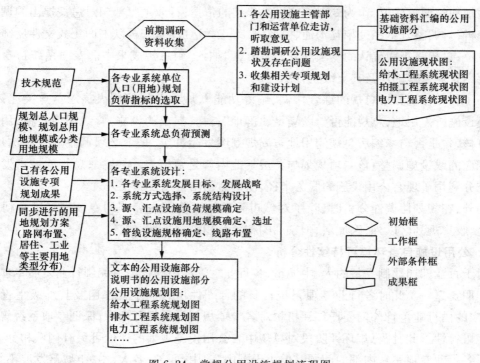

图 6.24   常规公用设施规划流程图

资料来源:作者自绘。

没有真正发挥总规的综合协调和统筹职能。

     行业主管部门主持编制的专项规划通常不能百分之百直接"纳入"修编后的总规成果中(尤其是较早编制的专项规划),必须进行调整,主要原因有:

     ① 专项规划未对新增建设用地进行规划。在总规修编前完成的专项规划一般是以上一轮总体规划的用地布局规划图为底图绘制。按照近年趋势,一般总规修编后的规划用地范围扩大了,原专项规划布置的公用设施尚未覆盖到新增建设用地范围。

     ② 专项规划是基于上一轮总规的城市职能、人口规模、用地规模、用地性质、用地布局进行设计计算的,总规修编后上述内容均可能调整,导致负荷预测量、点设施规模、管线设施规格(干管管径)需要调整。

     ③ 市政管线均是以城市道路为载体进行敷设,因此修编后的规划路网结构如果有变动,或者路网实施时序改变,会导致市政管线线路走向调整。

     ④ 专项规划编制时,仅考虑单一公用设施系统规划建设的需求,未考虑与其他公用设施、其他公共管理与公共服务、商业服务业设施等的综合、协调。

     如果总规修编与上一轮总规成果相比,变动不大,专项规划只需要微调。但如果城市发展战略、用地拓展方向、人口规模、用地规模、用地强度发生较大变化,则可能导致专项规划的系统方式选择、系统结构需要彻底改变才能与修编后的总规衔接,此时应建议专项规划及早组织修编或与总规同步修编。

     因此,规划协调性分析时,需要全面梳理和厘清专项规划成果与修编后总规的不衔接之处,详细列出建设专项规划调整事项和调整理由,由总规编制单位向行业主管部门书面提出对该专项规划的调整建议,作为专项规划再次修编的依据;行业主管部门对总规提出的调整建议进行分析,对调整方案经过相互沟通、协商,最终正式达成共识,再以书面正式文件反馈给总规编制单位;总规将正式确认的专项规划调整方案"纳入"到总规成果中。专项系统自身的合理性主要由行业主管部门及其上级主管部门把关。

为了充分体现城市总规的综合协调、统筹功能❶,城市总规编制人员应重点关注:专项规划各类设施所需用地,总规能否予以满足、"落地";对其提出的设施、管线用地规模、用地选址进行复核,看是否与修编后总规的用地布局规划图发生冲突,是否必须调整点设施选址,同时带动相应的线设施调整;该专项规划与总规其他内容是否衔接、无冲突;总的城市发展方向是否充分利用了现有公用设施的服务半径,以避免新增公用设施投入过大。

另外,在规划协调性分析时,除了对城市行政辖区范围内编制的专项规划进行协调性分析,还要收集规划区以外,区域层、国家层的相关公用设施规划。

2. 公用设施自身环境可持续性分析

对于行业部门建制完备的大、中城市,各行业主管部门已把主持编制行业发展专项规划列为部门职责之一。此时各行业专项系统自身的合理性由行业主管部门及其上级主管部门把关,相应的由行业主管部门委托环评机构对各专项规划开展规划环评,保证专项系统规划自身的环境可行性。此时,总规环评阶段对总规中各公用设施规划的评价可另有侧重和分工,不具体剖析各行业专项系统内部的问题。但由于国内东、中、西部,各大、中、小城市发展不平衡,对于一些尚没有完善的行业专项规划编制体系的小城市,如果总规编制时无各公用设施专项规划可"纳入",仍需要总规按照《城市规划编制办法实施细则》的要求进行专业系统规划。此时,专业系统规划本身的环境合理性则需要在总规环评中进行环境影响评价。

从目前已开展的规划环评实践看,尚未真正对公用设施专业系统自身的环境可持续性深入剖析,而是流于表象。由于环评人员对各公用设施建设运营中存在的现实环境隐患缺少关注,对公用设施规划的编制技术方法缺乏了解,无法从专业系统的每一个微观环节剖析其能耗、物耗、对环境要素的污染,难以对如何设计一个运营能耗、物耗、环境污染最小,环境友好的专业系统提出建设性意见。只能做一些片面、粗略的评价。

仍以排水系统为例,虽然当前国内排水系统在规划设计、建设、运营中存在前述诸多环境隐患,但已完成的规划环评报告在对污水工程系统进行环境影响评价时,仅局限于比较规划范围内污水排放量与受纳污水厂处理规模的符合性(即所谓"污水厂纳入能力分析"),把"预测污水量≤污水厂处理规模",作为衡量污水排放方案环境可行性的唯一标准。即专业的环评机构似乎并没有比规划编制机构的规划设计人员有更专业、独到的见解,因为"规划污水厂处理规模≥预测污水量"是任何规划设计人员都掌握的一个基本设计原则,勿需规划环评人员再去验证。

又以对"燃气工程系统规划"的环境影响评价为例,某规划环评报告书在"规划的环境合理性综合论证—公建配套设施适宜性分析—能源(供气)利用适宜性分析"中,认为"规划以天然气全面替换目前的城市煤气和液化气","而天然气作为燃料比其他燃料更具有清洁性"(环评报告仔

---

❶ 大多数城市总体规划和城镇体系规划是把各基础设施的专项规划成果直接或有限修改后"纳入"到自己的规划框架内,使得规划的综合协调作用降低。参见:葛广宇,朱喜钢,马国强. 区域和城乡统筹视角下的基础设施建设规划[J]. 华中科技大学学报(城市科学版),2006,23(2):87-90.

细比对了拟采用的西气东输天然气与焦化厂煤气的组份差异,得出煤气含有 H_2 和 CO,而天然气不含的结果),就此得出"规划区域采用天然气有利于大气环境质量的改善"的评价结论。这样的分析评价显然不够系统、全面,其未从燃气工程系统建设、运营、淘汰的全生命周期过程进行细致的环境影响识别。而且从气源选择来看,其未从区际公平、代际公平等宏观角度去分析评价。如:东部发达省份使用了廉价、清洁的天然气,是否对西部做出了生态补偿? 西气东输的天然气总量是有限的,规划耗气定额指标的选取是否体现了节约能源的理念? 规划拟供气对象是否有其他更合理的替代能源供应方案? 是否由于用地布局过于分散,导致燃气配送管线过长,增加了管线投资和未来的维护运营费? 规划的高、中压调压站选址是否与规划范围以外的周边区域协调? 有无与周边区域设施共享、管线互连的可行性? 现有的煤气管道是否达到使用年限,两种气源的替换方案应该如何实施才能使投资效益最大化,同时减少环境成本。

规划环评人员需要改变现有的评价思路、扩大评价视野、深刻洞悉国内公用设施现存的、未来可能出现的环境隐患,掌握国内、外在公用设施环境可持续设计方面的最新进展。如此,才可能引导规划人员设计出环境可持续的公用设施系统方案。

3. 设施共享、整合性分析

设施共享主要指不同地域之间的设施共享。设施整合包括用地整合、功能整合,是跨区域、跨部门之间基础设施的用地整合或功能整合。传统的市政公用基础设施规划只注重各行政界限内小范围的系统完整,而忽视大区域的统筹协调;各城镇"各行其是",各行政辖区内部或各专业系统内部"自成系统",行政分区之间或专业系统之间缺乏协调,使得不同基础设施之间以及区域内不同行政单元的基础设施之间难以衔接,无法形成高效统一的基础设施系统,从而造成空间资源浪费、投资浪费❶。因此,从环境可持续发展的角度,有必要在规划环评中进行设施共享、整合性分析,这也是目前城市总体规划编制工作中未有效落实的薄弱环节。

另外,各行业公用设施都由产权单位投资建设,并按不同行业加以管理,由于投资主体不一样,再加上利益驱动导致各自为政,很难做到统一的规划、建设和管理。因此,要实现设施共享、整合的目标,首先需要制度保障,破除行政壁垒和行业壁垒❷。

4. 公用设施选址论证、邻避设施周边用地控制

总规环评应对总规文字和图纸中涉及的公用设施尤其是邻避公用设施的选址及对周边用地的控制要求进行论证,明确与周边各种用地类型的距离控制要求并写入总规成果中。目前的城市总规文本中,对一些负面影响大的重大邻避设施选址交代不明确,说明书中也无详细说明,对周边用地的距离控制或用地兼容性要求只字不提。规划环评时,首先要识别所规划城市总规涉及到的公用邻避设施种类、数量、分布、规模等情况。其次应明确环境防护距离、分析与周边用地环境兼容性、控制用地开发强度、制定邻避设施监测与跟踪计划等。表 6.12 是主要

---

❶　葛广宇,朱喜钢,马国强.区域和城乡统筹视角下的基础设施建设规划[J].华中科技大学学报(城市科学版),2006,23(2):87-90.

❷　葛广宇提出,需成立区域规划协调的组织机构,建立并完善城市直接协商机构、基础设施的共建共享制度、健全考核和监督体制等区域协调模式,以保证基础设施在区域范围协调和统筹。刘应明也指出,地下管网的规划、建设与管理涉及到建设局、规划局、城建档案馆、测绘院、公安交通管理部门、路政等管理部门以及水务、电力、通信、消防等主管局,还有煤气公司、电信、移动、联通、网通、铁通等各管线专业公司等,是一项综合性很强的工作。迫切要求形成一套协作统一、相互配合的协调机制。参见:刘应明.深圳市地下管线的规划建设与管理探讨.深圳市城市规划城市研究院.2008.

的邻避公用设施。

表 6.12   **邻避公用设施汇总表**

序号	用地类型	主要邻避公用设施
1	区域公用设施用地(H3)	区域性能源设施、通信设施、广播电视设施、殡葬设施、环卫设施、排水设施等。如:区域性火电站、核电站、变电站等
2	供电用地(U12)	变电站(500kV、220kV、110kV) 高压输电线路(550kV、220kV、110kV)
3	供燃气用地(U13)	分输站、门站、储气站等
4	供热用地(U14)	集中供热锅炉房、热力站、换热站等
5	通信设施用地(U15)	移动基站等
6	广播电视设施用地(U16)	发射台、转播台、差转台等
7	排水设施用地(U21)	排水泵站、污水处理厂等
8	环卫设施用地(U22)	垃圾焚烧厂、垃圾填埋场、垃圾综合处理厂;垃圾粪便码头、垃圾转运站、小型垃圾压缩收集站等
9	环保设施用地(U23)	危险废物、医疗废物处置场等

资料来源:作者整理。

(1)环境防护距离的确定

规划环评中可根据邻避设施的规模、工艺,借鉴已建同类邻避设施项目已积累的经验、教训,提出环境防护距离控制要求。除考虑污染物(无组织排放源强)排放稀释扩散所需的环境防护距离,还要兼顾为消除视觉、景观影响和周边民众的主观心理障碍所需的控制距离。应注重通过调查问卷等公众参与形式❶获取距离控制依据。调查国内已建同类设施周边居民的感受,为距离控制提供来自主观感受的依据。对影响较大的邻避公用设施进行环境风险评价,风险评价的结论作为防护距离确定的依据之一。

(2)周边用地环境兼容性分析

环境防护距离是强制性的定量控制要求,适合于指导项目的具体实施。在城市规划编制阶段,尤其是规划垃圾焚烧厂等邻避设施周围用地尚待开发的情况下,往往存在多种可供选择的用地规划方案。在紧邻环境防护距离之外,未必一定要马上布置居住用地、公共服务设施用地等环境保护敏感目标集聚的用地类型。居住用地和邻避设施之间可以用环境敏感保护目标停留较少的用地类型进行过渡。以垃圾焚烧厂为例,依据《城市用地分类与规划建设用地标准》(GB 50137—2011)对用地类型的划分,与垃圾焚烧厂的环境兼容性顺序从"完全兼容"、"较为兼容"到"不兼容"的用地类型依次为:绿地与广场用地(G)、公用设施用地(U)、物流仓储用地(W)、道路与交通设施用地(S)、工业用地(M)、商业服务业设施用地(B)、公共管理与公共服务用地(A)、居住用地(R)。规划环评可以对邻避设施周边用地进行环境兼容性分析,以得

---

❶   公众参与具有降低邻避情结的功能。Khun 和 Ballard 对采用两种不同管理策略规划的加拿大 4 个污水处理厂进行研究发现,两个基于严密的技术标准建立的处理厂引发了强烈的社会抗议,另外两个基于决策机构分权和广泛公众参与原则兴建的工厂则顺利建成,没有引发邻避抗争。参见郑卫. 城市公共设施规划冲突研究[D]. 上海:同济大学建筑与城市规划学院,2009.

出环境影响最小的用地布局方案。

《城市环境卫生设施规划规范》(GB 50337—2003)要求"生活垃圾焚烧厂宜位于城市规划建成区边缘或以外"。其反过来告诉我们,如果一个区域已经建有垃圾焚烧厂,其周边就不宜进行城市化大面积开发,城市用地发展方向就不应该蔓延至垃圾焚烧厂。显然,目前城市规划编制时对垃圾焚烧厂周边的用地规划较为随意,未对周边用地严格控制,规划环评需要对邻避设施周边用地兼容性进行重点分析。

(3) 用地开发强度控制

除了对邻避设施周边的用地性质进行控制,对于周边用地的开发强度也有必要进行控制。2006 年 4 月 1 日起施行的《城市规划编制办法》要求:中心城区规划应当"提出土地使用强度管制区划和相应的控制指标(建筑密度、建筑高度、容积率、人口容量等)"。但实际已完成的总体规划中关于土地利用强度的条款大多很空泛。对于到底哪些区位的用地需要减少人口密度、哪些用地需要增加人口密度(如:TOD 大型公共换乘枢纽周边)心中无数,也未在文本中细致交代。事实上,邻避设施周边的居住人口密度是需要严格控制的。仍以江桥垃圾焚烧厂为例,焚烧厂周围 3km 以内总居住人口达 30 万的现实状况,足以说明在城市总体规划及后续的控制性详细规划阶段,对邻避设施周边用地的开发强度进行控制是极其必要的。规划环评应将邻避设施周边用地的开发强度控制作为评价要点。

(4) 制定邻避设施监测与跟踪计划

对于环评工作开展中,由于技术人员的认知能力有限而无法预测的问题,需要落实规划环评的监测和跟踪机制。制定邻避设施监测和跟踪计划,对规划实施后的城市建设发展定期进行回顾性影响评价,察微杜渐,建立对新问题(如居民环境污染投诉焦点问题)的快速反馈机制,及时调整规划方案。

6.6.3.2　互动式环评流程设计

在前期调研和资料收集阶段,首先进行与各公用设施行业主管部门主持编制的专项规划的协调性分析,明确总规环评与专项规划环评的分工;在缺乏行业部门专项规划时,总规需进行设施系统自身的环境可持续性评价;在各专业系统初步方案形成后,需对所有公用设施应进行设施共享和整合性分析;在各个源、汇点设施用地选址时,需进行设施选址的环境影响评价并对邻避设施周边用地进行控制(图 6.25)。

6.6.4　本节小结

公用设施用地包括:供应设施(供水、供电、燃气、供热、通信、广播电视)、环境设施(排水、环卫、环保)和安全设施用地,涉及城市总规中的多个专业规划。

(1) 相关主题:①"以需定供"使设施规模缺乏约束,过度建设;②"人定胜天"跨流域调度工程使自然环境过度改造和破坏;③环境不可持续的专业系统设计;④缺乏区域统筹、设施共享与整合;⑤忽视邻避公用设施扰民问题。

(2) 互动式环评流程。在资料收集和现场调研阶段,进行与各部门专项规划协调性分析,明确总规环评与专项规划环评的分工;在行业部门专项规划和规划环评工作尚未开展时,总规需进行公用设施系统自身的环境可持续性评价;对所有公用设施应进行设施共享和整合性分

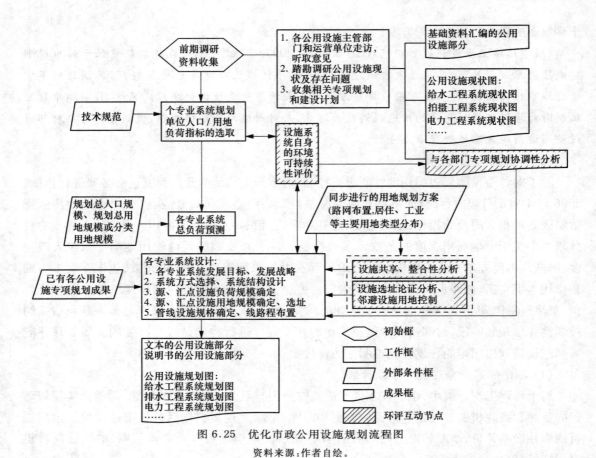

图 6.25 优化市政公用设施规划流程图

资料来源:作者自绘。

析;并对公用设施选址进行环境影响评价并对邻避设施周边用地进行控制。

6.7 公共设施用地与相关规划

随着改革开放、经济运行的市场化程度不断扩展深入,许多过去由政府统管的公共设施项目逐步移交给市场运作,投资主体多元化导致公共设施类型发生分化。据此,2012 年 1 月 1 日实施的《城市用地分类与规划建设用地标准》(GB 50317—2011)将原标准 GBJ 137—90 中的公共设施用地(C,commercial and public facilities)分为"公共管理与公共服务用地(A)"和"商业服务业设施用地(B)"两大类(表 6.13)。前者具有公共产品和准公共产品属性,以非营利性、公益性为主,多为划拨用地;后者按照国有土地有偿使用制度,经过"招、拍、卖"等程序出让用地使用权,多为经营性用地。

表 6.13 公共设施用地类型

序号	大类名称(代码)	中类名称(代码)
1	公共管理与公共服务用地(A):行政、文化、教育、体育、卫生等机构和设施的用地,不包括居住用地中的服务设施用地。指政府控制以保障基础民生需求的服务设施,一般为非营利的公益性设施用地。	9 个中类:行政办公用地(A1)、文化设施用地(A2)、教育科研用地(A3)、体育用地(A4)、医疗卫生用地(A5)、社会福利设施用地(A6)、文物古迹用地(A7)、外事用地(A8)、宗教设施用地(A9)。

续表 6.13   **公共设施用地类型**

序号	大类名称(代码)	中类名称(代码)
2	商业服务业设施用地(B):商业、商务、娱乐康体等设施用地,不包括居住用地中的服务设施用地。指主要通过市场配置的服务设施,包括政府独立投资或合资建设的设施(如剧院、音乐厅等)用地。	5 个中类:商业设施用地(B1)、商务设施用地(B2)、娱乐康体设施用地(B3)、公用设施营业网点用地(B4)、其他服务设施用地(B9)。

资料来源:根据《城市用地分类与规划建设用地标准》(GB 50317—2011)整理。

商业服务业设施用地(B)是城市第三产业发展的主要空间载体[1]。随着工业型经济向服务型经济的转变,城市也逐渐由原来的生产中心转变为消费中心。规划环评要密切关注城市发展模式的转变所带来的环境影响的动态变化过程,不仅仅关注工业用地的环境影响,公共设施用地的环境影响也不容忽视。

6.7.1 相关主题及与环评的联系

6.7.1.1 行政中心随意迁移助长城市蔓延

由于城市行政中心所在地是一个地方的政治、经济、文化和商贸中心,对区域经济有巨大的带动和示范作用。在社会经济发展以及其它因素驱动下,进入 21 世纪前后,改扩建、迁建、新建城市行政中心在我国各地掀起一股热潮。"行政中心搬家"成为国内中小城市建设的突出特点。这种"搬家",经常把政府搬到离老城几公里乃至几十公里外,除了新建办公楼,还修广场、马路、公园等配套设施,工程浩大。与此同时,大量居民聚居的旧城由于拆建或改造成本远大于建新城的圈地成本,往往被遗留一旁,无人问津。

其中,既有充足搬迁理由和客观必要性的成功迁建案例[2],使行政中心迁址与城市发展方向和经济发展进程吻合,利用行政中心在城市中的重要性带动新区发展,加快形成城市副中心,缓解城市中心区功能集聚、人口膨胀的压力;也有盲目迁建带来系列负面社会和环境影响的反面案例,如:将城市行政中心迁建作为城市空间布局调整的政治筹码,成为"形象工程"、

---

[1] 如:《重庆市黔江区城市总体规划》(2009—2030)文本条款中有"城乡产业发展规划—第三产业发展规划—公共服务业发展规划"、"城乡空间布局—中心城区公共设施规划(公共设施规划指标、公共设施分级规划、行政设施规划)"等相关内容。并有专章"城乡公共服务设施规划"分别就"城乡教育设施规划、城乡医疗卫生设施规划、城乡社会保障设施规划、城乡文化设施规划、城乡体育设施规划、城乡商贸服务设施规划"的规划目标、配置标准、空间布局进行交代。相关图纸成果有:"全区公共设施现状图"、"中心城区公共设施及居住现状图"、"全区社会服务设施规划图"、"中心城区公共服务设施用地规划图"。《深圳市城市总体规划(2007—2020)文本(送审稿)》中"第十四章 产业发展与布局"中"第三节 金融业发展与布局"与"第四节 文化产业发展与布局"中涉及公共设施用地相关的第三产业;并有专章"第十六章 社会事业发展与公共设施布局"阐述"公共设施布局(教育科研设施、医疗卫生设施、文化娱乐设施、体育设施、社会福利设施、行政办公及其他设施)"、"商业设施布局(商业布局、商业性办公布局、服务业布局)"等规划内容;相关图纸成果有"商业服务业及政府社团用地规划图"。

[2] 如:苏州的行政中心于 1996 年从原古城中心迁建至古城西侧的高新技术产业开发区,平遥县政府在 1997 年平遥被列入世界文化遗产后率先迁出古城,以缓解城市发展对古城造成的压力。由于建国后,许多城市的行政中心均是利用老的衙门建筑或一些已有的公共历史建筑,为了保护历史文化传统和延续城市文脉,很多城市政府搬离原历史建筑,如江西景德镇市政府搬离原在御窑厂遗址的办公地。参见:岳华.关于中国城市行政中心变迁的思考[J].重庆建筑,2005,(2):40-45.

"政绩工程"的代表,甚至成为某些规划主管部门和利益集团联手炒高房地产价格的工具❶。一些城市行政中心建设盲目跟风攀比,造成许多与城市发展现状不协调的大规模、大尺度建筑群和广场,带来土地等资源的浪费,大兴土木、劳民伤财。甚至随意圈占农民集体土地,以牺牲农业发展、农民权益来换取城市一时的快速扩张。人为拉大城市骨架、助长城市蔓延,增加大量本可避免的交通需求。

[与环评的联系]行政中心选址规模的环境合理性分析

"为增长而增长乃癌细胞生存之道",这是美国作家兼自然环境保护学家爱德华·艾比上世纪(20世纪)发出的警告❷。同样,企图单纯依靠行政中心迁移带动城市新区发展,同样可能滋生"为发展而发展"的城市痼疾。反思全国上下掀起的行政中心搬迁浪潮,对众多已迁建行政中心的城市进行回顾性环境影响评价,分析其间接性、累积性环境影响,会对行政办公用地(A1)究竟应如何规划带来很多启示。进行总规环评时,首先应对现状城市各级行政中心选址的环境影响进行分析评价,对易址新建行政中心持谨慎态度,应分析其环境影响,并有替代方案进行比选,最终确定规模、布局合理的规划行政办公用地。

6.7.1.2 "大学城"泛滥侵占大量自然地表❸

1999年10月,由北京外企集团投资建设的廊坊东方大学城正式奠基,从而拉开了中国兴建"大学城"的序幕。截至2003年12月,全国已建和在建大学城有54个。在我国的50多个大学城的建设用地中,大部分为农业用地,并且有83.93%的用地是政府行政划拨的。大学城建设成为国土资源部已经叫停的开发区建设的翻版。当前,大学城建设中存在两个突出问题:一是大学城规模过大,大量圈占土地,浪费严重❹;二是有的大学城里用划拨地搞经营性房地产项目,严重扰乱了土地市场秩序❺。部分城市总体规划在修编时不得不对"大学城"圈地事实进行事后追认。

[与环评的联系]设施配置标准环境合理性分析

教育用地(A3)作为行政划拨用地,是为社会提供教育资源等准公共产品的空间载体,但在当前中国的政治经济背景下,却被少数利益集团和政府官员合谋,变成了圈地工具。包括教育用地在内,主要以划拨方式供应的公共管理与公共服务用地(A)存在"供给过量"和"供给不

---

❶ 2006年前后,福州市某些利益集团和房地产商联手炒作福州市政府迁址的消息,先后将"金山"、"东区"、"城门"等区块的房价炒高。如:2006年4月13日,在福州市规划局网站发布"福州市东部新城中心区城市设计"征集公告后,东区房价在接下来的几个月里发生连续暴涨。参见:江晓春.是谁利用行政中心迁移的消息来忽悠购房者[N].海峡财经导报.2006-10-12(12).

❷ 朱玫.以经济发展反哺环境[J].环境经济,2007(7).

❸ 程方平,张男星.中国大学城建设问题.中央教育科学研究所高等教育研究中心.第21期.总第169期 http://www.cnier.ac.cn/snxx/juece/Index.html.

❹ 如:陕西西部大学城占地400hm²,山东菏泽大学文化城占地466.67hm²,辽宁大学城占地543.4hm²,浙江的5个大学城规划用地面积为2240hm²。参见:程方平,张男星.中国大学城建设问题.中央教育科学研究所高等教育研究中心.第21期总第169期 http://www.cnier.ac.cn/snxx/juece/Index.html.

❺ 张立.大学城是"政策的失误"还是"建设管理的价值偏离"——大学城建设的公共政策分析[J].现代城市研究,2006(6):72-80.

足"同时并存的现象。前者造成土地资源的浪费,使原生自然地表上的生态系统遭受破坏[1];后者往往是公益性、非营利性设施用地,由于开发回报率低、政府资金缺乏、拆迁赔偿高、项目所在地地价高等,往往难以实施,极易被盈利设施挤占用地导致无法"落地",使居民生活不便,导致公共服务设施使用的社会分异,造成不良社会影响。因此,需要对各类公共管理与公共服务用地的用地规模、空间布局、配置标准,从环境可持续角度进行衡量,并进行社会影响评价。同时,"社会事业发展与公共设施布局"等与市民日常生活密切相关的规划内容应充分听取公众的意见,确保公众多渠道有效参与到规划方案的形成过程。居民如果能有效地表达对公共服务设施的需求,将有助于优化公共服务设施供给及空间布局。

6.7.1.3　商业用地规模、布局失衡

近年来,我国城市大型商业设施开发建设进入快速发展时期,许多地方脱离了市场实际需求,盲目打造大型商业网点、大型购物中心,导致城市商业规划开发总量过剩、业态类型和行业结构失调,同行业之间恶性竞争加剧,商业设施的倒闭时常发生[2]。如:北京市在 2007 年一季度商业地产的空置率曾达到 16.15%。商业营业用房空置面积与开发面积几乎同步增长,空置率居高不下。这样就导致了许多新开业商业场所出现大量空置摊位,高空置率为租户与开发商在后期运营中产生矛盾埋下了隐患[3]。网点的过分集中和同质化,加剧了恶性竞争,造成一些中小商业企业倒闭,破坏了商业的生态平衡,影响了经济运行的质量。部分中小城市,人口规模和消费能力有限,但商业地产盲目开发,也导致商业地产过剩。

[与环评的联系]商业设施选址规模环境合理性分析

商业建筑属于高耗能建筑,商业区土地利用强度高,建筑高度和容积率较高,属于高度人工化区域,城市热岛效应和光污染显著,三废排放量大,尤其是其中的餐饮业(含油废水与烟气污染)、娱乐业(噪声、光污染)等用地。因此,商业地产过剩意味着在没有产生预期经济效益的同时,无谓地消耗了大量能源和土地资源。目前,国内包括商业、服务业在内的第三产业低水平过度竞争现象广泛存在。如:商家大打价格战、酒楼遍地开花、游乐园随便上马,不但导致企业效益、行业利润率下降,因为重复投资而导致的资源浪费和环境污染更是惊人。

在市场经济条件下,商业性设施的规模与选址在很大程度上依靠市场机制的作用。城市规划应发挥调控职能,对商业服务业设施用地规模和布局进行正确的引导[4]。规划环评应注重考察商业服务业设施用地和商业建筑容积率是否适度、是否存在过量倾向或布局不均衡。商业服务业设施用地应尽量通过存量用地周转获取,不侵占尚未开发的自然地表。由于商业

---

❶ 如:广州大学城所处的番禺区的小谷围岛上的居民抱怨:"大学城规划的时候曾说'房不上山,树不能砍',如今小山丘推平了,树更不知砍了多少,岛上生态、气候都给破坏了,这可是广州的'肺'呀!"参见:陈芳,张洪河.全国大学城建设一哄而上催生新的'圈地'怪胎 http://www.sina.com.cn 2004 年 06 月 17 日 15:17 新华网.

❷ 王德,段文婷,马林志.大型商业中心开发的空间影响分析——以上海五角场地区为例[J].城市规划学刊,2013(2):79-86.

❸ 赖大臣.SOHO 尚都空置率高引商户不满[N].北京商报.2007-7-25(8).

❹ 对于商业性设施的规模与选址,谭纵波认为,城市规划所要做的主要是发现和掌握其中的规律,并依据按一定方法作出的预测结果将该类用地反映到具体的空间上去。同时通过确定用地兼容性等手法,使规划中的用地规模与分布具有一定的弹性,以应对市场的变化。参见:谭纵波.城市规划[M].北京:清华大学出版社,2005.

用地会带来大量人流、物流,因此其应远离生物多样性保护物种的栖息地,在其影响范围之外布置。

6.7.1.4 第三产业环境污染日益突出

当前,工业、农业所造成的环境问题已引起政府和公众的高度重视。但是,第三产业尤其是其中的服务性行业对于环境所造成的影响却往往被人们忽视。这主要是因为服务业对于环境的影响没有工、农业直接和显著,具有隐性污染的特点,表现为"多、小、散、杂"❶。

如,①水污染:餐馆和宾馆排放的污水中有机污染物含量很高,化学需氧量(COD)可达300~800mg/L,动植物油 70~200mg/L,总磷(TP)210~510mg/L,总氮(TN)10~40mg/L。其大部分未经任何处理直接排入污水管网,极大增加了城市污水处理厂的负荷。更有甚者有些单位直接把污水就近排入河道,造成严重的水质污染。另外,这些单位大多是用水大户,并且不注意节约用水,往往造成水资源的浪费。②固废污染:零售行业、饮食业(快餐业)大量使用产品包装造成的"白色污染"(主要指一次性使用过的塑料包装、餐盒等难以降解的塑料制品。这些塑料制品在自然环境中难以降解,如果采用填埋的方式则会占用土地,并影响土质结构;若采用焚烧的方式处理,则会污染大气环境)和餐饮业厨余固废污染。③光污染:各大商店和娱乐场所的灯箱广告产生光污染。"人工白昼"影响睡眠。彩光灯所产生的紫外线高于阳光,长期受其照射,可诱发鼻出血、脱牙、白内障甚至癌症❷。④噪声污染:商业服务业设施用地产生的社会噪声污染,易使高血压、心脑血管疾病发病率上升。⑤室内环境污染:商业、商务等大量公共建筑,由于装修不合理,室内环境污染严重,空气卫生条件差,造成血液系统疾病和免疫系统疾病等健康问题。一些病毒、细菌通过污水管道、排气通道蔓延引发流行性疾病。

[与环评的联系]第三产业用地的环境影响分析

第三产业发展的负面环境效应,除了交通运输业和商业、饮食以外,其他行业,如邮电及电子通讯业、金融业、新闻业、旅游业、文教卫生业、体育产业等对环境的影响,同工业与农业对环境的显性破坏相比,往往不易识别,从而在环境治理中被人们所忽略。规划环评时,应重视识别以公共设施用地为空间载体的第三产业的环境影响。不仅分析直接影响,还要考察间接影响和累积性影响。

6.7.2 常规流程梳理和流程分析

公共设施规划涉及教委、卫生局、体育局、商业贸易局、文化广电局等众多行业主管部门。总规在资料收集和现场调研阶段,会通过座谈会等形式了解各行业主管部门对未来发展的设想,并会收集行业发展现状数据,以及行业发展五年规划或中长期规划。在此阶段,无论是规划设计者,还是行业主管部门的工作人员,往往较少关注并检讨行业发展过程中带来的环境影响。在互动式规划环评模式下,规划环评人员可在资料收集和调研阶段,从各行业部门补充收集各行业发展带来的环境影响等相关数据信息。

---

❶ 云敏瑞,王光平,岳彩英. 城市服务业对社区环境影响及对策探讨[J]. 内蒙古环境保护. 2003,15(4):13-15.
❷ 夏晶,陆根法,钱瑜. 服务行业的环境影响及其对策[J]. 四川环境,2003,22(1):60-66.

　　在总规纲要阶段,会形成 2~3 个用地总体布局方案,规划结构中会初步明确居住、产业、城市公共中心的总体布局;会初步形成公共服务设施的等级结构(市级、区级、社区级;主中心、副中心),并确定城市的行政中心、商贸中心、体育中心等的分布及明确重大公共设施用地❶。

　　在用地总体布局方案确定的基础上,在总规成果阶段,会对每一类公共设施按照一定的标准进行配置,明确设施数量、规模和服务半径。

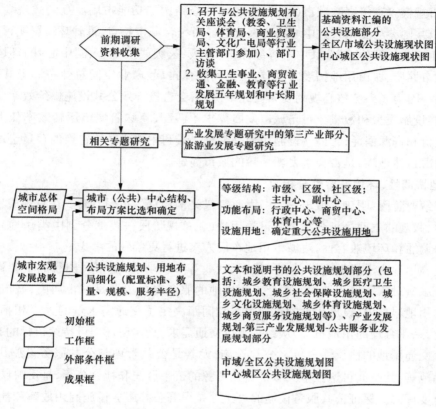

图 6.26　常规公共设施规划流程图
作者自绘。

6.7.3　环评互动节点和互动式环评流程

6.7.3.1　环评互动节点

1. 城市(公共)中心多方案比选

　　城市(公共)中心是市民开展公共活动与交往的空间,是城市中交通便捷、人流、物流、信息流最为集中的场所,其中包含了商业、商务、服务、娱乐等城市中最具活力和吸引力的功能。城市(公共)中心的功能构成、布局形态既是城市总体布局的重要内容,又与城市总体布局交互影

------

❶　如某城市总规在纲要阶段确定的总体布局方案的规划结构为"一带二心":以长江为纽带,形成老城行政、商贸、商务中心和形成新城产业管理、服务、创新中心;圈层式结构:老城和新城都采用圈层式结构构筑各个功能组团;老城:内圈为水体和公建中心,中圈为生活和部分产业组团,外圈为绿化山体;新城:内圈为水体和公建中心,中圈为生活和绿化隔离带,外圈为产业带。

响。城市(公共)中心的布局会影响城市的总体布局,带动城市的发展。如:陆家嘴金融贸易区的规划建设使原来主要沿黄浦江西侧南北向发展变为沿黄浦江两侧发展。在因地形等自然条件限制呈带状或组团式发展的城市中,城市中心顺应城市总体布局的特点,采用"城市中心——城市副中心"的分散式布局模式❶。

　　城市(公共)中心结构、布局方案比选和确定在总规纲要阶段完成。城市用地拓展方向、城市性质、城市规模等直接影响城市(公共)中心的等级结构和功能布局。互动式规划环评模式下,环评人员共同参与城市公共中心多方案比选。可结合城市特点、设计环境影响评价指标体系,从宏观角度分析评价:①公共中心等级分布(市级、区级或主中心、副中心)的环境合理性;②是否与城市性质、城市用地拓展方向、居住空间总体布局、产业空间总体布局等其他核心规划要素协调。因为如果各核心规划要素彼此不协调,会直接导致公共设施供给效率低下、可达性降低、公共设施质量和数量分布与城市发展需求不匹配,意味着城市运转效率低下,付出无谓的环境代价和资源消耗;③公共设施用地是否是尽量利用建成区待置换的存量土地资源,是否尽量少侵占自然地表,是否会引发新一轮的城市蔓延。

2. 用地协调性、环境兼容性分析

　　在总规纲要阶段,明确了城市(公共)中心等级结构和总体布局方案。在总规成果阶段,可进一步从中、微观的层面分析各类公共设施用地(在总规阶段一般细分到中类用地)与其他用地类型的协调性和环境兼容性,对城市用地布局方案进行更细致的考虑。

　　公共设施用地由于提供购物、教育、娱乐、就业等多项功能,是市民出行的主要目的地,各类公共设施服务对象所处用地(如:医疗卫生用地的服务对象主要是城市居民,城市居民所处用地是居住用地)与公共设施用地的布局关系和间距决定了交通需求量的大小和相应的交通模式。因此,采用合理的用地布局,从源头减少交通需求,是实现环境可持续目标的有效手段。

　　与综合交通用地的协调性分析。公共设施,尤其是公共管理与公共服务设施用地(A)属于公共物品范畴,其空间可达性事关城市公共资源的公平分配和社会公正,是反映城市居民生活质量的重要标志。保证公共服务设施的可达性是提高公共服务设施利用效率和社会公共资源分配公平的必要条件❷。

　　城市综合交通系统与公共设施的规模、等级要求相协调匹配,确保公共设施的可达性,是城市规划的目标。而从环境可持续性目标考虑,互动式规划环评模式下,规划环评人员还要关注"可达性"的实现途径是否环境可持续,如:是否尽量利用公共交通系统和慢行交通系统抵达公共设施?是否尽量减少小汽车的使用频率?如:为了减少小汽车能源消耗,提倡"百货商场、餐饮店、干洗店、银行、托儿所等商业和服务设施位于工作场所、公共换乘中心、停车换乘设施附近(Shops & Services at Worksites, Transit, and Park-and-Ride Lots)"就是为了充分利用公共交通系统。目前,已在美国广泛实践的 TOD 模式中,要求在公共交通枢纽附近布置高开发强度的商业设施和公共服务设施。

❶　谭纵波.城市规划[M].北京:清华大学出版社,2005.
❷　高军波,周春山.西方国家城市公共服务设施供给理论及研究进展[J].世界地理研究,2009,18(4):81-90.

[总体规划中如何结合 **TOD** 模式的案例❶]

弗雷斯诺总体规划(Fresno County General Plan)

政策 1:鼓励混合用地发展,使住宅靠近与其兼容的就业和服务场所。

政策 2:鼓励居住、商业、商务办公在同一区域适当集中。

政策 3:提倡在主要的公共交通廊道附近开发高密度住宅用地,并在公交枢纽附近配置城市公共服务设施,包括商业设施、社区中心、公共服务中心等。

政策 4:在建成区选择合适的闲置用地进行高密度开发和混合土地利用,充分利用存量置换土地进行填空式开发。

政策 5:尽量在已有的大型居住区附近增建市民活动中心,如:学校、图书馆和公共服务中心等,并与社区公园、绿地结合(使居民就近享用教育、休闲娱乐、购物等功能)。

政策 6:在城市新开发的非居住区尽量减少用于机动车停放的用地,尽量共享停车设施。

政策 7:采用公共交通和步行为导向的设计导则,并在控规和社区规划层面贯彻落实。对各个具体的开发项目要核查其是否鼓励公共交通、自行车和步行交通。

政策 8:鼓励教育用地选址于便于学生步行或自行车到达的地段,学校所在区域应与提供多种功能的大型社区活动中心结合。

3. 设施配置标准环境合理性分析

公共设施配置标准已有相关规划或设计技术规范为依据,但未必所有的技术规范均充分体现了环境可持续性原则。规划环评中,可从保护环境、节约资源的角度提出公共设施配置标准的合理化建议供规划技术人员参考。对于某一阶段因公共设施配置失衡导致了突出的环境或社会问题,国家或地方主管部门应适时推出相应政策加以引导和约束,该政策应在规划协调性分析时予以纳入,作为规划和规划环评的依据。

6.7.3.2　互动式环评流程设计

在城市总体空间格局规划阶段,会提出城市(公共)中心结构、布局的多个规划方案,规划环评应参与到城市(公共)中心规划方案的提出,预测各个方案的环境影响,推荐并优化方案。在公共设施布局细化时,规划环评应分析公共设施用地与其他用地的环境兼容性和协调性。并对设施配置标准进行环境合理性分析(图 6.27)。

6.7.4　本节小结

公共设施用地包括"公共管理与公共服务用地(A)"和"商业服务业设施用地(B)"两大类,涉及城市总规的第三产业发展规划、公共设施规划等规划内容。

(1)相关主题:①行政中心随意迁移助长城市蔓延;②"大学城"泛滥侵占大量自然地表;③商业用地规模、布局失衡;④第三产业环境污染日益突出。

(2)互动式环评流程。在城市总体空间格局规划阶段,会提出城市(公共)中心结构、布局的多个规划方案,规划环评应参与到公共中心规划方案的提出,预测各个方案的环境影响,推

---

❶　Governor's Office of Planning and Research. State of California General Plan Guidelines. 2003:30.

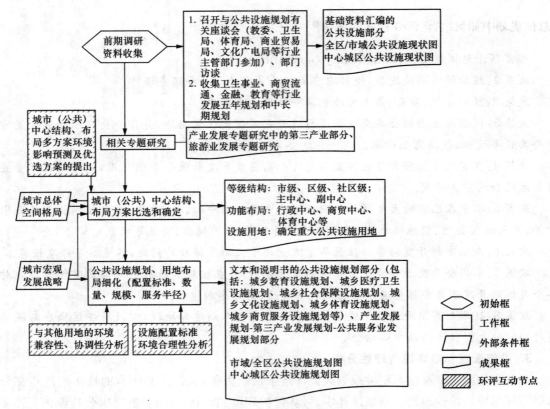

图 6.27　优化公共设施规划流程图

资料来源:作者自绘。

荐并优化方案;在公共设施布局细化时,规划环评应分析公共设施用地与其他用地的环境兼容性和协调性;并对设施配置标准进行环境合理性分析。

第 7 章
结论与展望

7.1　结论

通过系统的文献调研、案例研究和访谈分析,揭示国内规划环评与城市总规过程缺少互动,导致规划环评缺少效率和效力。以实现经济、社会发展和环境可持续性为目标,系统地构筑了互动式城市总规环评模式。

一、分离式总规环评模式是指在规划后期或规划成果基本定稿后才启动环评工作,环评人员与规划人员缺少交流,环评工作难以介入规划方案的酝酿、比选和确定过程。分离式的弊端包括:使环评程序和环评内容的实效无法正常发挥;阻碍了规划环评技术水平的提升;晚期介入实际难以调整规划方案。

二、"互动式城市总规环评模式",全称"互动式城市总体规划环境影响评价模式",是在对现阶段常规城市总规编制流程进行梳理的前提下,为实现经济、社会发展和环境可持续性目标,识别规划缺陷可能引发的资源、环境、生态问题,对城市总规编制流程加以改造和优化。通过对总规关键规划要素、规划过程和规划方法等进行全面剖析,识别环评互动节点,设计环评互动内容,建立环评和规划之间"输入"和"输出"的接口关系,把环评工作整合、融入经过优化的总规编制流程。通过规划人员和环评人员充分互动、有效沟通等手段,保障环境可持续性目标落实在城市总规成果之中,提高规划环评的效率和效力。其中,总规各关键规划要素的环评互动节点的选择,是以解决国内现阶段突出城市环境问题为导向,在对总规核心价值和现实意义进行充分把握的基础上提出。

三、互动的组织者(规划主管部门或规划编制机关)是互动得以实现的关键要素。需要通过对互动式规划环评模式制定制度化、规范化正式程序,使互动组织者在具体组织实施互动式规划环评工作中有章可循、有法可依。

四、互动式规划环评模式蕴含两个互动层次:体制性互动(institutional interactivity)和操作性互动(implementary interactivity)。体制性互动是评价对象"相关规划"涉及的法律法规、技术规范、部门机构与"规划环评"涉及的法律法规、技术规范、部门机构之间的互动。操作性互动是"规划"和"环评"工作中涉及的"过程、内容、方法、信息"等要素产生的互动。体制性互动是操作性互动得以有效实施的前提保障。

五、互动在带来效益的同时,也必然会发生成本,应避免无效成本支出。

六、根据互动频次,分为节点互动和融合互动。第三方环评机构采用节点互动更具可操作性,即抓住若干环评有效性最大的决策窗口或刚性互动点进行互动。融合互动是理想的规划环评模式,是环评人员或规划设计人员应该秉持的一种工作理念,其适合于规划设计机构进行自我评价或规划设计机构在总规编制过程中自身对环境的考量,或在带有研究探索性质的第三方总规环评项目中采用。节点互动的互动节点及节点互动内容可从融合互动研究和探索实践基础上提炼而来。

六、在具有全面、综合和高度复杂特性的城市总体规划及其决策过程中引入流程管理思维,可以使不同学科背景的规划设计人员之间、设计机构内、外部团队之间(如:规划环评和规划设计机构之间)跨学科合作与交流有序化、逻辑化。使不同利益相关方(政府、各行业主管部门、企业集团、非政府机构、专家、个人)的利益诉求都纳入流程管理的框架,在透明、开放的统一平台中进行相互交流和整合。

七、城市总体规划编制过程可分为:基础资料收集和调研、专题研究、总规纲要编制、总规技术成果编制 4 个阶段。在互动式环评模式下:

1) 基础资料收集和调研阶段

规划环评和总规的资料收集、现场踏勘工作可以合并,同步地开展以下工作:

(1) 向委托方提供一份经过整合的开展城市总规和总规环评共同需要的《拟收集资料清单》,实现所收集的原始资料的共享;

(2) 共同组织召开部门座谈会,听取相关行业主管部门的意见;

(3) 整合公众参与程序。共同发布《告市民书》,设计出同时符合城市总规和规划环评工作要求的公众调查问卷,向不同类型的公众发放;

(4) 整合"环境现状调查与评价"工作。

2) 专题研究阶段

规划环评与总规的专题研究应注意彼此的分工协调,避免重复。规划环评应以共同认可的途径建立两方面专题研究人员和机构的沟通、互动渠道,为专题研究提供环境支撑或制约条件,对各项规划专题研究的初步成果提出资源和生态环境方面的建议,尤其是经济产业专题。否则,如果专题论证研究中对某些重大环境影响缺乏考量,导致其论证结论与资源环境承载力不兼容,以该研究成果和结论作为总规纲要的指导依据显然不合适。

3) 总规纲要阶段

总规纲要成果中,总规的核心内容基本确定。因此,纲要阶段是规划环评的重点,尤其是其中的"用地适用性评定和空间管制规划",其编制是否合理是确保城市生态安全,城市拓展方向符合环境可持续性原则的重要前提,规划环评以互动模式介入,将有力促进总规纲要阶段全面考量环境可持续性目标。另外,在此阶段要参与用地布局多方案比选,规划环评参与规划方案比选和优化是国际上规划环评的核心工作,也是互动的重点内容。规划环评人员应针对纲要阶段必须明确的核心规划内容开展互动式环评,而不能对纲要成果做面面俱到的评价。

4) 总规技术成果阶段

在节点互动模式下,规划环评应对最终确定的规划方案所带来的环境影响进行预测、分析和评价,并提出调整建议和减缓措施;在融合互动模式下,规划环评可进一步渗透进入各个关键规划要素的编制流程中,在更低层级的工作环节中,与规划过程产生互动,可为规划方案的细化提供一些定量的依据。

八、借助流程管理工具,识别了城市总体规划编制流程中的关键规划要素及其相关环境主题,设计了环评互动节点(表 7.1),建立环评与规划的互为输入和输出的接口关系,将环评工作整合、融入经过优化的总规编制流程中。

表 7.1   城市总体规划关键规划要素、相关主题和环评互动节点

	关键规划要素	相关主题	环评互动节点
1	城市宏观发展战略（非物质层面）	①目标定位（雷同） ②（超越）资源、环境承载力	①规划协调性分析 ②资源、环境承载力分析 ③城市发展条件 SWOT 分析 ④城市发展战略情景分析
2	城市总体空间格局（物质层面）	①城市用地拓展方向（缺乏前瞻性或四面出击） ②空间结构和功能分区不合理	①用地适用性全面评价 ②城市总规气候可行性论证 ③生态安全格局构建 ④空间管制规划 ⑤用地布局多方案比选和推荐优化方案
3	交通用地与综合交通规划	①选线过分追求机动交通可达性，破坏生态敏感区 ②交通模式选择厚此薄彼，过犹不及，非机动交通长期受到漠视 ③未以降低交通需求为规划目标 ④用地规划不合理导致交通需求剧增 ⑤部分地域交通运输能力过剩 ⑥交通噪声防护距离控制不足	①基于生态安全的交通设施禁建区设置 ②交通运输方式的全生命周期影响评价 ③降低交通需求的用地规划方案优化 ④交通噪声环境影响预测分析和距离控制
4	工业用地与产业发展规划	①产业结构：轻视农业在产业发展中的地位 ②用地规模：工业用地规模增速迅猛，利用低效 ③产业布局：产业布局不合理导致环境风险加大 ④产业定位与分工：产业定位雷同、产业分工不合理 ⑤内涵问题：缺少工业共生系统设计	①产业定位、产业结构环境影响分析 ②主导产业循环经济水平分析 ③存量、增量工业用地集约性分析 ④工业用地布局环境合理性分析
5	居住用地与住宅发展规划	①"环境隐患住宅用地"日益增多 ②住宅建设规模过大，用地透支严重 ③居住就业不平衡 ④居住空间贫富分化	①居住用地布局环境适宜性分析 ②住宅发展密度分析 ③居住就业平衡分析 ④居住分异导致的社会影响评价
6	公用设施用地与相关规划	①"以需定供"使设施规模缺乏约束，过度建设 ②"人定胜天"跨域调度工程使自然环境过度改造和破坏 ③环境不可持续的专业系统设计 ④缺乏区域统筹、设施共享与整合 ⑤忽视邻避公用设施扰民问题	①专项规划协调性分析 ②公用设施自身的环境可持续性分析 ③设施共享、整合性分析 ④公用设施选址、邻避设施周边用地控制
7	公共设施用地和相关规划	①行政中心随意迁移助长城市蔓延 ②"大学城"泛滥侵占大量自然地表 ③商业用地规模、布局失衡 ④第三产业环境污染日益突出	①城市（公共）中心多方案比选 ②用地协调性、环境兼容性分析 ③设施配置标准环境合理性分析

7.2 展望

英国牛津布鲁克斯大学战略环境评价研究者里基·泰里夫(Riki Therivel)指出：包括规划环评在内的战略环境评价(Strategic Environmental Assessment,SEA)是一个旨在将环境和可持续发展因素纳入到战略决策中的程序。一个成功的 SEA 可使人们生活的地球变得更加生机盎然、适于居住；而形式主义的 SEA 只会增加对资源的消耗；那些不愿执行 SEA 的人甚至不考虑最低限度的环境要求，这时的 SEA 就成了无用的管理负担，而这些负担最终是要由纳税人来承担的[1]。

美国斯坦福大学城市与环境工程 UPS 基金会教授 Leonard Ortolano 指出，政策层次的 SEA 对政策制定和实施过程的影响很大程度上取决于在其过程中的整合，尤其是 SEA 在政策制定和实施过程中介入的时机，SEA 团队与政策制定者之间互动的频率与关系。Ortolano 提出，政策 SEA 对政策设计能有多大的影响，有两点至关重要，其一是 SEA 融合到政策制定过程中的模式，即"过程融合"；其二是决策者考虑 SEA 结论的动机[2]。

世界银行 2005 年出版的一份研究报告——《将环境融合于政策制定过程：基于政策的战略环境评价经验》[3]指出：政策 SEA 对政策制定和执行过程的影响力主要取决于该过程的整合程度，特别是 SEA 何时参与政策制定和执行过程，以及 SEA 小组与政策制定者之间的互动。据此，2005 年以来，世界银行正在世界不同地区和部门开展"以制度为核心的 SEA"的试点工作，以制定和实施公平的、环境可持续的政策，巩固环境制度、加强环境管理。

可以期待，从基于影响评价的 SEA 迈向与决策过程互动、以制度分析为核心的战略环境评价是包括规划环评在内的战略环评未来发展的必然趋势。

---

[1] ［英］里基·泰里夫(Therivel,R.). 鞠美庭，李海生，李洪远(译). 战略环境评价实践[M]. 北京：化学工业出版社，2005.

[2] 库尔苏姆·艾哈迈德等. 政策战略环境评价 达至良好管治的工具[M]. 北京：中国环境科学出版社，2009.

[3] World Bank 2005. Integrating Environmental Considerations in Policy Formulation：Lessons from Policy-Based SEA Experience. Report 32783，Environment Department，Washington，DC.